重力地貌过程力学描述与减灾
(岩石崩塌)

陈洪凯　著

科 学 出 版 社

北 京

内 容 简 介

本书针对岩石崩塌重力地貌过程的力学描述及其减灾重大科技问题进行系统论理,其中危岩断裂破坏理论、危岩破坏激振动力学、边坡地貌演化危岩分析法、落石运动力学和危岩稳定性分析等给出了岩石崩塌重力地貌过程完备的力学描述,实现了崩塌重力地貌全过程力学刻画。着眼于岩石崩塌重力地貌过程控制的减灾需求,从岩石崩塌灾害常态治理、应急防治、应急安全警报三方面构建了岩石崩塌减灾技术体系,建立了每种技术的优化设计方法,并给出了丰富的工程应用范例。

本书对从事重力地貌、山区公路铁路、城镇矿山地质减灾的研究、教学及工程技术与管理人员具有一定的参考借鉴作用。

图书在版编目(CIP)数据

重力地貌过程力学描述与减灾. 岩石崩塌/陈洪凯著. —北京: 科学出版社, 2019.6

ISBN 978-7-03-059913-1

Ⅰ.①重… Ⅱ.①陈… Ⅲ.①岩土力学 Ⅳ.①TU4

中国版本图书馆 CIP 数据核字(2018) 第 270371 号

责任编辑:赵敬伟 孔晓慧/责任校对:邹慧卿
责任印制:吴兆东/封面设计:耕者工作室

科 学 出 版 社 出版
北京东黄城根北街 16 号
邮政编码: 100717
http://www.sciencep.com

北京建宏印刷有限公司 印刷
科学出版社发行 各地新华书店经销
*

2019 年 6 月第 一 版 开本: 720 × 1000 1/16
2019 年 6 月第一次印刷 印张: 22 1/2 插页: 8
字数:453 000

定价:168.00 元
(如有印装质量问题, 我社负责调换)

谨以此书献给我的导师

李吉均院士　朱可善教授

鲜学福院士　哈秋舲教授！

序　一

  岩石崩塌属于一种典型的重力地貌类型，在地貌学里主要从地形、岩性、构造甚至生物作用角度分析其成因问题，并将岩石崩塌视为一种普通的地貌现象和地貌过程。岩石崩塌在我国山区广泛发育。该书作者陈洪凯教授具备自然地理和岩土工程学科背景，长期致力于重力地貌过程减灾研究与工程实践，依托其三十余年的研究成果，计划编撰出版专著《重力地貌过程力学描述与减灾 (岩石崩塌)》，包括岩石崩塌、泥石流、库岸滑坡三部分，是地貌学科之幸事。该书是作者从普通的地貌现象中捕捉到的重要科学信息，引入断裂力学、损伤力学、运动学、动力学、振动力学、结构工程学等理论方法，进行岩石崩塌重力地貌过程力学描述，构建危岩断裂破坏理论、危岩破坏激振动力学、边坡地貌演化危岩分析法、落石运动力学和危岩稳定性分析等系列新理论、新原理，实现了经典岩石崩塌重力地貌全过程力学刻画，是解决地貌学应用于工程实践学科盲点的典型案例。从岩石崩塌重力地貌过程控制角度，研发新技术，提出新方法，将岩石崩塌减灾落到实处，并取得了显著的经济效益和社会效益。该书从岩石崩塌的形成、演化到控制，力学思路与力学行为贯穿始终，一气呵成，学术思想新颖，找到了推动经典地貌学量化研究及精准减灾应用的关键科学路径，具有重要的学术价值，实用性强，陈洪凯教授团队堪称我国优秀的应用地貌学研究团队。本人乐以为序，并向从事地貌学研究与教学的科技工作者推荐分享。

中国科学院院士/兰州大学教授

2018 年 8 月 18 日

序 二

　　我国是岩石崩塌灾害高发区，严重威胁着山区公路铁路、城镇矿山、居民生命财产安全及基础设施和营运安全，也是震时战时应急救灾救援必须面对的重大地质灾害。该书作者陈洪凯教授从地貌演化角度，对崩塌源危岩的形成、破坏、崩落运动及灾害控制全过程进行了持续深入系统研究，从危岩断裂破坏理论、危岩破坏激振动力学、边坡地貌演化危岩分析法、落石运动力学和危岩稳定性分析等方面给出了岩石崩塌重力地貌过程完备的力学描述，为有效防治岩石崩塌灾害提供了理论依据。进一步，着眼于岩石崩塌重力地貌过程控制，研发了系列新技术，提出了新方法，从岩石崩塌灾害常态治理、应急防治、应急安全警报三方面构建了岩石崩塌减灾技术体系，为有效防治岩石崩塌灾害提供了技术支持，并大量应用于工程实践，取得了良好的经济效益和社会效益，军事效益显著。该书将地貌学和岩土工程学有机融合，基础理论扎实，防治技术先进，是地质减灾领域一部突破性佳作，具有重要的学术价值和工程实用性，是陈洪凯教授及其团队科研成果的良好浓缩，表明该团队堪称优秀。本人乐以为序，并向从事地质灾害防治、震时战时应急救灾救援的广大科技工作者推荐分享。

中国工程院院士/重庆大学教授

2018 年 8 月 20 日

前　言

　　我国是一个多山的国家，山地丘陵占国土总面积三分之二以上，崩塌、滑坡、泥石流等重力地貌过程 (gravity geomorphological process) 发育，也是我国致灾作用强烈的地质灾害 (geological disaster)。为了充分发挥地貌学在地质减灾领域的学科优势，推动重力地貌学理论研究新进展，深入系统开展重力地貌过程力学描述及其减灾研究，地貌科学工作者责无旁贷。团队基于 30 余年的研究积淀，计划编撰出版《重力地貌过程力学描述与减灾》系列专著，包括岩石崩塌、泥石流、库岸滑坡三部分。本书聚焦岩石崩塌 (rock collapse) 重力地貌过程。

　　岩石崩塌具有识别难度大、分布范围广、出现频率高、致灾作用强等特点，是"崩滑流"减灾研究中难度最大、进展最缓慢的环节。尤其是近 30 年来，在全球性地质活动程度加剧、极端强降雨频繁出现的宏观地学背景下，我国岩石崩塌灾害进入高发期，严重威胁着城镇矿山居民生命财产安全、山区公路铁路及水运交通基础设施与营运安全，也是震时战时应急救援必须面对的重大灾害地貌过程及地质灾害类型。近十年来，我国平均每年产生崩塌灾害 2600 次以上，直接经济损失超过 120 亿元，如：2017 年 6 月 24 日 6:00 左右，四川阿坝茂县叠溪镇新磨村发生山体高位崩塌，造成 120 余人被掩埋，80 人死亡，岷江支流松坪沟河道堵塞长度 2km，直接经济损失 5.4 亿元；2017 年 8 月 28 日约 10:40，贵州毕节纳雍张家湾镇普洒社区大树脚组发生特大型山体崩塌，造成 26 人死亡，直接经济损失 5748.6 万元；2009 年 6 月 5 日 15:00 左右，重庆武隆铁矿乡鸡尾山发生特大型山体崩塌，导致 80 余人死亡。

　　本书中的危岩断裂破坏理论、危岩破坏激振动力学、边坡地貌演化危岩分析法、落石运动力学、危岩稳定性分析等理论研究成果给出了岩石崩塌重力地貌过程完备的力学描述，实现了经典崩塌重力地貌全过程力学刻画，解决了地貌学应用于工程实践的科学盲点。本书着眼于岩石崩塌重力地貌过程控制的减灾需求，从岩石崩塌灾害常态治理、应急防治、实时安全警报三方面构建了岩石崩塌减灾技术体系。本书是断裂力学、损伤力学、运动学、动力学、振动力学、结构工程学等力学原理在地貌学研究中深度融合的典型案例，广泛应用于三峡库区、川藏公路、汶川地震区等 2000 余个岩石崩塌减灾工程实践中，产生直接经济效益近 100 亿元，成功解除了长江三峡巫峡航道望霞危岩禁航险情 (2011 年 10 月 21 日)，并支撑武警交通部队应急救援工作，体现了该成果的重要军事意义。

　　团队在从事岩石崩塌重力地貌过程力学描述与减灾研究和实践中，长期得到兰州大学李吉均院士、陈发虎院士，中国科学院水利部成都山地灾害与环境研究所崔鹏院士，重庆大学鲜学福院士，中国人民解放军总参谋部周丰峻院士，中国人民解放军陆军勤务学院郑颖人院士，山东科技大学宋振骐院士，华中科技大学张勇传院士，水利部长江水利委员会郑守仁院士，中国地质环境监测院刘传正研究员，西南交通大学何川教授、胡卸文教授，中山大学刘希林教授，三峡大学李建林教授、彭辉教授，重庆大学阴可教授，华东交通大学郑明新教授，西南大学王建力教授，重庆市地质矿产勘查开发局刘东升教授，重庆交通科研设计院有限公司柴贺军研究员，枣庄学院曹胜强书记、李东校长、明清河副校长、孙晋选处长、王满堂院长等的大力支持和鼓励，在此一并致以诚挚的感谢！

本书的出版得到枣庄学院高层次人才引进 (陈洪凯)、重庆市 "两江学者" 特聘教授 (陈洪凯，道路与铁道工程)、重庆市首席专家工作室 (陈洪凯，水利工程)、湖北省 "楚天学者" 特聘教授 (陈洪凯，工程力学) 等专项经费的资助。

本书共 10 章，第 1、6、7、9 章由陈洪凯撰写，第 2 章由陈洪凯、黄达、邓华锋撰写，第 3 章由陈洪凯、王智、董平和王圣娟撰写，第 4 章由陈洪凯、王圣娟和何潇撰写，第 5 章由陈洪凯和何思明撰写，第 8 章由陈洪凯和程华撰写，第 10 章由陈洪凯、王全才和林雨撰写。陈洪凯团队的唐红梅、叶四桥、李明、王蓉、易朋莹、胡明、姜克春、王林峰、曹卫文、张瑞刚、张景昱、梁丹、陈斯祺、吴亚华、赵春红、秦鑫、廖方、杨志永、郭科萱、易臻彦、王群、刘宽、周奕辰等 50 余位研究生和老师先后参与了相关工作。

2019 年 3 月 25 日

目　　录

第1章 绪 论

岩石崩塌 (rock collapse) 是我国主要重力地貌过程 (gravity geomorphological process)，也是典型的地质灾害 (geological disaster)，具有识别难度大、分布范围广、出现频率高、致灾作用强等特点，是"崩滑流"减灾研究中难度最大、进展最缓慢的环节。尤其是近三十年来，在全球性地质活动程度加剧、极端强降雨频繁出现的宏观地学背景下，我国岩石崩塌灾害进入高发期，严重威胁着山区城镇矿山居民生命财产安全、公路铁路及水运交通基础设施与营运安全，也是震时战时应急救灾救援必须面对的重大灾害地貌过程及地质灾害类型。原国土资源部发布的全国地质灾害通报表明，近五年来，我国平均每年产生崩塌灾害 2300 次以上，如 2015 年发生 3217 次，占地质灾害发生总数的 42%，直接经济损失超过 20 亿元。部分岩石崩塌灾害典型案例如表 1.1 所示。岩石崩塌重力地貌过程减灾涉及多学科，其减灾理念如图 1.1 所示。

表 1.1 岩石崩塌灾害典型案例

序号	名称	爆发时间	灾害事件描述	灾情
1	湖北宜昌滚石坠落事件	2017−10−15	2017 年 10 月 15 日上午 9 时 45 分，湖北省宜昌市夷陵区三峡人家风景区发生一起滚石坠落事件	3 名台湾省游客当场死亡
2	重庆奉节危岩崩塌	2017−10−04	2017 年 10 月 4 日凌晨，重庆市奉节县红土乡野茶村 9 社发生危岩崩塌	6 人死亡
3	贵州纳雍 "8·28" 山体崩塌	2017−08−28	2017 年 8 月 28 日约 10 时 40 分，贵州省毕节市纳雍县张家湾镇普洒社区桥边组发生山体滑坡地质灾害，崩塌山体距离灾害地垂直落差约 200m，崩塌岩体约 $6 \times 10^5 m^3$	35 人死亡，直接经济损失 5748.6 万元
4	广西三江山体滑坡	2017−07−12	2017 年 7 月 12 日 17 时，广西柳州市三江县县城往三江南动车站公路段发生崩塌地质灾害，方量约 3000m³	1 人死亡，掩埋 8 辆汽车
5	四川茂县 "6·24" 特大山体崩塌灾害	2017−06−24	2017 年 6 月 24 日 6 时左右，四川省阿坝藏族羌族自治州茂县叠溪镇新磨村发生山体高位崩塌，方量约 $8 \times 10^6 m^3$	80 人死亡，40 余户农房、120 余人被掩埋，岷江支流松坪沟河道堵塞 2km，直接经济损失 5.4 亿元

续表

序号	名称	爆发时间	灾害事件描述	灾情
6	陕西白河县山体崩塌	2017-04-17	2017 年 4 月 17 日 11 时 58 分,因强降雨导致陕西省白河县茅坪镇茅坪社区三组发生山体崩塌	6 人死亡
7	甘肃陇南崩塌灾害	2016-10-02	2016 年 10 月 2 日 7 时 30 分,甘肃省陇南市武都区城关镇北山路边坡发生崩塌,方量约 $8×10^6 m^3$	4 人死亡,毁坏房屋 9 间
8	广西桂林景区岩石崩塌事故	2015-03-19	2015 年 3 月 19 日,广西桂林市叠彩山景区发生山体崩塌事故	7 人遇难,25 人受伤,其中有 8 名台湾省游客
9	山西吉县山体崩滑	2014-04-06	2014 年 4 月 6 日 2 时 20 分,山西省吉县吉昌镇西关村柏浪沟发生山体崩塌,体积约 2000m³	7 人死亡,掩埋现浇二层楼房 2 户 8 间,8 人被埋
10	云南昭通巨石崩塌	2013-07-05	2013 年 7 月 5 日 5 时左右,云南省昭通市盐津县盐井镇高桥村黄葛村民被 "轰隆隆" 的一阵巨响从睡梦中惊醒,村民何某家依山而建的两层小楼间就被垮塌的巨石掩埋,塌方量约 1200m³	9 人被埋死亡
11	贵州凯里龙场镇山体崩塌	2013-02-18	2013 年 2 月 18 日,贵州省凯里市龙场镇鱼洞村平地煤矿处岔河百余米高的山体发生崩塌,高度约 100m,宽度约 30m,崩塌量约 5400m³	5 人被埋,6 个工棚被埋压
12	越南中北部采石场巨石崩塌	2011-04-01	2011 年 4 月 1 日,越南中北部乂安河 (Nghe An) 一处采石场发生岩石崩塌,质量达几百吨,大量人员被压在乱石堆下	18 人死亡
13	陕西榆林山体崩塌	2010-03-10	2010 年 3 月 10 日 1 时 3 分左右,陕西省榆林市子洲县双湖峪镇双湖峪村石沟发生山体崩塌,体积约 $9×10^4 m^3$	27 人死亡,十多户住户房屋被压埋
14	山西中阳县茅火梁煤矿崩塌	2009-11-16	2009 年 11 月 16 日,山西省吕梁市中阳县张子山乡张家咀村茅火梁发生黄土崩塌,崩塌山体底部因茅火梁煤矿开采挖空,地表裂隙发育,导致地表黄土坐落式崩塌	23 人被埋
15	四川汉源县山体崩塌	2009-08-06	2009 年 8 月 6 日 23 时 30 分,四川省汉源县顺河乡猴子岩处左岸省道 306 线 K73+000—K73+300 处发生山体崩塌,水平断面宽达 330m 的山体,从约 160m 的垂直高度崩滑至大渡河,近 $4×10^5 m^3$ 山石冲击到大渡河内形成巨大水浪冲击对岸山体,形成大渡河上罕见的堰塞湖灾害	31 人死亡,省道 306 线完全中断

续表

序号	名称	爆发时间	灾害事件描述	灾情
16	国道 213 线都汶路彻底关大桥崩塌灾害	2009-07-25	2009 年 7 月 25 日，国道 213 线都汶路 K44+200 彻底关大桥处发生突发性崩塌灾害，其中一块质量约 90t 的巨石直接砸断了桥墩，造成桥墩倾倒，拉垮近 60m 桥面	6 人死亡，2 辆货车坠入岷江，经济损失超过 1 亿元
17	重庆武隆鸡尾山崩滑灾害	2009-06-05	2009 年 6 月 5 日，重庆市武隆铁矿乡鸡尾山发生崩滑灾害，产生约 $7\times10^6\mathrm{m}^3$ 的崩塌堆积物，其中 $3\times10^6\mathrm{m}^3$ 的崩塌体快速涌进山谷，借助于气垫效应，崩塌体沿沟向前高速运动近 1000m	80 余人遇难
18	云南威信县山体崩塌	2009-04-26	2009 年 4 月 26 日，云南省威信县麟凤乡麟凤村和扎西镇小坝村公路岩体边坡相继发生突发性山体崩塌	36 人死亡
19	广西桂林大河乡金鸡岭白面山岩崩塌	2009-03-05	2009 年 3 月 5 日，广西桂林大河乡金鸡岭白面山发生崩塌灾害，高约 60m 的三角形山体突然崩塌，体积约 $1000\mathrm{m}^3$	4 人死亡
20	广西河池凤山—巴马二级公路突发性山体崩塌	2008-11-23	2008 年 11 月 23 日，广西河池凤山—巴马二级公路发生山体崩塌，崩塌区域为岩溶峰丛洼地地貌，地形为陡崖；崩塌岩体上部裂隙为泥质充填，岩体完整性差，岩层面、坡面及裂缝面的组合对岩体稳定不利；岩体风化作用强烈，岩体卸荷使裂隙扩张，在持续强降雨作用下，岩体失稳脱离母体形成崩塌，塌方 $2\times10^4\mathrm{m}^3$	6 人死亡，掩埋 13 间房屋、4 辆车
21	重庆至涪陵高速公路 K42+400 崩塌灾害	2007-11-25	2007 年 11 月 25 日，重庆至涪陵高速公路 K42+400 发生崩塌灾害，泥岩和砂岩互层，倾角 40° 左右，公路开挖切坡，砂岩露头位于边坡表面，其下部泥岩长期蠕变位移，砂岩层突发性失稳，体积 $4000\mathrm{m}^3$	直接经济损失 3000 多万元
22	国道 318 线高阳寨崩塌灾害	2007-11-20	2007 年 11 月 20 日 8 时 40 分，宜万铁路湖北巴东县木龙河段高阳寨隧道进口处发生岩崩，崩塌体堆积物方量约 $3000\mathrm{m}^3$	31 人死亡

序号	名称	爆发时间	灾害事件描述	灾情
23	国道 319 线重庆彭水段山体崩塌	2007−04−04	2007 年 4 月 4 日,重庆彭水县城郊路段段山体崩塌,造成 30m 缺口,5000t 巨石将公路路面连同路基全部砸到了下面的陡坡和奔流的乌江,落在公路内侧的一块石头就有近 1000m^3	交通及国防通信光缆中断一个月,直接经济损失 1 亿元左右
24	山西太原襄汾溃坝和娄烦尖山铁矿崩滑灾害	2006−07−08	2006 年 7 月 8 日 5 时 10 分左右,山西省太原市娄烦县太原钢铁集团尖山铁矿发生了土坡滑坡事件。在不到两个月的时间里就相继发生了襄汾溃坝和娄烦尖山铁矿崩滑灾害	314 人死亡
25	四川省甘孜藏族自治州康定县时济乡时桥头东岸崩塌	2006−06−18	2006 年 6 月 18 日 1 时 50 分左右,约有 120m^3 岩石塌落	11 人死亡,直接经济损失约 2000 万元
26	甬台温高速公路山体崩塌	2005−11−22	2005 年 11 月 22 日,甬台温高速公路发生山体崩塌,路段为台口式路堑,高 40~50m;事故发生在高速公路南侧的边坡,崩塌石方量达 15000m^3,形成了一个长 65m、宽约 40m 的锥形堆积体,大量乱石倾覆在高速公路双向车道上	交通中断 5 个月,经济损失约 9000 万元
27	贵州纳雍山体崩塌	2004−12−03	贵州省纳雍县鬃岭镇左家营村位于半山坡,四周全是煤矿,2004 年 12 月 3 日 3 时 30 分,岩脚组 40m 高的陡崖突然崩塌,产生 3000 多立方米崩塌体高速滑动	65 人死亡,95 间房屋倒塌
28	四川广安岩石崩塌	2004−09−19	2004 年 9 月 19 日,四川省广安市彭家乡滑滩村二组伍家寨岩一巨石突然脱落山体,坠下 90m 左右落至唐家院子	5 人死亡,砸烂 6 间房屋
29	广西百色凌云县东合乡山体崩塌	2004−06−16	2004 年 6 月 16 日,广西百色市凌云县东合乡老山坡因强降雨的连续侵扰发生岩石崩塌	7 人死亡
30	贵州兴义特大岩体崩塌	2004−05−29	2004 年 5 月 29 日,贵州省兴义市雄武乡岩体发生崩塌,约 6×10^{5}m^3 崩塌岩石直接冲向村寨	10 人死亡,毁坏农户房舍 38 户 228 间,直接经济损失超过 500 万元

续表

序号	名称	爆发时间	灾害事件描述	灾情
31	贵州三穗县平溪特大桥山体崩塌	2003−05−11	2003 年 5 月 11 日，贵州省三穗县台烈镇宏头村三穗至凯里高速公路正在施工的平溪特大桥 3# 墩附近发生山体崩塌，总方量约 $2×10^5 m^3$	35 人死亡
32	四川绵竹鲍竹路崩塌灾害	2002−05−05	2002 年 5 月 5 日，一辆大客车在鲍竹路遭到一块质量约 10t 的巨石冲击	18 名乘客死亡
33	贵州兴义雄武乡木咱村山体崩塌	2001−05−29	2001 年 5 月 29 日，贵州省兴义市雄武乡木咱村发生山体崩塌，崩塌后堆积体达 $9×10^5 m^3$	10 人死亡，近 200 亩农田被毁，掩埋 6 户 7 栋居民楼、2 辆东风汽车
34	云南兰坪矿山崩滑灾害	2000−08−18	2000 年 8 月 18 日，云南省怒江傈僳族自治州兰坪县凤凰山矿山发生山体崩滑灾害	10 人死亡
35	湖北赤壁采石场岩体崩塌	2000−05−15	2000 年 5 月 15 日，湖北省赤壁市羊楼洞镇北山村采石场突然发生山体岩石崩塌	6 人死亡
36	贵州贵阳云岩区黔灵乡小关遇仙洞采石场山体崩塌	1995−06−19	1995 年 6 月 19 日，贵州省贵阳市云岩区黔灵乡小关遇仙洞采石场发生山体崩塌，崩塌体积约 $1800 m^3$	6 人死亡，直接经济损失超过 100 万元
37	宝成线丁家坝—大滩 K293+365 处岩体崩塌	1981−08−16	1981 年 8 月 16 日，宝成线丁家坝—大滩 K293+365 处发生岩体崩塌，崩塌体积 $720 m^3$；中断行车 62h	7 辆货车颠覆，电力机车被打入嘉陵江

资料来源：新华网等。

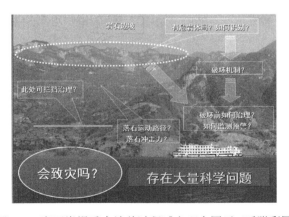

图 1.1　岩石崩塌重力地貌过程减灾理念图示 (后附彩图)

国内外学者将岩石崩塌减灾视野聚焦在危岩破坏后的崩塌问题方面。例如，McSaveney 认为崩塌落石是山坡地貌演化的主要侵蚀过程 [1]；Strom 和 Korup 认为危岩破坏及运动是岩石边坡演化的动力学过程 [2]；Manzella 和 Labiouse 发现崩塌体的初始体积大小决定其冲出距离 [3]；Zambrano 从落石动能、势能和摩擦能变化角度提出了落石运动速度计算式 [4]；Pirulli 和 Mangeney 提出了一种用于分析崩塌堆积物形成过程的反分析法 [5]；Tommasi 等指出崩塌体的动能通过与下垫面的摩擦、对障碍物的冲击以及块石碎裂而耗散 [6]；Blasio 认为崩塌堆积物底部物质在崩塌体运动过程中可从库仑摩擦体转变为非牛顿体 [7]；黄润秋和刘卫华通过现场正交试验，揭示了不同形状落石的运动特征，提出了一种落石运动路径计算新方法 [8]；Sosio 等提出了用于分析群发性崩塌体运动特性的平均深度准三维数值模型 [9]；Mignelli 等提出了一种基于事故数和落石灾害可接受阈值的公路崩塌灾害风险评估方法 (RO.MA 法)[10]；Fanti 等提出了利用三维 (3D) 激光扫描方法获取边坡表面岩体结构相关信息的崩塌灾害方法 [11]；Palma 等通过现场落石试验探讨了灰岩地区公路沿线崩塌灾害的动力学特征，提出了一种落石灾害评价模型 [12]。

尤其是汶川地震、玉树地震、雅安地震、鲁甸地震相继发生以来，地质减灾学界对地震区的崩塌减灾问题进行了更为广泛而深入的研究，例如，黄润秋提出了地震触发崩滑型滑坡的概念模型 [13]；张永双等从地质力学角度论理了汶川地震区崩塌灾害形成机制，建立了耦合作用地质模型 [14]；裴向军等研究发现，与重力作用下崩塌滚石运动特征有显著区别的是，地震触发的滚石具有一定的平抛速度，且初始速度与地震烈度及地形地貌有关，在地形变坡点、凸起点、端部的速度较大 [15]；李鹏等将地质力学和离散元模拟方法 UDEC 相结合，分析了震裂-滑移式崩塌形成机制问题，发现有陡倾结构面的顺层岩质斜坡易发生该类破坏，地震波加速度幅值增大，崩塌体位移越大 [16]。

而在崩塌灾害发生前的危岩破坏机制研究方面，因研究难度大而进展缓慢，公开报道的研究成果不多。20 世纪 90 年代，长江三峡链子崖危岩出现险情，着眼于减灾迫切需求，部分科技人员对其成因机制进行了研究，例如，刘传正和张明霞研究了链子崖 T_{11}-T_{12} 缝段危岩体开裂变形问题，认为重力主导下的不对称压力拱与悬臂梁 (板) 弯矩联合作用是链子崖危岩破坏的力学机制 [17]。但更多学者关注其灾害防治问题，例如，殷跃平等分析了链子崖危岩的影响因素，构建其地质模型，采用有限元方法揭示了链子崖危岩主体水马门危岩体的稳定性变化规律，提出了链子崖危岩优化加固方案 [18]；许强等认为重庆武隆鸡尾山特大型山体崩塌在陡崖上存在关键块 [19]；刘传正研究了鸡尾山危岩破坏问题，认为鸡尾山地形上高陡临空、山下铁矿大面积采空形成的 "悬板张拉效应" 是山体拉裂形成大规模危岩体的主要原因 [20]；Royán 等对西班牙 Catalonia 地区 2013 年 12 月 3 日发生的落石 (1012m³) 崩塌源的变形特征给予了高度重视，进行了历时 2217 天的连续观测，发现崩塌源区危岩后部存在明显拉张裂隙，属于倾倒式危岩 [21]，这是国外学者关注崩塌源少有的文献报道，但未进行相关力学机制分析。

近二十年来，部分岩土工程及工程力学专家在岩石物理力学特性及岩石边坡变形破坏方面取得了较显著的研究成绩。例如，王家臣和谭文辉提出了边坡渐进性破坏的三维随机分析模型 [22]；程谦恭等提出了二维应力状态下逆向层状岩体岩质滑坡破坏启程速度计算方法 [23]；唐春安等运用岩石破裂过程分析 RFPA2D 系统，研究了材料非均匀性对岩石介质中裂隙扩展模式的影响，发现岩石非均匀性对含裂隙试样的变形、破裂过程及其破坏模式有很大影响 [24]；Ostrovsky 和 Johnson 分析了岩石在动荷载作用下的非线性动力滞后效应，认为在高频率荷载作用下岩体滞后的应力–应变特性更为明显，得到了与非线性特性有关的力学模型 [25]；钱七虎和戚承志研究了岩石变形与破坏之间的时间响应特性，给出了考虑强度对于应变率依赖关系的莫尔–库仑 (Mohr-Coulomb) 准则 [26]；Frayssines 和 Hantz 采用模拟方法和反分析法研究了灰岩陡高灰岩边坡破坏问题，构建了灰岩边坡破坏机制 [27]；田卿燕和傅鹤林将灰色理论和突变理论相结合，建立了灰色–突变预测模型，据此采用声发射信号预测块裂岩质边坡的崩塌时间 [28]；王志强等基于弹性力学提出了一种滑坡失稳的突变模型 [29]；张永兴等得到了边坡中张性地应力和岩腔 (rock notch) 发育深度对差异风化型危岩形成与破坏的影响规律 [30]；言志信等采用 FLAC 数值模拟方法分析了地震作用下顺层岩质边坡的动力特性，发现地震作用下顺层岩质边坡坡面点水平向和垂向加速度峰值放大系数随高程增加均呈增大趋势，岩体对输入地震波存在垂直放大效应，顺层岩质边坡变形破坏主要受控于软弱夹层，表现为软弱结构面上部拉破坏与下部剪切破坏 [31]；赵国斌等对卸荷条件下灰岩力学特性进行了实验研究，发现灰岩岩样在卸荷状态下脆性特征比加载状态下明显，尤其是峰值强度之后更为典型，所研究的试样峰值强度最大降低 25.65%，残余强度最大降低 73.15% [32]；王媛媛等研究了岩石脆性临界破坏的波速变化问题，发现岩石破裂前波速及其特征参数突变点所对应的应力和岩石峰值应力比值近似为 70%~80%，认为可以利用波速信息变化识别岩石脆性破裂前兆 [33]；Ayatollahi 和 Akbardoost 对岩石 I 型断裂韧度的尺寸和几何效应进行了实验研究，发现每种岩石的断裂韧度并非为目前学术界共识的常数值，而随试样尺寸的增大略有增加 [34]；Sarfarazi 等采用颗粒流方法对试样岩桥进行了二维数值模拟研究，揭示了不同连通率和不同受压荷载作用下岩桥附近的应力场演变规律 [35]；Lisjak 和 Grasselli 对不连续岩体破坏过程的离散技术研究进展进行了系统梳理，重点介绍了离散元法 (DEM) 和有限–离散元法 (FDEM) 基本原理及其在岩石力学研究中的相关进展 [36]；Jahanian 和 Sadaghiani 采用试验方法研究了砂质黏土充填的不规则裂隙的剪切强度问题，揭示了不规则裂隙的凸起高度、凸起间距、凸起面倾角、充填厚度等参数对裂隙剪切强度的影响特征 [37]；Pradhan 等对储油地层的水压致裂声学特性进行了研究，采用 CT 扫描技术和 3D 镜像重建技术揭示了岩石破裂过程 [38]；Tutluoǧu 等分析了岩石材料破坏前后力学特性之间的关系，给出了几种典型岩石破坏后模量下降值与初始模量、割线模量和单轴抗压强度之间的拟合公式 [39]；Bahaaddini 等采用颗粒流方法对节理岩体的力学行为进行了三维数值模拟研究，获得了节理倾角、间距、连通率等参数对受压荷载的响应关系 [40]；Castro 等采用关键距离理论分析了岩石的脆性破坏问题，建立了一种脆性破坏准则，拓展了 Griffith 准则的使用范围 [41]。

从 1997 年以来，陈洪凯团队对岩石崩塌减灾问题进行了持续深入系统研究，分析了危岩破坏解体特性 [42-44]，构建了危岩稳定性分析方法 [45] 和危岩断裂稳定性分析方法 [46]，从危岩岩腔的压裂风化特性出发 [47]，分析了链式崩塌的力学演绎机制 [48-51]，探讨了危岩突发性破坏瞬间危岩体的弹冲动力参数计算问题 [52]，探讨了危岩破坏瞬间出现的激振效应问题 [53]，在落石冲击力计算方法及落石灾害特性方面取得了新进展 [54-58]，并对落石冲击作用下棚洞结构的受荷特性进行了系统分析 [59,60]；唐红梅等基于模型试验分析了岩体高切坡开挖过程中的变形和破坏特性 [61]；林孝松等对高切坡岩土安全分区问题进行了研究 [62,63]；陈洪凯等构建了突发性崩塌灾害安全警报系统 [64]，研发了多项危岩崩塌应急处治及监控新技术新方法，如应急锚杆 [65] 和应急锚固螺栓 [66]；采用损伤力学和断裂力学进行危岩稳定性分析 [67]，提出了危岩孕育时间估算方法 [68]，构建了危岩破坏突变模型 [69]，并获得了压剪型危岩突发性破坏弹冲加速度和弹冲速度计算式 [70]；唐红梅等通过室内模型试验分析了坠落式危岩破坏激振效应 [71]，发现激振作用下危岩稳定性可降低 15% 左右 [72]，从落石自由坠落、初始碰撞及后继碰撞等阶段提出了估算落石运动路径的新方法 [73]，通过实验得到了不同土石比的碎石土的冲击回弹系数 [74,75]；陈洪凯等提出了危岩支撑-锚固计算方法 [76]，分析了反倾岩石边坡破坏的力学机制 [77]；王林峰等初步提出了危岩稳定可靠性时效计算方法 [78]，并得到了基于断裂力学的危岩稳定可靠优化解 [79]；何晓英等探讨了灰岩地区危岩破坏解体特性 [80]。前述研究成果已在三峡库区、川藏公路、汶川地震区、豫西山地、黄山风景区等地区的公路、城镇、矿山及水运交通岩石崩塌减灾工程，实施了两千余个岩石崩塌常态治理工程和监测预警工程，解决了川藏公路、汶川至都江堰高速公路、三峡水库三斗坪库区专用公路等四十余条干线公路相应路段的岩石崩塌，有效治理了 8 个国家和省级风景名胜区的岩石崩塌灾害 (重庆佛图关公园、洪崖洞民俗风景区、江津四面山国家 5A 级风景名胜区、北温泉 4A 级风景名胜区、万州太白岩公园、中山古镇、南川金佛山国家 5A 级风景名胜区，宜昌三游洞风景区)，成功消除了巫峡望霞危岩崩塌重大险情，保障了长江航道三峡段的通航安全，减灾效益显著。

　　本书是对陈洪凯团队在岩石崩塌减灾领域所取得研究成果的系统梳理和提炼，实现了崩塌重力地貌全过程力学刻画，解决了地貌学应用于工程实践的学科盲点，并给出了该重力地貌过程减灾的技术手段和科学路径。

第2章　危岩断裂破坏理论

2.1　危岩主控结构面变形与损伤特性

2.1.1　锯齿状岩体结构面剪切变形演化与强度准则

结构面的地质力学性质是岩体稳定性评价的重要因素。锯齿状外倾岩体结构面广泛发育于硬质岩体自然斜坡及开挖工程边坡，如图 2.1 所示加拿大 Aishihik 河岸某斜坡顶部[81] 及中国澜沧江小湾水电站左岸拱肩槽下游侧的外倾锯齿状滑面。外倾锯齿状结构面常为两组或多组陡、缓裂隙间的岩桥相互贯通而形成[82]。

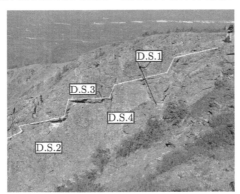

(a) Aishihik河岸某斜坡顶部锯齿状滑面(D.S.1～D.S.4为裂隙组编号)

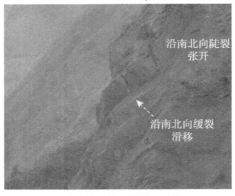

(b) 小湾水电站库岸锯齿状滑面

图 2.1　典型岩质斜/边坡的锯齿状外倾结构面 (后附彩图)

岩体结构面的剪切力学特性一直是国内外岩石力学和工程地质领域研究的重要科学问题。特别是对岩石崩塌灾害而言,外倾结构面的剪切变形及强度特性控制着危岩稳定性态和减灾措施选取。目前,锯齿状结构面剪切变形及强度特性的研究主要是基于室内直剪试验开展(以相似材料物理模型试验为主),从宏观上阐述结构面的剪切变形和强度特性。李海波等采用混凝土试件开展了三种起伏角(15°,30°和 45°)的锯齿状岩石节理直剪试验(试件尺寸为 150mm×150mm×150mm),发现峰值剪切强度随初始起伏角、法向应力以及岩壁强度增大而增大 [83,84];沈明荣和张清照等也采用混凝土试件开展了四种起伏角(10°,20°,30° 和 45°)的规则锯齿状岩石节理直剪试验(试件尺寸为 100m×100mm× 100mm),阐述了规则锯齿状结构面剪切强度及变形等力学特性 [85,86];Homand 等基于低法向应力(小于 5MPa)、小截面尺寸(150m×150mm)和较小锯齿状起伏的花岗岩节理面循环直剪试验,分析了剪切前后节理表面面积的衰减变形规律,定量描述了低法向应力循环剪切条件下锯齿状节理面磨损随法向应力增强的特性 [87];Seidel 和 Haberfield 通过加工的规则锯齿状节理面直剪试验及能量分析,阐述了锯齿状节理面在直剪过程中法向变形、切向变形与有效法向应力之间的关系,发现剪胀角随着有效法向应力的增大而显著减小 [88]。

利用颗粒流程序(particle flow code,PFC)开展岩石力学试验及其细观力学机制研究已经得到了国际岩石力学界的普遍认同,其主要优点在于避免了设定材料宏观本构的经验主观行为,而是通过颗粒接触黏结机制从细观尺度仿真岩石矿物颗粒及其间的黏结与摩擦来实现宏观材料的组构,反映了颗粒胶结型岩石类材料的本质细观结构属性 [89];Potyondy 和 Cundall[90]、Hsieh 等 [91]、Mouthereau 等 [92] 采用 PFC 模拟了多种岩石宏细观力学特性,较充分地阐述或论证了 PFC 模拟在研究岩石微细观损伤破裂演化及力学性质等方面的科学优势;周喻等利用 PFC 模拟研究了岩石剪切过程中的宏细观力学特性 [93];夏才初等利用 PFC 模拟研究了岩石粗糙破裂面的微凸体的剪切变形及微裂隙演化,且开展了混凝土试件的试验验证 [94]。

虽然较多学者开展了锯齿状结构面剪切的室内相似材料模型试验研究,但一方面受限于试验条件,大多研究主要只能反映其宏观力学响应(如强度及剪切变形等),且试件尺寸相对较小(剪切面大多小于 200mm×200mm);另一方面,相似材料大多选用混凝土,这些人工混合材料难以真实地反映岩石矿物颗粒的微细观组构,而岩石组构从本质上决定了其宏观力学响应。本章首先从理论上探讨了锯齿状结构面剪切特性,进而开展不同起伏角的规则锯齿状结构面在不同法向应力条件下的离散元颗粒流(PFC-2D)较大尺寸试件(400mm×400mm)直剪数值试验。较已有研究成果,不仅从颗粒细观位移、颗粒间微裂隙、能量耗散及宏观变形的角度丰富了锯齿状结构面剪切变形的宏细观多尺度演化过程,而且基于剪切强度与起伏角及法向应力的相关性讨论，建立了综合考虑结构面基本摩擦角 φ_r、岩石黏聚力 c_b 及起伏角 α 的剪切强度经验公式，此成果对危岩主控结构面剪切力学性质及参数取值研究是较好的补充，也为稳定性评价及防灾减灾工程设计提供了理论依据。

1. 锯齿状结构面剪切强度理论探讨

从弹性理论角度，贯通型锯齿状岩体结构面的抗剪强度主要由岩石基本摩擦角的屈服流动阻力和起伏摩擦角引起的爬坡阻力所构成。图 2.2 是锯齿状结构面的直剪受力模型，图中，N 和 S 分别表示法向力和剪切力，σ_n 为法向应力，τ 为剪切应力，A 为结构面的剪切面积，α 为结构面起伏角。依据 Ladanyi 和 Archambault 所提出的锯齿状结构面剪切强度理论公式[95]，剪切力可由剪断结构面凸起体所需要的剪切力和滑过结构面凸起体所需要的剪切力两部分组成。下面，我们从两个极端来探讨贯通型锯齿状岩体结构面的抗剪强度特性。

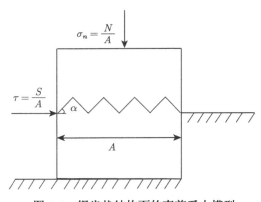

图 2.2　锯齿状结构面的直剪受力模型

(1) 假设在结构面剪切过程中，凸起体几乎没有任何剪断 (忽略其剪断)，则剪切应力可表示为

$$\tau = \sigma_n \tan(\varphi_r + \alpha) \tag{2.1}$$

式中，σ_n 为作用在结构面上的法向应力 (kPa)；τ 为剪切应力 (kPa)；φ_r 表示结构面基本摩擦角 (°)。式 (2.1) 与 Patton 提出的起伏角为 α 的锯齿状结构面爬坡滑移剪切强度公式[96] 完全一致。

(2) 假设在结构面剪切过程中，凸起体几乎完全被剪断，剪切过程不发生爬坡，则剪切应力可表示为

$$\tau = \sigma_n \tan\varphi_b + c_b \tag{2.2}$$

式中，c_b 和 φ_b 分别是完整岩石的黏聚力 (kPa) 和摩擦角 (°)。

实际上, 锯齿状结构面剪切过程中, 结构面沿凸起体的滑动和剪断一般将同时存在, 剪切强度公式既要反映结构面在剪切过程中的爬坡效应, 又要反映结构面在剪切过程中的啃断效应, 参照式 (2.1) 和式 (2.2), 在实际计算的剪切强度公式中, 需反映出两种情况的共同影响。

2. 锯齿状结构面直剪试验 PFC 模拟

数值模型及参数标定: PFC-2D 数值直剪试件宽 0.4m, 高 0.4m, 如图 2.3 所示。采用颗粒膨胀法在边界墙范围内随机生成给定半径的颗粒, 并在近无摩擦状态下进行一定时步的循环计算以消除浮点颗粒, 使颗粒集合体达到均匀密实。使用 JSET 命令在颗粒体模型中生成贯通闭合型锯齿状结构面 (结构面两侧颗粒用红色表示, 如图 2.3 所示)。模型共定义 6 道墙作为边界条件, 对构建下部剪切盒的边界墙 (如图 2.3 中 1, 2, 6 墙) 进行法向变形约束, 对上部剪切盒两侧墙 (如图 2.3 中 3, 5 墙) 赋予一定的同向等量移动速度 (剪切速率) 即可对试样施加水平剪切推力 (图 2.3 中空心箭头表示墙运动方向), 恒定的法向荷载可通过编制伺服系统程序不断地调整上部墙 (如图 2.3 中 4 墙) 的位移速度实现。

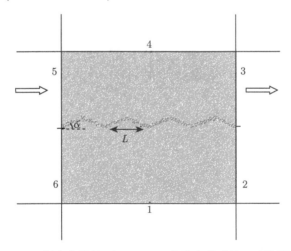

图 2.3　锯齿状结构面 PFC-2D 数值直剪试件 (后附彩图)

模型齿长 L 均设定为 0.1m(文献 [95] 研究表明, 齿长对结构面剪切强度基本无影响), 锯齿起伏角 α 设定为 0°, 15°, 25°, 35°, 45°, 法向荷载 σ_n 设定为 3.5MPa, 5MPa, 6.5MPa, 8MPa, 12MPa, 剪切速率为 0.005mm/s。

选用较符合岩石细观颗粒间组构的平行黏结接触模型 (parallel-bonded model)[97], 其不但可模拟岩石细观颗粒间的法向和切向受力方式, 还可模拟颗粒间因胶结形成的力矩。平行黏结接触模型主要细观参数有: 颗粒接触模量 E_c, 颗粒接触法向刚度与切向刚度比 k^n/k^s，颗粒摩擦因数 μ，平行黏结半径乘子 λ，平行黏结模量 $\bar{E}_c$，平行黏结法向与切向刚度比 $\bar{k}^n/\bar{k}^s$，平行黏结法向强度 $\sigma_{b,m}$ 和平行黏结切向强度 $\tau_{b,m}$。

通过单轴压缩、直剪数值试验测试岩体宏观参数与室内试验结果相匹配来实现模型细观参数的标定。本书选用重庆地区常发育锯齿状裂隙的三叠系下统嘉陵江组白云岩作为原型，经过颗粒间细观参数逼近宏观参数的目标调试，最终确定一组比较可靠的平行黏结模型细观参数，如表 2.1 所示。表 2.2 为 PFC 数值试验宏观参数与室内试验结果的比较，图 2.4 为白云岩直剪试验与 PFC 模拟剪应力–剪切位移曲线。表 2.2 和图 2.4 表明，表 2.1 中岩石的细观参数较真实地反映了试验白云岩的细观组构及力学性质。对锯齿起伏角 α 为 0° 的数值试件进行直剪试验，可得平直近光滑的贯通型结构面的基本摩擦角 φ_r 为 35.5°。

表 2.1　PFC 模拟细观参数

颗粒密度 $\rho/(\text{kg/m}^3)$	最小粒径 $R_{\min}/\text{mm}$	粒径比 $R_{\max}/R_{\min}$	颗粒接触模量 E_c/GPa	颗粒刚度比 k^n/k^s	颗粒摩擦系数 μ
2700	0.15	1.86	13.5	2.6	0.3

平行黏结半径乘子 λ	平行黏结模量 $\bar{E}_c/\text{GPa}$	平行黏结刚度比 $\bar{k}^n/\bar{k}^s$	平行黏结法向强度 $\sigma_{b,m}/\text{MPa}$	平行黏结切向强度 $\tau_{b,m}/\text{MPa}$
1.1	13.5	4	27	27

表 2.2　PFC 数值试验宏观参数与室内试验结果的比较

方法	单轴强度/MPa	弹性模量/GPa	泊松比	摩擦角 φ_b /(°)	黏聚力 c_b /MPa
试验	51.92	25.37	0.14	39.03	8.93
模拟	50.15	25.5	0.14	38.8	9.05

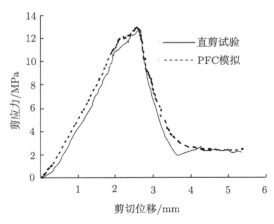

图 2.4　白云岩直剪试验与 PFC 模拟剪应力-剪切位移曲线

3. 剪切变形模式及演化

1) 爬坡模式及演化

图 2.5 为结构面起伏角 α 为 15°、法向应力 σ_n 为 3.5MPa 时爬坡模式位移矢量演化图。图 2.6 为其相应爬坡过程中剪应力、微裂纹数及能量随剪切位移的演化曲线，图中标识 (a)，(b)，(c) 分别代表图 2.5 中三个位移矢量图时刻；总能量 U 表示 PFC 直剪模拟试验剪切加压板所做外功，总能量由耗散能 U_d 和弹性储存能 U_e 组成，其中耗散能 U_d 为剪切过程用于结构面表面和岩样内部损伤所耗散的能量，弹性储存能 U_e 为剪切过程中储存在岩样内的可释放弹性应变能。

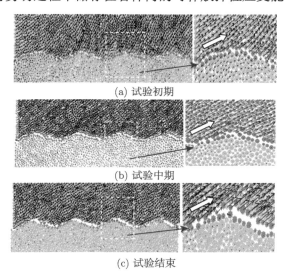

(a) 试验初期

(b) 试验中期

(c) 试验结束

图 2.5 爬坡模式位移矢量演化图 ($\alpha = 15°$；$\sigma_n = 3.5$MPa)(后附彩图)

图 2.5 表明：结构面不断沿迎坡面爬坡滑移、背坡面脱空；在爬坡过程中位移矢量平行于迎坡面，并伴随着相对较明显的剪胀性质。结合图 2.6，可将爬坡剪切变形分为三个阶段：

(1) 近弹性爬坡滑移段 (图 2.6 中 OA 段)。

剪应力-剪切位移曲线近线弹性，弹性剪切位移约 0.34mm，弹性最大剪应力约 2.28MPa。此阶段几乎没有微裂纹产生，剪切系统吸收总能量较少，且主要用于岩石及结构面压密所耗散和弹性能储存。

(2) 爬坡滑移损伤段 (图 2.6 中 AB 段)。

爬坡滑移损伤段为弹性段末端至峰值剪切强度点间，此时剪应力-剪切位移曲线表现出较弱的非线性和较小的波动特征。微裂纹数出现一定增加，且临近峰值时出现明显阶跃。此阶段耗散能和弹性能几乎同比例呈较快速增加。

(3) 峰后塑性流动段 (图 2.6 中 B 点以后)。

峰后剪应力–剪切位移曲线呈现较明显的塑性流动状态,峰后剪应力跌落不明显,且曲线表现为较明显的波动特征。微裂纹数呈较明显的阶梯状递增。耗散能较明显增加,而弹性能变化较小。

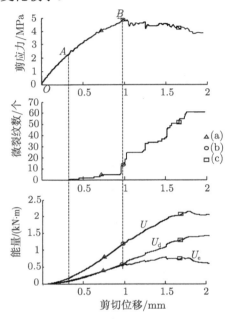

图 2.6   爬坡过程中剪应力、微裂纹数及能量随剪切位移的演化曲线

($\alpha = 15°$;$\sigma_n = 3.5\text{MPa}$)

2) 爬坡啃断模式及演化

图 2.7 为结构面起伏角为 25°、法向应力为 3.5MPa 时爬坡啃断模式位移矢量演化图。图 2.8 为其相应爬坡啃断过程中剪应力、微裂纹数及能量随剪切位移的演化曲线。

图 2.7 表明:初始非线性变形阶段仍为爬坡变形 (图 2.7(a));临近峰值强度时位移方向变化为爬坡啃断复合型位移场 (图 2.7(b)),锯齿背面出现较明显的脱空现象;峰后位移方向基本水平 (图 2.7(c)),表现这啃断齿尖后的近水平滑动。结合图 2.8,同样可将爬坡啃断剪切变形分为三个阶段:

(1) 近弹性爬坡滑移段 (图 2.8 中 OA 段)。

此阶段与爬坡模式相应阶段的剪应力、微裂纹数及能量特征基本一致,仅仅是弹性剪切变形、弹性最大剪应力及各能量值均较爬坡模式的相应值略大。此阶段剪切变形表现为近弹性爬坡过程。

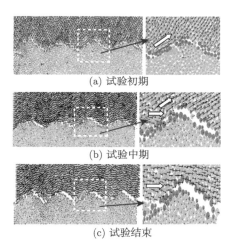

(a) 试验初期

(b) 试验中期

(c) 试验结束

图 2.7 爬坡啃断模式位移矢量演化图 ($\alpha = 25°$，$\sigma_n = 3.5\text{MPa}$)(后附彩图)

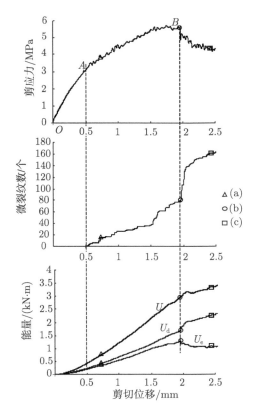

图 2.8 爬坡啃断过程中剪应力、微裂纹数及能量随剪切位移的演化曲线

($\alpha = 25°$，$\sigma_n = 3.5\text{MPa}$)

(2) 爬坡啃齿阶段 (图 2.8 中 AB 段)。

剪应力–剪切位移曲线呈现出较明显的非线性和波动特征,微裂纹较快速增多 (临近峰值时,甚至出现台阶状跳跃性增加),吸收的能量主要用于损伤耗散,储存的弹性能相对较小。此阶段剪切变形逐渐由爬坡过渡为爬坡啃齿复合过程,锯齿背面出现一定脱空 (图 2.7(a) 和 (b))。

(3) 啃断后滑动阶段 (图 2.8 中 B 点以后)。

剪应力–剪切位移曲线在峰值点 B 后出现较显著的应力跃落,跃落后表现出明显的应变软化和显著的波动特征。应力跃落过程中伴随产生较多的新生微裂纹,也伴随着较多的能量耗散和弹性能释放。

3) 啃断模式及演化

图 2.9 为结构面起伏角为 35°、法向应力为 5MPa 时啃断模式位移矢量演化图。图 2.10 为其相应啃断过程中剪应力、微裂纹数及能量随剪切位移的演化曲线。

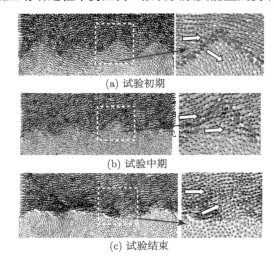

(a) 试验初期

(b) 试验中期

(c) 试验结束

图 2.9　啃断模式位移矢量演化图 $(\alpha = 35°,\sigma_n = 5\text{MPa})$(后附彩图)

图 2.9 表明:初始非线性变形阶段位移矢量近水平,凸起锯齿被挤压呈斜向下变形趋势 (图 2.9(a));至峰值附近时,位移矢量近水平且略向上,凸起锯齿中上部变形基本与上剪切盘运动方向一致,表明其已被啃 (剪) 断 (图 2.9(b));峰后剪切盘位移矢量基本水平,凸起锯齿中上部啃断后被拖带呈斜向上变形 (图 2.9(c))。结合图 2.10,同样可将啃断变形分为三个阶段:

(1) 近弹性剪切变形阶段 (图 2.10 中 OA 段)。

此阶段与前述两类模式相应阶段的剪应力、微裂纹数及能量特征基本一致,但弹性剪切位移、弹性最大剪应力及各能量值均较前述两类模式的相应值大。此阶段凸起锯齿处于弹性挤压变形状态。

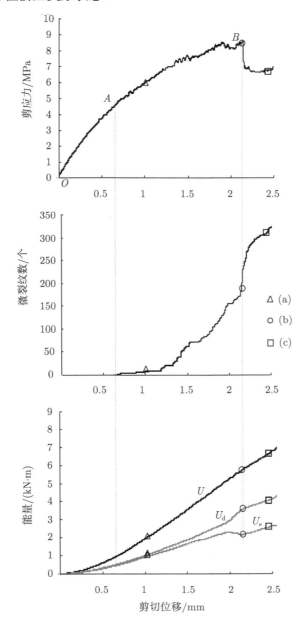

图 2.10 啃断过程中剪应力、微裂纹数及能量随剪切位移的演化曲线

$(\alpha = 35^\circ;\ \sigma_n = 5\mathrm{MPa})$

(2) 锯齿损伤啃断阶段 (图 2.10 中 AB 段)。

剪应力–剪切位移曲线呈现出较明显的非线性和一定的波动特征, 当剪切变形达到一定程度后 (图 2.10 中约为 1.3mm) 微裂纹急剧增多且在临近峰值时甚为显著, 伴随着锯齿的损伤–啃 (剪) 断, 耗散能较储存弹性能明显增多。此阶段锯齿变形逐渐由入挤压状态发展为水平剪断 (图 2.9(a) 和 (b))。

(3) 啃断后滑动阶段 (图 2.10 中 B 点以后)。

剪应力–剪切位移曲线在峰值点 B 后出现显著的应力脆性跃落, 跃落后的残余阶段呈现近理想塑性的摩擦滑动状态。应力脆性跃落过程中伴随产生大量的微裂纹。峰后吸收的能量基本用于摩擦滑动耗能 (图 2.10 中峰后 U 与 U_d 斜率基本一致)。

4) 变形模式对比分析

综合比较图 2.5、图 2.7 及图 2.9, 爬坡、爬坡啃断和啃断三种剪切变形模式, 剪切破坏时 (剪应力–剪切位移曲线峰值点) 所产生微裂损伤、吸收及耗散能量逐渐增多。图 2.11 为三种剪切变形模式的峰后 (图 2.5、图 2.7 及图 2.9 中的状态 (c) 和图 2.6、图 2.8 及图 2.10 中的标识 (c)) 典型微裂纹分布。图 2.11 中: ① 微裂纹是指岩石细观矿物颗粒间黏结的剪或拉破坏 (图 2.11 中黄色点短线), 许多微裂纹交织连接, 就形成宏观裂隙, 大量微裂隙连接贯通, 则形成宏观贯通性破裂面; ② 根据工程地质学中剪切或摩擦滑动过程中擦痕的定义, 其为分布于结构面两侧且近平行于起伏结构面的线状微裂纹区域 (图 2.11(a), (b) 锯齿右侧相应标出位置); ③ 剪断是指大量微裂纹间连接贯通, 形成宏观贯通性剪切面 (图 2.11(b), (c) 中相应标出部位), 图 2.11(b) 中大多锯齿上部尖端剪断贯通, 图 2.11(c) 中大多锯齿根部剪断贯通; ④ 图 2.11 中峰值时结构面为示意剪切过程中结构面的运动轨迹, 宏观破裂轮廓线为示意宏观破裂面边界。

由图 2.11 可知: 爬坡模式 (图 2.11(a)), 仅在结构面两侧出现因爬坡滑动摩擦而产生的微裂纹 (即擦痕) 和因剪切摩擦在结构面两侧伴生的羽状张裂纹; 爬坡啃断模式 (图 2.11(b)), 锯齿中上部尖端被不同程度地剪断, 且部分伴有图 2.11(a) 中擦痕及羽状张裂隙; 啃断模式 (图 2.11(c)), 上凸锯齿基本沿其根部整体被剪断, 下凸锯齿尖端被压剪破坏, 结构面两侧间的滑动摩擦损伤不明显; 越靠近剪切受力侧 (图 2.11 左侧), 锯齿损伤、破裂贯通程度越强, 而运动端 (图 2.11 右侧) 锯齿附近易形成压剪损伤区 (锯齿受压剪应力状态)。

表 2.3 为 PFC 数值试验得到的不同起伏角及法向应力条件下锯齿状结构面剪切变形模式总结。随着锯齿起伏角 α 和法向应力 σ_n 的增大, 变形模式逐渐由爬坡、爬坡啃断至啃断模式演变。从表 2.3 的模式分布来看, 这种递变随起伏角及法向应力具有近对称矩阵变化特征。其中, 爬坡模式仅出现在 $\alpha = 15°$ 且 $\sigma_n = 3.5\text{MPa}$ 或 5MPa 时; $\alpha = 45°$ 或 $\sigma_n = 12\text{MPa}$ 时, 全部为啃断模式。

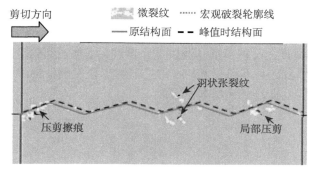

(a) $\alpha=15°$, $\sigma_n=3.5$MPa; 爬坡模式

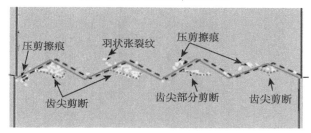

(b) $\alpha=25°$, $\sigma_n=3.5$MPa; 爬坡啃断模式

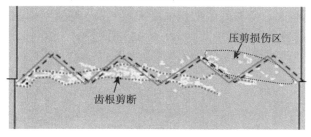

(c) $\alpha=35°$, $\sigma_n=5$MPa; 啃断模式

图 2.11 三种剪切变形模式峰后典型微裂纹分布 (后附彩图)

表 2.3 不同起伏角及法向应力条件下锯齿状结构面剪切变形模式

α \ σ_n	3.5MPa	5MPa	6.5MPa	8MPa	12MPa
15°	爬坡	爬坡	爬啃	爬啃	啃断
25°	爬啃	爬啃	爬啃	啃断	啃断
35°	爬啃	啃断	啃断	啃断	啃断
45°	啃断	啃断	啃断	啃断	啃断

注：爬啃 —— 爬坡啃断。

4. 结构面剪切强度

1) 剪切强度与法向应力及起伏角

图 2.12 为法向应力与峰值剪切强度关系曲线。峰值剪切强度均随法向应力的增大近似呈线性增加，且不同起伏角下的峰值剪切强度随法向应力的增加率基本一致 (图 2.12 中各近直线斜率基本相同)。

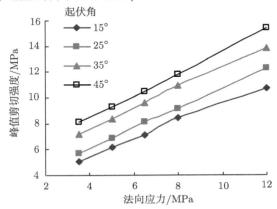

图 2.12 法向应力与峰值剪切强度关系曲线

图 2.13 为锯齿起伏角与峰值剪切强度关系曲线。峰值剪切强度也均随锯齿起伏角的增大近似线性增加，其中 $\alpha = 25° \sim 35°$ 时增加相对明显。同样也存在不同法向应力下的峰值剪切强度随起伏角的增加率基本一致 (图 2.13 中各近直线斜率基本相同)。

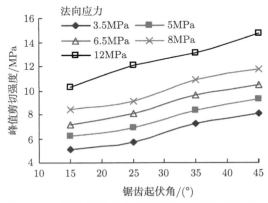

图 2.13 锯齿起伏角与峰值剪切强度关系曲线

2) 剪切强度经验准则

结构面抗剪强度一般通过 Mhor-Coulomb 屈服准则确定。对于存在起伏度、粗糙度较大的结构面，尽管会有爬坡效应，但宏观上还是沿着剪力方向滑动[97]。根据 2. 所分析，锯齿状结构面的峰值剪切强度与法向应力及起伏角均呈线性关系，故其剪切强度公式形式上仍服从 Mhor-Coulomb 屈服准则。由 2. 分析可知，锯齿状结构面的剪切强度公式既要反映结构面爬坡效应，又要反映啃断效应，为了使结构面强度公式的物理意义更为明确，构建锯齿状结构面剪切强度公式为

$$\tau = \sigma_n \tan[\varphi_r + f(\alpha)] + g(\alpha c_b) \tag{2.3}$$

式中，$f(\alpha)$ 和 $g(\alpha c_b)$ 分别为与结构面起伏角 α 和完整岩石的黏聚力 c_b 相关的函数，分别反映结构面的爬坡效应和岩石锯齿的啃断效应。可假设剪切过程中平滑结构面的基本摩擦角 φ_r 和完整岩石的黏聚力 c_b 为岩石材料的本质常量。

因此，式 (2.3) 中 $\varphi_r + f(\alpha)$ 表示锯齿状结构面的综合摩擦角 φ，$g(\alpha c_b)$ 表示其黏聚力 c。本书研究可得如图 2.14 所示的拟合关系，即 $f(\alpha) = 0.115\alpha$，$g(\alpha c_b) = 0.012\alpha c_b$。则本书所采用的白云岩锯齿状结构面的剪切强度公式为

$$\tau = \sigma_n \tan(\varphi_r + 0.115\alpha) + 0.012\alpha c_b \tag{2.4}$$

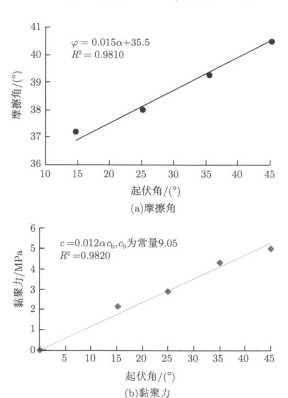

(a)摩擦角

(b)黏聚力

图 2.14　剪切强度参数与起伏角的关系

3) 应用验证

某顺向白云岩锯齿状贯通裂隙边坡模型如图 2.15 所示，坡高为 10m，坡角 β 为 45°，锯齿状结构面位置如图 2.15 中虚折线所示，离坡顶左侧 5m。锯齿状结构面起伏角 α 分别为 15°，25°，35° 和 45°，齿长均为 0.1m。下面采用极限平衡法 (平面滑移) 和强度折减法分别计算其稳定性。

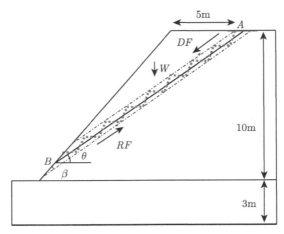

图 2.15　某顺向白云岩锯齿状贯通裂隙边坡模型

(1) 极限平衡法计算。

图 2.1(b) 出露的滑面和图 2.11 微裂纹分布图表明，锯齿状滑动带主要沿锯齿起伏区域损伤贯通。假设如图 2.15 所示锯齿起伏的虚折线区域为滑动带，且锯齿起伏的中线 AB 为宏观滑动面。按照图 2.15 计算模型，则稳定性系数 K 为

$$K = \frac{RF}{W \sin \theta} \tag{2.5}$$

式中，RF 表示抗滑力 (kN)；θ 为宏观滑裂面 AB 的倾角 (°)；W 为滑体的重量 (kN)。

锯齿状结构面的抗剪强度采用经验公式 (2.4) 确定，其中，

$$\sigma_n = \frac{W \cos \theta}{L_{AB}} \tag{2.6}$$

式中，L_{AB} 为滑动面长度 (m)。

故结构面的抗滑力 RF 可表示为

$$RF = L_{AB}[\sigma_n \tan(\varphi_r + 0.115\alpha) + 0.012\alpha c_b] \tag{2.7}$$

将式 (2.7) 代入式 (2.5) 可求得边坡稳定系数 K。

(2) 强度折减法计算。

强度折减法的基本原理是将岩体抗剪强度参数黏聚力 c 和摩擦角 φ 同时乘以一折减系数 F_s, 得到一组新的 c', φ' 值, 然后作为新的材料参数进行计算, 当边坡失稳时, 对应的 F_s 称为边坡的安全系数:

$$c' = \frac{c}{F_s} \tag{2.8}$$

$$\varphi = \arctan\left(\frac{\tan\varphi}{F_s}\right) \tag{2.9}$$

采用 FLAC-2D 有限差分岩土数值计算软件进行强度折减法安全系数计算, 计算模型与图 2.15 一致。锯齿状结构面采用 FLAC 中的接触面单元 interface 模拟。边坡左边界、右边界及下边界均采用法向位移约束, 以力的不平衡比率大于 10^{-3} 作为终止条件 (此时滑动带变形将出现快速增加)。对结构面及图 2.15 中虚折线区域内潜在滑动带岩体抗剪强度参数均按相同的折减系数 F_s 同时折减, 从而求得边坡安全系数。

(3) 两种方法比较分析。

结构面基本摩擦角 φ_r 为 35.5°, 岩石黏聚力 c_b 为 9.05MPa、摩擦角 φ_b 为 38.8°。其他参数取值参见表 2.2 中数值模拟参数。表 2.4 为两种方法稳定性计算结果。虽然极限平衡法计算的稳定系数 K 与强度折减法计算的安全系数 F_s 存在一定的差别 (这与其基本概念的定义不同相关), 其中强度折减法计算结果相对偏大。但两种方法计算结果随起伏角的变化规律基本一致, 也可表明本书建立的强度计算公式具有一定的合理性。

表 2.4 极限平衡法和强度折减法稳定性计算结果

起伏角/(°)	15	25	35	45
极限平衡法 K	1.215	1.274	1.375	1.514
强度折减法 F_s	1.367	1.392	1.576	1.740

2.1.2 危岩主控结构面损伤模型[98]

1. 主控结构面裂端损伤区

由于危岩多发育在砂岩、灰岩等脆性岩体内, 研究主控结构面裂端损伤问题, 必须确定裂端损伤集中发育的区域大小, 以便在该区域应用损伤力学的模型及方程求解损伤问题, 并和断裂机理耦合。在一般损伤力学中, 将裂隙尖端区域分为无损区、连续损伤区和损伤局部化带[99−101]。据此思路, 本书假定危岩主控结构面裂端损伤发育区域为一个半径为 R 的圆 (图 2.16)。

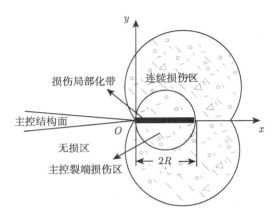

图 2.16　危岩主控结构面裂端损伤发育区域划分

对于危岩主控结构面,可以认为是半无限长裂隙的平面应变问题,将坐标原点建在结构面尖端 (图 2.16)。假定在主控结构面尖端发生应力跌落的损伤区长度为 $2R$,它与远场的应力强度因子有关且 R 远小于裂纹尺寸,即认为损伤范围很小,不影响远场的应力分布。则在远场拉应力 σ_∞ 作用下的应力强度因子为

$$K_{\mathrm{I}\infty} = \sigma_\infty \sqrt{\pi c} \tag{2.10}$$

在 $x = \xi(\xi < 0)$ 处作用一对集中力 $\tilde{\sigma}(\xi)\mathrm{d}\xi$ 时,产生的应力强度因子为

$$\mathrm{d}K_D = -\frac{2\tilde{\sigma}(\xi)}{\sqrt{2\pi(-\xi)}}\mathrm{d}\xi \tag{2.11}$$

则由损伤区内的分布力产生的应力强度因子为

$$K_D = \int_{-2R}^0 -\frac{2\tilde{\sigma}(\xi)}{\sqrt{2\pi(-\xi)}}\mathrm{d}\xi \tag{2.12}$$

由于 $x = 0$ 附近的应力有限,存在

$$K_{\mathrm{I}\infty} + K_D = 0 \tag{2.13}$$

即

$$\int_0^{2R} \frac{2\tilde{\sigma}(-\xi)}{\sqrt{2\pi\xi}}\mathrm{d}\xi = K_{\mathrm{I}\infty} \tag{2.14}$$

对于弹脆性模型,假设损伤区内应力为常数 σ_0 分布时,得到损伤区半径 R 为

$$R = \frac{\pi}{16}\left(\frac{K_{\mathrm{I}\infty}}{\sigma_0}\right)^2 \tag{2.15}$$

假设损伤区内的应力呈线性分布时,

$$\tilde{\sigma}(x) = \frac{R+x}{R}\sigma_0 \quad (-R \leqslant x \leqslant 0) \tag{2.16}$$

得到损伤区半径 R 为

$$R = \frac{9\pi}{16}\left(\frac{K_{I\infty}}{\sigma_0}\right)^2 \tag{2.17}$$

式中,σ_0 为裂端应力 (kN);$\tilde{\sigma}$ 为损伤区应力 (kN);c 为裂纹长度 (cm);ξ 为 x 轴上任意坐标值。

随着主控结构面的失稳扩展,损伤区将随着断裂过程和时间的推进而扩展直至阈值而发生失稳断裂。

2. 主控结构面损伤模型 [98]

由图 2.17 可知,对于脆性岩石,其细观裂纹体积密度 Q_d 可以较好地反映细观裂纹损伤的状态特征,故在脆性岩石的损伤研究中,可以选取 Q_d 作为与细观裂纹损伤相关的内状态变量 [101]。采用扫描窗的方法,在观察面上测定了危岩体主控结构面裂端砂岩试样的细观裂隙 (平面) 密度 Q_a。对三峡库区万州太白岩危岩区砂岩测试了 6 组试样,运用 $Q_d = Q_a^{3/2}$ 计算了细观裂纹的体积密度 Q_d,根据 Q_d 便可求得砂岩初始内状态变量,进而获取其初始损伤量 (如损伤度)。

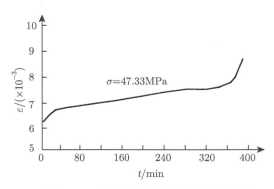

图 2.17 太白岩砂岩典型蠕变实验曲线

由图 2.17 可知,在第一阶段应变基本随时间线性增长,但很快便进入第二阶段即稳定蠕变阶段,这一阶段历时较长,应变随时间的增长很微弱和缓慢,当进入第三阶段时,应变便发生突变式增长,随即试件破坏。对应于内部损伤累积过程,第一阶段内岩石损伤发展缓慢,试样处于被压密阶段甚至内部部分微裂纹发生闭合;第二阶段损伤发育较快,损伤不断积累,当达到损伤的阈值时,便迅速进入第三阶段即损伤失稳阶段。

选用弹性模量作为中间变量，定义损伤变量为

$$D = 1 - \frac{\tilde{E}}{E} \tag{2.18}$$

式中，D 为损伤变量 (损伤度)；$\tilde{E}$ 为材料的即时弹性模量 (各时间点的有效弹性模量)(GPa)；E 为材料的初始弹性模量 (GPa)。

为了将 E 和 Q_d 联系起来，本书采用文献 [101] 中基于对花岗岩、砂岩等典型脆性岩石试验建立的关系式：

$$\frac{\tilde{E}}{E} = 1 - \frac{2 - \tilde{\nu}}{1 - \tilde{\nu}} Q_d \tag{2.19}$$

且有

$$Q_d = \frac{1}{12\nu} \frac{\tilde{\nu} - \nu}{3 - \tilde{\nu}} \tag{2.20}$$

式中，ν 为材料的初始泊松比；$\tilde{\nu}$ 为材料的即时泊松比。

联合式 (2.19) 和式 (2.20) 得

$$D = \frac{2 - \tilde{\nu}}{1 - \tilde{\nu}} Q_d \tag{2.21}$$

根据细观裂纹的几何特征及体积比概念，随机分布的细观裂纹的特征体积与特征长度成正比，故 Q_d 可以表示为

$$Q_d = \zeta N a^3 \tag{2.22}$$

式中，ζ 为材料系数；N 为单位体积内的裂纹数；a 为细观裂纹的特征长度 (cm)。

对于脆性岩石，细观层次上与新裂纹表面形成相关的能量释放率要高于因塑性变形而产生的能量释放率，故由线弹性断裂力学可以得到加载条件下裂纹的特征长度：

$$a = \frac{A}{\pi E^2} \left(\frac{K_{\mathrm{IC}}}{\varepsilon} \right)^2 \tag{2.23}$$

式中，A 为与裂纹形状和材料泊松比相关的系数；K_{IC} 为平面应变断裂韧度。

另外，根据 Grady 和 Kipp 的研究，单位体积内的细观裂纹数 N 服从于 Weibull 分布 [102]，即有

$$N = B\varepsilon^n \tag{2.24}$$

式中，B，n 均为材料常数。

将式 (2.22)~式 (2.24) 代入式 (2.21) 得

$$D = \frac{2 - \tilde{\nu}}{1 - \tilde{\nu}} \zeta_B \left(\frac{AK_{\mathrm{IC}}^2}{\pi E^2} \right)^3 \varepsilon^{n-6} \tag{2.25}$$

定义 $C = [(2 - \tilde{v})/(1 - \tilde{v})]\zeta_B[AK_{IC}^2/(\pi E)^2]^3$ 为损伤系数，它是对细观裂纹损伤与应变之间相关关系的综合反映。则式 (2.25) 可以简记为

$$D = C\varepsilon^{n-6} \tag{2.26}$$

根据损伤力学中经典的应变等效性假定 [104]，有

$$\sigma = \tilde{E}\varepsilon = E(1 - D)\varepsilon \tag{2.27}$$

将式 (2.26) 代入式 (2.27) 即可得到细观裂纹损伤本构模型，即主控结构面裂端损伤本构方程：

$$\sigma = E\varepsilon - EC\varepsilon^{n-5} \tag{2.28}$$

式中，C 和 n 可以通过岩石试样的常规单轴压缩应力–应变全过程曲线的峰值点 $P(\sigma_{\mathrm{p}}, \varepsilon_{\mathrm{p}})$ 求得，即由 $(\mathrm{d}\sigma/\mathrm{d}\varepsilon)|_P = 0$，可得

$$1 - C(n - 5)\varepsilon_{\mathrm{p}}^{n-6} = 0 \tag{2.29}$$

且 $P(\sigma_{\mathrm{p}}, \varepsilon_{\mathrm{p}})$ 点满足式 (2.28)，则

$$\sigma_{\mathrm{p}} = E\varepsilon_{\mathrm{p}} - EC\varepsilon_{\mathrm{p}}^{n-5} \tag{2.30}$$

由式 (2.29) 整理得

$$C = \frac{\varepsilon_{\mathrm{p}}^{6-n}}{n - 5} \tag{2.31}$$

把式 (2.30) 代入式 (2.31)，得

$$\sigma_{\mathrm{p}} = E\varepsilon_{\mathrm{p}} - \frac{E\varepsilon_{\mathrm{p}}^{6-n}}{n - 5} \times \varepsilon_{\mathrm{p}}^{n-5} \tag{2.32}$$

整理得

$$n = \frac{6E\varepsilon_{\mathrm{p}} - 5\sigma_{\mathrm{p}}}{E\varepsilon_{\mathrm{p}} - \sigma_{\mathrm{p}}} \tag{2.33}$$

$$C = \frac{\varepsilon_{\mathrm{p}}^{5-n}}{E}(E\varepsilon_{\mathrm{p}} - \sigma_{\mathrm{p}}) \tag{2.34}$$

通过式 (2.25) 将损伤变量 D 与材料应变 ε 联系起来后，使式 (2.27) 表达的损伤模型不仅可以用于脆性岩石的弹性细观裂纹损伤分析，而且还适用于评估与时间相关的细观裂纹损伤。

脆性岩石的单轴蠕变本构关系可用下式描述：

$$\frac{\mathrm{d}\varepsilon}{\mathrm{d}t} = \alpha\varepsilon^{-\zeta}\left(\frac{\sigma}{\sigma_{\mathrm{c}}}\right)^{\delta} \tag{2.35}$$

式中，α，ζ，δ 为材料常数；σ_c 为岩石的单轴抗压强度 (MPa)。

利用初始条件 $\varepsilon|_{t=t_0} = \varepsilon_a$ 以及蠕变时间 t_c，对式 (2.35) 进行积分得

$$\varepsilon = \varepsilon_a \left(\frac{t - t_0}{t_c} + 1 \right)^{1/(\zeta+1)} \tag{2.36}$$

$$t_c = \left[\frac{\alpha(\zeta+1)}{\varepsilon_a^{\zeta+1}} \left(\frac{\sigma}{\sigma_c} \right)^{\delta} \right]^{-1} \tag{2.37}$$

把式 (2.36) 代入式 (2.26) 可得到恒载条件下脆性岩石细观裂纹蠕变损伤演化规律：

$$D = D_a \left(\frac{t - t_0}{t_c} + 1 \right)^{(n-6)/(\zeta+1)} \tag{2.38}$$

其中，

$$D_a = D|_{t=t_0} = C\varepsilon_a^{n-6} \tag{2.39}$$

据此对式 (2.21) 进行整理可得

$$(12D\nu + 1)\tilde{\nu}^2 - (48D\nu + \nu + 2)\tilde{\nu} + (36D + 2)\nu = 0 \tag{2.40}$$

通过式 (2.40) 可求出即时泊松比 $\tilde{\nu}$，由式 (2.20) 求解细观裂纹体积密度 Q_d，则通过式 (2.19) 便可计算主控结构面裂端损伤区的即时弹性模量 $\tilde{E}$。

3. 损伤模型工程应用

以太白岩危岩为例，危岩体由砂岩组成，砂岩呈灰色、灰白色，中-细粒结构，泥钙质胶结，岩质坚硬，为长石砂岩与长石石英砂岩。天然状态下主要物理力学参数如下：天然容重 $\gamma=25\text{kN/m}^3$，容许抗拉强度 $[\sigma_t]=500\sim600\text{kPa}$，弹性模量 $E=8300\text{MPa}$，泊松比 $\nu=0.16$，岩体强度指标 $c=1790\text{kPa}$，$\varphi = 34.3°$，主控结构面强度指标 $c=100\text{kPa}$，$\varphi = 20°$，天然状态单轴抗压强度 $\sigma_c=52.92\text{MPa}$。

1) 单调加载条件下损伤分析

由砂岩试样的应力-应变关系曲线 (图 2.18) 可以得到试样破坏临界点 P 的临界应力 $\sigma_p=52.10\text{MPa}$、临界应变 $\varepsilon_p=6.83\times10^{-3}$。

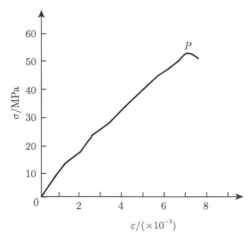

图 2.18　砂岩试样应力–应变关系曲线

将 E，σ_{p}，ε_{p} 代入式 (2.33) 和式 (2.34) 得到 $n=17.35$，$C=2.967\times10^{23}$，将 n，C 值代入式 (2.28) 则可建立损伤本构方程为

$$\sigma = 8300\varepsilon - 2.46 \times 10^{27}\varepsilon^{12.35} \tag{2.41}$$

方程 (2.41) 可以通过实验测定的任意时刻的应变预测任意时刻的应力状况，甚至是整个应力–应变过程曲线。预测的 $\sigma\text{-}\varepsilon$ 曲线与实测的 $\sigma\text{-}\varepsilon$ 曲线对比见图 2.19，可见，该损伤模型不仅和实测曲线吻合较好，而且还可以预测出峰值点后砂岩软化阶段的应力–应变关系曲线。

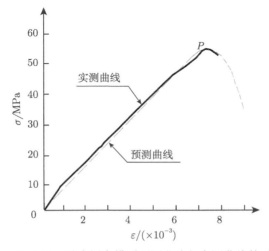

图 2.19　砂岩蠕变模型预测曲线与实测曲线的对比

2) 蠕变损伤分析

对砂岩试样，瞬时加载到 47.33MPa，并保持恒定。$t = t_0$=1s 时，测得其应变值 ε_a=6.24×10^{-3}；实验得到该应力水平下的蠕变破坏时间为 t_c=2.22×10^{4}s，蠕变破坏时的应变为 ε_c=7.98×10^{-3}。将初始应变代入式 (2.39)，可得到初始损伤度为 D_a=0.028。将蠕变破坏时的应变代入式 (2.26)，可得破坏时砂岩损伤度为 D_c=0.457。得到了 $t = t_c$ 时刻的损伤度 D_c，则可以通过式 (2.38) 求得 ζ=1.817。将所有的已知参数代入式 (2.36) 得

$$\varepsilon = 6.24 \times 10^{-3} \times (4.5 \times 10^{-5}t + 1)^{0.355} \tag{2.42}$$

通过式 (2.42) 就可以得到蠕变过程中随时间历程的任意时刻应变值，由预测蠕变曲线与实测蠕变曲线的对比 (图 2.20) 可见，蠕变损伤模型所预测的蠕变曲线和实测蠕变曲线吻合。

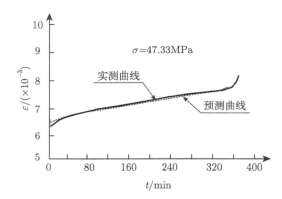

图 2.20 危岩蠕变损伤模型预测曲线与实测曲线的对比

2.1.3 危岩主控结构面疲劳断裂寿命计算方法[102]

危岩主控结构面的疲劳断裂寿命是危岩破坏失稳的主要控制因素，研究危岩主控结构面处于临界状态条件下的疲劳断裂寿命，可为有效评判危岩体的安全状态提供一定的理论依据。

1. 危岩主控结构面临界尺寸计算方法

为了估算危岩主控结构面疲劳断裂寿命，首先需要确定在给定荷载作用下主控结构面发生失稳扩展的临界长度 a_0。对于 I，II 型加载下的平面复合断裂问题，裂隙端部区域的应力极坐标形式为 [103]

$$\sigma_r = \frac{1}{2\sqrt{2\pi r}} \left[K_I \cos\frac{\theta}{2}(3 - \cos\theta) + K_{II} \sin\frac{\theta}{2}(3\cos\theta - 1) \right] \tag{2.43}$$

$$\sigma_\theta = \frac{1}{2\sqrt{2\pi r}}\cos\frac{\theta}{2}[K_{\mathrm{I}}(1+\cos\theta)-3K_{\mathrm{II}}\sin\theta] \tag{2.44}$$

$$\tau_{r\theta} = \frac{1}{2\sqrt{2\pi r}}\cos\frac{\theta}{2}[K_{\mathrm{I}}\sin\theta+K_{\mathrm{II}}(3\cos\theta-1)] \tag{2.45}$$

式中，r 和 θ 分别为危岩主控结构面尖端区域任意点的极坐标半径 (m) 和极坐标倾角 (°)；K_{I} 为 I 型应力强度因子 (kPa·m$^{\frac{1}{2}}$)；K_{II} 为 II 型应力强度因子 (kPa·m$^{\frac{1}{2}}$)。

按最大周向应力理论，主控结构面必然沿着具有最大周向拉应力 $\sigma_{\theta\max}$ 的截面扩展，该截面与主控结构面之间的夹角为主控结构面的断裂角 θ_0，是主控结构面的扩展方向。在 θ_0 方向，由式 (2.44) 可求得

$$\sigma_{\theta\max} = \sigma_\theta(r,\theta_0) = \frac{1}{2\sqrt{2\pi r}}\cos\frac{\theta_0}{2}[K_{\mathrm{I}}(1+\cos\theta_0)-3K_{\mathrm{II}}\sin\theta_0] \tag{2.46}$$

引入相当应力强度因子 K_{e}，其表达式为

$$K_{\mathrm{e}} = \lim_{r\to 0}\sqrt{2\pi r}\,\sigma_\theta(r,\theta_0) \tag{2.47}$$

将式 (2.46) 代入式 (2.47)，得

$$K_{\mathrm{e}} = \frac{1}{2}\cos\frac{\theta_0}{2}[K_{\mathrm{I}}(1+\cos\theta_0)-3K_{\mathrm{II}}\sin\theta_0] \tag{2.48}$$

求解 θ_0 时，可令式 (2.45) 为零，得

$$\cos\frac{\theta_0}{2}[K_{\mathrm{I}}\sin\theta_0+K_{\mathrm{II}}(3\cos\theta_0-1)] = 0 \tag{2.49}$$

其符合裂纹扩展的解为

$$K_{\mathrm{I}}\sin\theta_0+K_{\mathrm{II}}(3\cos\theta_0-1) = 0 \tag{2.50}$$

求解式 (2.50)，得

$$\theta_0 = \arcsin\left[\frac{K_{\mathrm{II}}}{2K_{\mathrm{I}}^2}\left(2K_{\mathrm{I}}-9K_{\mathrm{II}}+\sqrt{(9K_{\mathrm{II}}-2K_{\mathrm{I}})^2+32K_{\mathrm{I}}^2}\right)\right] \tag{2.51}$$

可以给出主控结构面的扩展条件为

$$K_{\mathrm{e}} = K_{\mathrm{IC}} \tag{2.52}$$

式中，变量物理意义同前。

在不考虑地震荷载时，作用在危岩主控结构面端部的荷载主要为危岩体自重产生的弯矩和由裂隙水压力产生的张拉应力。沿主控结构面取出单元体 (图 2.21)，并将其分解为两种情况，即仅由弯矩作用 (情况一)(图 2.22) 和仅由裂隙水压力作用 (情况二)(图 2.23)。

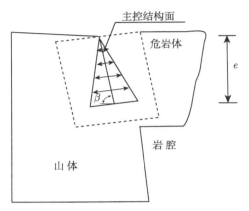

图 2.21 位于陡崖上的危岩模型

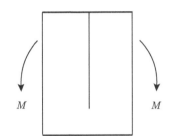

图 2.22 仅由弯矩作用的主控结构面

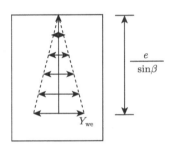

图 2.23 仅由裂隙水压力作用的主控结构面

对于情况一：根据《应力强度因子手册》[104]，得

$$K_{I1} = F(a)\sigma_{\max}\sqrt{\pi a} \tag{2.53}$$

$$F(a) = 1.122 - 1.40\frac{a}{h} + 7.33\left(\frac{a}{h}\right)^2 - 13.08\left(\frac{a}{h}\right)^3 + 14.0\left(\frac{a}{h}\right)^4 \tag{2.54}$$

$$\sigma_{\max} = \frac{6M}{H^2} \tag{2.55}$$

$$a = \frac{e}{\sin\beta} \tag{2.56}$$

$$h = \frac{H}{\sin\beta} \tag{2.57}$$

式 (2.53)~ 式 (2.57) 中，e 为主控结构面贯通段垂直长度 (m)；M 为由危岩体自重产生的作用在主控结构面尖端的弯矩 (kN·m)；h 为单元体高度 (m)；H 为危岩体高度 (m)。

对于情况二：将裂隙水压力等效为均匀张拉应力 $\bar{\sigma}$，则根据《应力强度因子手册》[104]，得

$$K_{I2} = 5.51\bar{\sigma}\sqrt{\pi a} \tag{2.58}$$

在两种情况，K_{II} 均为零，则式 (2.51) 可简化为

$$K_e = K_{I1} + K_{I2} \tag{2.59}$$

联合式 (2.52) 和式 (2.59)，可求得主控结构面处于临界扩展状态时的长度 a_0，则

$$F(a_0)\sigma_{\max}\sqrt{\pi a_0} + 5.51 a_0\sqrt{\pi a_0} = K_{IC} \tag{2.60}$$

由于主控结构面处于临界状态时，a/h 通常较小，略去式 (2.54) 中高阶量，仅取

$$F(a_0) = 1.122 - 1.40\frac{a_0}{h} \tag{2.61}$$

把式 (2.55) 和式 (2.61) 代入式 (2.60)，整理得

$$A\sqrt{a_0} + (B+C)a_0\sqrt{a_0} = K_{IC} \tag{2.62}$$

式中，$A = 11.9322\dfrac{M}{H}$，$B = -\dfrac{14.8879}{H^2}$，$C = 9.7664$。式 (2.61) 为超越方程，必然存在一个实根，通过数值算法求解获得 a_0。

2. 裂隙水压力变化过程中主控结构面疲劳断裂寿命计算方法

危岩主控结构面内的水体从降雨充水、失水到下一次降雨再充水、再失水 …… 致使裂隙水压力具有交变性，可把该裂隙水压力视为交变荷载。Miner 在 1945 年研究金属材料的疲劳时认为，在等幅疲劳试验中，损伤可以认为与应力循环次数呈线性递增关系，当累积损伤达到某一临界值时，产生疲劳破坏。线性累积损伤准则又称为 Palmgren-Miner 线性累积损伤准则 (简称 P-M 准则)。显然，危岩主控结构面损伤问题符合 P-M 准则。由于危岩发育的控制性荷载为暴雨状态的裂隙水压力，则作用于主控结构面尖端的循环荷载应为暴雨状态的裂隙水压力。暴雨状态下主控结构面贯通段内的充水深度 e_w 为贯通段 a 的 2/3，即

$$e_w = \frac{2}{3}a \tag{2.63}$$

Paris 公式：

$$\frac{\mathrm{d}a}{\mathrm{d}N} = C(\Delta K)^m \tag{2.64}$$

式中，a 为裂隙长度 (m)；N 为疲劳次数；ΔK 为应力强度因子差值 ($\mathrm{kPa \cdot m^{1/2}}$)；$C$ 和 m 为材料常数，通过裂纹疲劳试验确定。

根据式 (2.64) 积分可得

$$\int_0^{N_c} \mathrm{d}N = \int_{a_0}^b \frac{\mathrm{d}a}{C(\Delta K)^m} \tag{2.65}$$

式中，b 为主控结构面总长度 (m)。

暴雨状态下主控结构面平均裂隙水压力 $\bar{\sigma}$ 为

$$\bar{\sigma} = \frac{2e\gamma_{\mathrm{w}}}{9\sin\beta} \tag{2.66}$$

则裂隙水压力对主控结构面尖端部的应力强度因子差值贡献可由式 (2.64) 计算所得：

$$\Delta K = 12\sqrt{\pi}a^{3/2} \tag{2.67}$$

进一步简化，将式 (2.67) 代入式 (2.65)，得

$$N_c = \int_{a_0}^b \frac{\mathrm{d}a}{C \times 12^m \times \pi^{m/2}a^{3m/2}} \tag{2.68}$$

当 $m = 2/3$ 时，由式 (2.65) 得

$$N_c = \frac{1}{C \times 12^m\pi^{m/2}}\ln\frac{b}{a_0} \tag{2.69}$$

当 $m \neq 2/3$ 时，由式 (2.65) 得

$$N_c = \frac{2}{C(2-3m) \times \pi^{m/2}}(b^{1-3m/2} - a_0^{1-3m/2}) \tag{2.70}$$

由于前面求解获得的危岩主控结构面疲劳断裂寿命是指能够承受暴雨状态裂隙水压力交变作用的次数，而对于一个特定地区，暴雨发生的次数通常具有一个统计平均值 N_0，则危岩主控结构面用时间表示的疲劳断裂寿命计算式为

$$S = \frac{N_c}{N_0} \tag{2.71}$$

式中，N_0 的单位为次/年，S 的单位为年。

为了获得式 (2.69) 和式 (2.70) 中的疲劳损伤参数 C 和 m，对砂岩试件进行了疲劳断裂试验。试件尺寸：初始裂隙长度 $a_1=8\mathrm{cm}$，试块高 $h_1=10\mathrm{cm}$，长度 $L_1=20\mathrm{cm}$，厚度 $t_1=5\mathrm{cm}$。疲劳振动频率 48.5Hz。测试得到不同振动幅值即荷载下试件断裂破坏所需的振动次数，见图 2.24。假定试件的疲劳破坏符合 Paris 公式，即式 (2.64)，则对于某个已知裂隙长度的试件，$\mathrm{d}a$ 即为 a_c，$\mathrm{d}N$ 即为 N_c，得

$$\ln\frac{a_c}{N_c} = \ln C + m\ln\Delta K \tag{2.72}$$

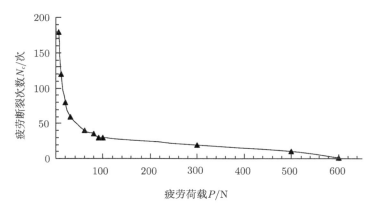

图 2.24 砂岩试件疲劳荷载–断裂次数曲线

对试件进行三点弯曲梁试验, 由经典线性断裂力学[106] 已给出

$$K_{IC} = \frac{6P}{h_1 t_1} \sqrt{\pi a_1} F\left(\frac{a_1}{h_1}\right) \tag{2.73}$$

$$F\left(\frac{a_1}{h_1}\right) = \frac{1}{\sqrt{\pi}} \times \frac{1.99 - R(1-R)(2.15 - 3.63R + 2.7R^2)}{(1+2R)(1-R)^{3/2}} \tag{2.74}$$

则对于每个试件, 存在

$$\Delta K = K_{IC} = 8465.1P \tag{2.75}$$

式中, 所有变量的单位同前。运用式 (2.67) 可求出每级疲劳荷载下的 ΔK 值, 并可计算得到每个试件疲劳破坏时的 $\ln \frac{a_c}{N_c}$。拟合 $\ln \frac{a_c}{N_c}$ 和 $\ln \Delta K$, 得到拟合方程为

$$\ln \frac{a_c}{N_c} = -10.37 + 0.6741 \ln \Delta K \tag{2.76}$$

式 (2.76) 的拟合系数为 0.9447。据此计算得到 $C = 3.14 \times 10^{-5}, m = 0.6741$。

三峡库区重庆市万州区内太白岩, 陡崖长度 2300m, 高度 80~120m, 坡度近于直立, 陡崖上发育有四百余个危岩体。危岩由长石石英砂岩组成, 完整性好, 天然容重 25kN/m³。以 BW321 号危岩为例, 该危岩属于拉裂倾倒型危岩, 危岩体几何尺寸: 20m(长)×4m(宽)×12m(高), 主控结构面贯通段长度 11m、倾角 80°、张开度 3~6cm, 长石石英砂岩的断裂韧度为 5516kPa·m$^{1/2}$。运用式 (2.63) 求得处于极限状态时的主控结构面贯通段长度为 10.8m, 显然, 该危岩处于破坏临界状态, 裂隙水压力的疲劳断裂是控制危岩体失稳的主要动力机制。运用式 (2.68) 求得疲劳次数为 2170 次。根据重庆市气象台资料, 该地区 1959~1998 年发生暴雨 490 次, 平均每年约 16 次, 则该危岩用时间表示的疲劳断裂寿命约为 142 年。

2.2   危岩断裂破坏机制

2.2.1   砂岩 I 型断裂韧度及其与强度参数的相关性

目前, 关于各种岩石的断裂韧度参数研究取得了较多研究成果, 主要集中在各类岩石的静态、动态断裂韧度测试和分析[105−109]。同时, 对岩石断裂韧度参数与强度参数之间的相关性方面也进行了较多研究, 例如, 刘杰等从理论上分析了岩石强度准则的材料参数和压剪断裂韧度之间的关系, 但二者关系确定的基础是先根据经验假定裂隙扩展方向 θ 和扩展半径 r, 因此, 其结果往往存在较大的人为因素[110]; 李江腾等统计发现岩石 I 型断裂韧度和抗压强度呈现较好的线性相关性[111]。此外, 较多学者基于数据统计对岩石 I 型断裂韧度与抗拉强度之间的相互关系也进行了研究, 提出了一些数据拟合公式[112−115], 但很少从理论上去分析二者的相关性。本书对干燥和饱水状态下砂岩的 I 型断裂韧度 K_{IC} 及其与强度参数之间的相关性进行试验和理论研究。

1. 试验方案设计

岩石断裂韧度测试比一般的力学参数测试更为复杂和困难, 岩石断裂韧度的测试方法较多, 本书采用文献 [116] 推荐的直切口圆柱形试件进行三点弯曲断裂试验。试件直径 $D = 50\mathrm{mm}$, 长度 $L = 210 \sim 240\mathrm{mm}$, 切口先用超薄金刚石锯片加工, 深度为 22~23mm, 宽度为 1.0mm, 然后再用单面刀片手工刻划切槽的根部使其尖锐。试样制备时按照规范要求严格控制精度, 同时在试样切口之前, 测试纵波波速, 严格选样, 共选取干燥试样 10 个, 饱水试样 12 个。

本书设计这种试验方案, 并且采用较大尺寸的试件, 一方面以减小尺寸效应的影响, 另一方面是为了增加试验的紧凑性, 尽量减小试验结果的离散性。断裂韧度试样长度为 210~240mm, 试验后, 对断裂的两段试样再进行加工处理, 制备成尺寸为 $\phi 50\mathrm{mm} \times 100\mathrm{mm}$ 和 $\phi 50\mathrm{mm} \times 30\mathrm{mm}$ 的试样, 进行三轴抗压强度试验 (围压分别取 0MPa, 5MPa, 10MPa, 15MPa, 20MPa) 和巴西圆盘劈裂抗拉试验, 典型砂岩试样如图 2.25 所示。

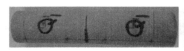  

(a) 断裂前   (b) 断裂后

图 2.25   典型砂岩试样

三点弯曲试验选用 WAW-1000D 型微机控制电液伺服万能试验机，如图 2.26 所示，伺服液压荷载框架由 4 根立柱构成，刚度为 1100kN/mm，目的是采用较大刚度的试验机，减小试验机压头的变形，进而减小对试样上裂隙扩展的不利影响。试验时，用夹式引伸计测量裂隙张开位移 (CMOD)，引伸计的精度为 0.001mm，试验时采用切口张开位移速率控制，取 0.01mm/min(规范规定小于 6×10^{-4}mm/s，即 0.036mm/min)，采用 CMOD 控制的优点是，它只与试样切口处的张开变形有关，从而排除了试验机以及加载滚轴和试样接触部位变形的影响，如果采用荷载点位移 (LPD) 控制，这些影响就难以排除。

图 2.26 试验设备

2. 试验结果分析

1) 砂岩 I 型断裂韧度 K_{IC} 试验结果分析

断裂韧度及其他参数试验结果如表 2.5 所示，其中断裂韧度 K_{IC} 采用文献 [116] 中的公式进行计算：

$$K_{IC} = 0.25\left(\frac{S_d}{D}\right)\frac{P_{max}}{D^{1.5}}y\left(\frac{a}{D}\right) \tag{2.77}$$

$$y\left(\frac{a}{D}\right)\frac{12.75\left(\frac{a}{D}\right)^{0.5}\left[1+19.65\left(\frac{a}{D}\right)^{4.5}\right]^{0.5}}{\left(1-\frac{a}{D}\right)^{0.25}} \tag{2.78}$$

式中，D 为试件直径 (m)；S_d 为两支承点间的距离 (m)；P_{max} 为断裂破坏荷载 (N)；a 为直切口深度 (m)；其余变量物理意义同前。

从表 2.5 可以看出：

表 2.5　断裂韧度 K_{IC} 测试值

状态	长度 /cm	纵波波速 /(m/s)	峰值荷载 /kN	切口深度 /cm	峰值荷载对应切口张开位移/mm	K_{IC} /(MPa·m$^{1/2}$)
干燥	21.6	3044	0.413	2.20	0.076	0.366
	22.1	3036	0.398	2.20	0.057	0.352
	22.2	2942	0.413	2.25	0.069	0.378
	22.1	3017	0.398	2.25	0.062	0.364
	23.4	2895	0.428	2.20	0.051	0.379
	22.6	2968	0.381	2.30	0.060	0.361
	23.1	2891	0.377	2.20	0.056	0.334
	22.8	3103	0.435	2.25	0.063	0.398
	23.4	3024	0.383	2.30	0.068	0.362
	22.8	2978	0.412	2.30	0.053	0.390
饱水	22.2	3344	0.363	2.20	0.069	0.321
	23.0	3312	0.302	2.30	0.088	0.310
	21.8	3373	0.343	2.30	0.093	0.325
	21.0	3353	0.318	2.20	0.096	0.282
	24.0	3310	0.285	2.20	0.076	0.273
	23.0	3317	0.324	2.20	0.081	0.287
	21.5	3268	0.328	2.20	0.072	0.290
	21.3	3334	0.323	2.20	0.089	0.286
	23.3	3382	0.378	2.20	0.098	0.335
	22.2	3374	0.291	2.30	0.076	0.275
	23.5	3271	0.328	2.30	0.088	0.310
	21.7	3324	0.301	2.30	0.101	0.285

(1) 选取的砂岩试样中，干燥试样的纵波波速为 2891～3103m/s，饱水试样的纵波波速为 3268～3382m/s，饱水后纵波波速增大了 10% 左右，两种状态下各试样的波速总体分布相对集中，说明选取的试样均匀性较好。

(2) 断裂试验中，干燥试样的峰值荷载对应切口张开位移为 0.051～0.076mm，均值为 0.062mm；饱水试样的峰值荷载对应切口张开位移为 0.069～0.101mm，均值为 0.086mm，饱水后，峰值荷载对应切口张开位移明显增大，岩石塑性增强。

(3) 干燥试样的 I 型断裂韧度 K_{IC} 为 0.334～0.398MPa·m$^{1/2}$，均值为 0.368MPa·m$^{1/2}$，标准差为 0.019，变异系数为 0.050；饱水试样的断裂韧度 K_{IC} 为 0.273～

$0.335\text{MPa}\cdot\text{m}^{1/2}$，均值为 $0.298\text{MPa}\cdot\text{m}^{1/2}$，标准差为 0.021，变异系数为 0.070，说明试验结果的离散性较小，其均值可以比较准确地表示其断裂韧度；二者比值为 0.809，软化效应明显。

(4) 如图 2.25(b) 所示，从试件断口形态来看，断裂试件的断口断面均比较平直，裂隙均沿着切槽平面扩展，说明切口产生了较好的引导作用。

2) 砂岩抗压、抗拉强度试验结果分析

对加工好的砂岩试样进行了三轴抗压强度试验 (围压 0MPa，5MPa，10MPa，15MPa，20MPa)，每个围压进行 4 次重复试验，干燥和饱水状态各选择了 8 个试样进行了巴西圆盘劈裂抗拉强度试验。三轴抗压强度试验和劈裂试验均在 RMT-150C 岩石力学试验系统上进行，劈裂试验采用专用的劈裂试验盒，如图 2.27 所示，选用直径为 1mm 的钢丝作垫条。试验结果如表 2.6 和表 2.7 所示。

从表 2.6 可以看出，不同围压下砂岩抗压强度相对比较集中，而且围压越大，抗压强度离散性相对较小。饱水后岩石软化明显，单轴抗压强度的软化系数为 0.820，随着围压的增大，饱水抗压强度与干燥抗压强度的比值 (这里统称为软化系数) 略有增大趋势。结合表 2.6 和表 2.7 可以看出，抗拉强度和抗压强度具有相近的软化系数。

图 2.27 巴西圆盘劈裂试验盒

3) 砂岩 I 型断裂韧度 K_{IC} 与强度参数相关性分析

前期研究表明，岩石类材料的各个强度与各个韧度之间存在着一定的联系。较多学者基于数据统计方法对岩石 I 型断裂韧度与抗拉强度、抗压强度之间的关系进行了研究，结果表明，I 型断裂韧度和抗压强度、抗拉强度呈现较好的线性相关性，并提出了一些数据拟合公式，但很少从理论上去分析二者的相关性。下面主要从岩石的 I 型断裂韧度与抗拉强度之间的关系进行讨论分析。

表 2.6 干燥和饱水试样抗压强度值 s

围压 / MPa	干燥试样		饱水试样		软化系数
	抗压强度/MPa	均值/MPa	抗压强度/MPa	均值/MPa	
0	57.34		45.89		
	60.38	56.31	49.67	46.17	0.820
	55.38		46.12		
	52.13		42.99		
5	102.34		89.28		
	110.46	101.72	81.32	83.74	0.823
	95.62		85.68		
	98.47		78.69		
10	143.29		125.19		
	135.87	145.08	115.61	120.98	0.834
	151.48		123.87		
	149.68		119.27		
15			155.73		
			145.65	152.40	
			155.81		
			152.40		
20	212.67		182.30		
	219.54	209.15	169.21	180.14	0.861
	198.42		173.88		
	205.98		195.16		

表 2.7 抗拉强度试验结果

试样状态	试样抗拉强度/MPa								均值/MPa	软化系数
	1	2	3	4	5	6	7	8		
干燥	3.08	3.33	3.27	2.98	2.82	3.54	3.43	2.88	3.17	0.824
饱水	2.98	2.22	2.96	3.02	2.41	2.03	2.27	2.98	2.61	

对于拉剪状态，如图 2.28 所示，根据裂隙端部范围纯拉、纯剪的应力叠加，有

$$\begin{cases} \sigma_x = D - A + B \\ \sigma_y = D + A - 2C - B \\ \tau_{xy} = A + E - F \end{cases} \quad (2.79)$$

式中，$A = \dfrac{K_{\mathrm{I}}}{\sqrt{2\pi r}} \sin\dfrac{\theta}{2}\cos\dfrac{\theta}{2}\sin\dfrac{3\theta}{2}$；$B = \dfrac{K_{\mathrm{II}}}{\sqrt{2\pi r}} \sin\dfrac{\theta}{2}\cos\dfrac{\theta}{2}\cos\dfrac{3\theta}{2}$；$D = \dfrac{K_{\mathrm{I}}}{\sqrt{2\pi r}}\cos\dfrac{\theta}{2}$；

$$C = \frac{K_{\mathrm{II}}}{\sqrt{2\pi r}} \sin \frac{\theta}{2}; \quad E = \frac{K_{\mathrm{II}}}{\sqrt{2\pi r}} \cos \frac{\theta}{2}; \quad F = \frac{K_{\mathrm{II}}}{\sqrt{2\pi r}} \sin \frac{\theta}{2} \cos \frac{\theta}{2} \sin \frac{3\theta}{2}。$$

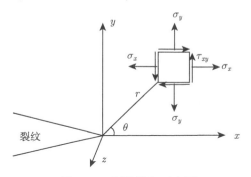

图 2.28 裂隙端部示意图

对岩石而言，与金属材料有很大的区别，除非在高温、高压情况下，其裂隙端部均未发现塑性变形现象，通常用发生微裂隙来解释裂隙端部出现的非弹性应力区。研究表明，岩石类材料的破坏，根本原因之一在于微裂隙的扩展，而引起微裂隙扩展的根本因素，在于微裂隙受到了拉应力，而不是压应力或者剪应力。因此，在建立微裂隙模型时采用了最大正应力判据，其表达式为

$$\sigma_1 = \sigma_{\mathrm{t}} \tag{2.80}$$

式中，σ_{t} 为岩石的抗拉强度 (kPa)。当处于纯拉应力状态下时，由式 (2.79) 和式 (2.80) 可得

$$r = \frac{1}{2\pi} \left(\frac{K_{\mathrm{IC}}}{\sigma_{\mathrm{t}}} \right)^2 \left[\cos \frac{\theta}{2} \left(1 + \sin \frac{\theta}{2} \right) \right]^2 \tag{2.81}$$

对于纯 I 型裂隙，扩展角为 $\theta = 0°$，则式 (2.81) 可简化为

$$r = \frac{1}{2\pi} \left(\frac{K_{\mathrm{IC}}}{\sigma_{\mathrm{t}}} \right)^2 \tag{2.82}$$

从式 (2.82) 可以看出，K_{IC} 和 σ_{t} 是岩石的材料参数，π 是一个常数，因此，从理论上讲，对应某种岩石的纯 I 型断裂破坏，其裂纹扩展半径 r 值应该是一个常数。为此，下面对相关学者的研究试验数据 [117-119] 进行统计分析，具体如表 2.8 所示。

从表 2.8 可以看出，根据式 (2.82) 计算的裂隙扩展半径 r 值分布在 1.1~5.4mm，但其中约 80% 的 r 值分布在 1.5~3.5mm，均值为 2.4mm。而且，每种岩石的裂隙扩展半径 r 值分布相对集中。各类岩石的裂隙扩展半径 r 值略有差别，白云岩、石灰岩、油页岩、正长岩、花岗岩、大理岩、砂岩的 r 均值分别为 2.8mm，3.3mm，

2.0mm，2.7mm，2.8mm，3.1mm，2.3mm，其中，石灰岩、大理岩的 r 均值相对较大，白云岩、正长岩、花岗岩次之，砂岩、油页岩相对较小。

这些数据分析结果也印证了上面关于同一种岩石的纯 I 型断裂破坏，其裂隙扩展半径 r 值为一个常数的观点。以往的研究也表明，岩石断裂韧度和抗拉强度各种测试方法的结果存在一定的离散性，这也导致了裂隙扩展半径 r 的计算值可能会在一个较小的范围内变化。

表 2.8　岩石断裂韧度 K_{IC} 与抗拉强度统计表

岩石类型	K_{IC} (试验值)/(MPa·m$^{1/2}$)	t/MPa	r/mm	K_{IC} (计算值)/(MPa·m$^{1/2}$)
白云岩	1.66	13.3	2.5	1.76
	1.66	16.4	1.6	2.17
	1.80	12.1	3.5	1.60
	1.78	13.0	3.0	1.72
	2.47	17.0	3.4	2.25
石灰岩	0.99	5.4	5.4	0.77
	1.36	11.9	2.1	1.71
	2.06	15.0	3.0	2.16
	0.85	8.5	1.6	1.22
	1.38	8.5	4.2	1.22
油页岩	0.37	3.3	2.0	0.37
正长岩	1.55	13.2	2.2	1.72
	1.61	13.2	2.4	1.72
	1.76	13.2	2.8	1.72
	1.89	13.2	3.3	1.72
	1.93	13.2	3.4	1.72
	1.75	13.2	2.8	1.72
	1.51	11.1	2.9	1.45
	1.21	11.1	1.9	1.45
	1.36	11.1	2.4	1.45
花岗岩	2.15	15.4	3.1	2.04
	2.19	16.8	2.7	2.23
	2.17	16.3	2.8	2.16
	2.08	16.2	2.6	2.15
大理岩	0.85	6.2	3.0	0.87
	0.63	4.6	3.0	0.64
	2.68	17.3	3.8	2.41
	2.26	15.4	3.4	2.15
	2.02	13.9	3.4	1.94
	1.7	12.1	3.1	1.69
	1.44	10.0	3.3	1.40
	1.28	9.9	2.7	1.38
	0.98	9.3	1.8	1.30
	1.13	7.3	3.8	1.02

续表

岩石类型	K_{IC} (试验值)/(MPa·m$^{1/2}$)	t/MPa	r/mm	K_{IC} (计算值)/(MPa·m$^{1/2}$)
	0.67	5.1	2.8	0.61
	0.28	2.7	1.8	0.32
	0.38	3.3	2.1	0.40
砂岩	0.56	4.0	3.1	0.48
	1.47	10.1	3.4	1.21
	1.4	17.0	1.1	2.04
	0.37	3.3	2.0	0.40
	0.45	3.7	2.4	0.44
本书试验砂岩	0.368	3.2	2.1	0.38
	0.298	2.6	2.1	0.31

据此, 可以根据各类岩石的抗拉强度和试验统计得到的 r 均值, 计算出对应的 I 型断裂韧度 K_{IC}, 对式 (2.82) 变形可得

$$K_{IC} = \sigma_t \sqrt{2\pi r} \tag{2.83}$$

根据式 (2.83), K_{IC} 计算值详见表 2.8, 各类岩石的 K_{IC} 实测值和计算值吻合较好, 其中, 本书试验中干燥和饱水砂岩试样的断裂韧度 K_{IC} 试验值分别为 0.368MPa·m$^{1/2}$, 0.298MPa·m$^{1/2}$, 计算值分别为 0.38MPa·m$^{1/2}$, 0.31MPa·m$^{1/2}$, 二者相差仅 3.53% 和 5.26%, 表明上述理论分析具有合理性。

前期研究也表明, 岩石 I 型断裂韧度与抗拉强度具有较好的线性关系, 并用数据统计方法给出了一些统计公式, 如表 2.9 所示。可见, 从理论分析得出的岩石断裂韧度 K_{IC} 与抗拉强度关系公式和以往采用统计方法得出的拟合公式具有同样的形式, 而且系数相近, 说明两种分析方法得到的结论和规律是一致的, 这也给以往数据统计公式建立理论基础。

表 2.9　岩石断裂韧度 K_{IC} 与抗拉强度经验公式

资料来源	公式
Whittaker 等	$\sigma_t = 9.35 K_{IC} - 2.53$
Zhang 等[119]	$\sigma_t = 6.88 K_{IC}$
本书砂岩试样	$\sigma_t = \dfrac{K_{IC}}{\sqrt{2\pi r}} = 8.32 K_{IC}$

而且, 有的学者也从破坏机制和破坏形态等方面对岩石的断裂和抗拉破坏进行了分析, 认为岩石的强度与韧度之间, 之所以存在着一定的联系, 就是因为它们本质上是一致的, 引起破坏的力学机制是相同的 [120]。因此, 可以通过测试试件的抗拉强度, 来推测该试件的断裂韧度, 这将大大简化断裂韧度的测试。

同时, 结合以往的统计分析, 这里对砂岩 I 型断裂韧度 K_{IC} 与抗压强度以及

c, φ 值也进行了统计分析,如表 2.10 所示。从表 2.10 可以看出,饱水和干燥砂岩试样的断裂韧度 K_{IC} 的比值 0.810 与砂岩单轴抗压强度的软化系数 0.820 相近,具有类似的软化效应;在数值上,砂岩断裂韧度 K_{IC} 约为单轴抗压强度的 1/150,约为内摩擦角的 1/145,约为黏聚力的 1/30,约为抗拉强度的 1/9。

表 2.10 砂岩断裂韧度 K_{IC} 与抗压强度以及 c, φ 值

试样状态	$K_{IC}/(\mathrm{MPa \cdot m^{1/2}})$	单轴抗压强度/MPa	$\varphi/(°)$	c/MPa	抗拉强度/MPa
干燥	0.368	56.31	50.12	11.19	3.17
饱水	0.298	46.17	47.87	9.51	2.61

2.2.2 拉剪应力条件下岩体裂隙扩展机制

地下岩体通常是处于三维受压状态,但矿山开采、隧道及地下厂房等地下工程开挖后,垂直于开挖面方向的应力卸载,岩体的应力状态由三向受压变为双向甚至单向受压,这种应力状态的变化必定会在一定深度范围内引起岩体向开挖区的差异回弹变形。显然,这种卸荷回弹变形是由表向里逐渐减小的,由于岩体的非均质、非弹性,必定会在其某些部位形成一种由差异变形而产生的拉应力[121]。危岩裂隙 (包括其他地质不连续面) 部位是卸荷差异变形最为集中的部位,也是拉应力集中的部位。无疑,危岩主控裂隙面常处于拉剪应力状态。

现今的岩体力学主要是加载岩体力学体系,水电、交通、矿山等工程中的岩体开挖,从力学本质上来说主要是卸荷行为,岩体在加载和卸载条件下的力学特性有本质的区别。加载条件下裂隙面处于压剪应力状态,对于压剪应力状态下裂隙扩展的力学机制及演化过程等方面,国内外已经作了较多的研究,取得了较丰富的成果[122]。当卸荷引发岩体的差异变形达到一定程度后,裂隙周边岩体处于拉剪应力状态,对于拉剪应力状态下裂隙扩展规律,现有的研究成果不多,主要集中在拉应力状态下裂隙岩体的变形破坏及强度方面的理论和试验研究[123,124]以及破坏过程的数值模拟[125]等方面。本书运用断裂力学理论及能量原理,求解了拉剪应力状态下裂隙起裂判据及其扩展过程中裂隙尖端的动态应力强度因子,并得出其停止扩展判据,同时,通过相似物理模型试验研究了拉剪应力状态下单裂隙扩展规律,并验证了理论成果。

1. 拉剪应力状态下裂隙扩展的起裂判据

设裂隙面与最小主应力 σ_3 的夹角为 α,则裂隙面的剪应力 τ 和正应力 σ_n 分别为

$$\begin{cases} \tau = \dfrac{\sigma_1 - \sigma_3}{2} \sin 2\alpha \\ \sigma_n = \dfrac{\sigma_1 + \sigma_3}{2} + \dfrac{\sigma_1 - \sigma_3}{2} \cos 2\alpha \end{cases} \tag{2.84}$$

如约定拉应力为负，压应力为正，当式 (2.84) 中正应力 $\sigma_n < 0$ 时，裂隙面法向转变为拉应力状态，裂隙面将产生法向位移，而滑动抗剪摩擦力消失或可忽略不计。很明显，当 σ_n 为拉应力时，其必定会控制着裂隙的起裂扩展，因此，在拉剪应力状态下，裂隙的扩展是同时受剪应力 τ 和法向拉应力 σ_n 控制的，其受力特征如图 2.29(a) 所示。

对于一个已知的复合型裂隙，裂隙端部的应力状态在极坐标系中 (如图 2.29(b) 所示) 可以表达为

$$
\begin{cases}
\sigma_r = \dfrac{1}{(2\pi r)^{1/2}} \cos\dfrac{\theta}{2} \left[K_{\mathrm{I}} \left(1 + \sin^2\dfrac{\theta}{2} \right) + \dfrac{3}{2} K_{\mathrm{II}} \sin\theta - 2K_{\mathrm{II}} \tan\dfrac{\theta}{2} \right] \\[2mm]
\sigma_\theta = \dfrac{1}{(2\pi r)^{1/2}} \cos\dfrac{\theta}{2} \left(K_{\mathrm{I}} \cos^2\dfrac{\theta}{2} - \dfrac{3}{2} K_{\mathrm{II}} \sin\theta \right) \\[2mm]
\tau_{r\theta} = \dfrac{1}{(2\pi r)^{1/2}} \cos\dfrac{\theta}{2} (K_{\mathrm{I}} \sin\theta - K_{\mathrm{II}}(3\cos\theta - 1))
\end{cases}
\tag{2.85}
$$

根据式 (2.85)，扩展裂隙 (r, θ) 处的 σ_θ 可以表示为

$$
\sigma_\theta = \dfrac{1}{\sqrt{2\pi r}} \cos\dfrac{\theta}{2} \left(\sigma_n \sqrt{\pi a} \cos^2\dfrac{\theta}{2} - \dfrac{3\tau\sqrt{\pi a}}{2} \sin\theta \right)
\tag{2.86}
$$

对 I 型裂隙端部的应力强度因子 K_{I} 可进一步定义为 $K_{\mathrm{I}} = \lim[\sigma_\theta(2\pi r)^{1/2}]$，则由式 (2.86) 可得出对应于扩展裂隙 θ 处的 I 型应力强度因子为

$$
K_{\mathrm{I}} = \sqrt{\pi a} \cos\dfrac{\theta}{2} \left(\sigma_n \cos^2\dfrac{\theta}{2} - \dfrac{3}{2} \tau \sin\theta \right)
\tag{2.87}
$$

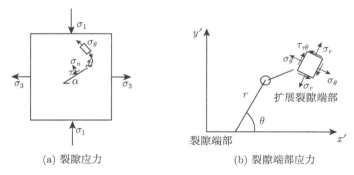

(a) 裂隙应力　　　　　　　　(b) 裂隙端部应力

图 2.29　拉剪应力状态下裂隙及其端部应力场特征

式 (2.87) 对 θ 求偏导数，并令其等于 0，即可得到裂隙的开裂角 θ_0 计算式为

$$
2\tau \tan^2(\theta_0/2) - \sigma_n \tan(\theta_0/2) - \tau = 0
\tag{2.88}
$$

将式 (2.88) 确定的 θ_0 代入式 (2.87)，得拉剪应力状态下支裂隙起裂时应力强度因子：

$$K_{\mathrm{I}} = \sqrt{\pi a}\cos\frac{\theta_0}{2}\left(\sigma_n\cos^2\frac{\theta_0}{2} - \frac{3}{2}\tau\sin\theta_0\right) \geqslant K_{\mathrm{I\,C}} \qquad (2.89)$$

2. 拉剪应力状态下裂隙扩展过程中的动态应力强度因子及止裂判据

裂隙扩展前单元体中储存的弹性能为 U_0，在裂隙扩展过程中，原裂隙面上的力和支裂隙面上的力要做功 W。另外，新产生的弹性能储存在单元体内：U_1 与 I 型裂隙场有关，U_2 与 II 型裂纹场有关，这时单元体的能量为

$$U = U_0 + U_1 + U_2 - W \qquad (2.90)$$

当外力 σ_3 为拉应力时，原裂隙面可能会同时出现法向松动和切向剪切变形，并在尖端形成分支裂隙，图 2.30 为长度为 $2a$ 的裂隙在拉剪应力状态下裂隙扩展的应力状态及变形特征示意图。由于拉应力主导下的裂隙扩展最终将向垂直于拉应力方面发展，因此将扩展裂隙理想化为直线型并且垂直于拉应力 σ_3 方向。在裂隙扩展过程中，原裂隙面上的法向应力 σ_n 和切向应力 τ_s 对原裂隙变形和分支裂隙扩展均做功，分支裂隙上的拉应力 T_n 对支裂隙扩展做功。显然，对于拉剪应力状态下，系统的能量变化更加复杂，目前国内外对于拉剪应力状态下裂隙的扩展长度还没有详细的理论推导。

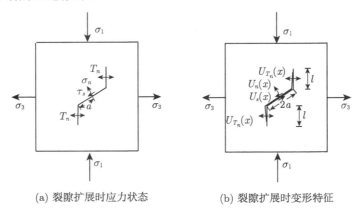

(a) 裂隙扩展时应力状态　　　　　　　(b) 裂隙扩展时变形特征

图 2.30　拉剪应力状态下裂隙扩展的应力状态及变形特征示意图

由于裂隙面张开，裂隙不能提供剪切阻力，而且支裂隙上的法向力 T_n 为拉应力，其值等于 σ_3，支裂隙的张开位移与 T_n 方向一致，T_n 对整个系统来说是做正功的。

此时裂隙扩展力所做的总功 W 为

$$W = \frac{1}{2} \sum \text{力} \times \text{位移} = \frac{1}{2} \int_{s_1} 2\sigma_n U_n(x) \mathrm{d}s_1 + \frac{1}{2} \int_{s_1} 2\tau_s U_s(x) \mathrm{d}s_1 + \frac{1}{2} \int_{s_2} 2T_n U_{T_n}(x) \mathrm{d}s_2$$

(2.91)

式中，$U_n(x)$ 为原裂隙面的法向张开位移，σ_n 和 τ_s 由式 (2.84) 确定。

将图 2.30(b) 原裂隙连同分支裂隙拉直形成长度为 $2(a+l)$ 的直裂隙。假设原裂隙的最大位移在裂隙中部，向两端逐渐减小，这是基于 Griffith 提出的裂隙面张剪复合扩展按椭圆形的假设。设原裂隙的最大位移为 δ，最大切向位移为 δ_s，最大法向位移为 δ_n，则原裂隙的切向位移及法向位移可分别假设为

$$\left. \begin{aligned} U_s(x) &= \pm \frac{\alpha_1 \delta_s [(l+a)^2 - x^2]^{1/2}}{l+a} \\ U_n(x) &= \pm \frac{\alpha_1 \delta_n [(l+a)^2 - x^2]^{1/2}}{l+a} \end{aligned} \right\}$$

(2.92)

式中，x 从原裂隙中心算起；α_1 是考虑原裂隙与分支裂隙构成的变折裂隙形状的常数，这里直裂隙的形状并不重要，可通过几何参数 α_1 来修正。

又假设分支裂隙每个面上的张开位移 $U_{T_n}(x)$ 与到分支裂隙尖端的距离成正比，则有

$$U_{T_n}(x) = \pm \alpha_2 \delta \left(1 - \frac{x}{l+a} \right)$$

(2.93)

式中，α_2 为常数。

将位移模式表达式 (2.92) 和式 (2.93) 代入式 (2.91) 积分得

$$W = aB\alpha_1 (\tau_s \delta_s + \sigma_n \delta_n) \left[\left(1 - \frac{1}{(1+L)^2} \right)^{\frac{1}{2}} + (1+L)\arcsin \frac{1}{1+L} \right] + \alpha_2 \sigma_3 aLB\delta$$

(2.94)

式中，$L = l/a$；B 为材料宽度。将式 (2.94) 按幂级数展开，得

$$W = 2aB\alpha_1 (\tau_s \delta_s + \sigma_n \delta_n) \left[1 - \frac{1}{6(1+L)^2} \right] + \alpha_2 \sigma_3 aLB\delta$$

(2.95)

式 (2.95) 中第一项为原裂隙上剪应力和拉应力所做的功，第二项是分支裂隙拉应力 σ_3 所做的功。

当 $L \gg 1$ 时，式 (2.95) 中括号内的值约为 1，这样式 (2.95) 可以写成

$$W = 2aB(\alpha_1 \tau_s \delta_s + \alpha_1 \sigma_n \delta_n + 0.5\alpha_2 \sigma_3 L\delta)$$

(2.96)

由于最大切向位移 δ_s 和最大法向位移 δ_n 方向正交，则有原裂隙的最大位移 δ：

$$\delta^2 = \delta_n^2 + \delta_s^2$$

(2.97)

不妨假定 $\delta_n = \delta \sin\beta, \delta_s = \delta \cos\beta$。式中，$\beta$ 为原裂隙面与 σ_3 的夹角，隐含着假设总位移 δ 的方向为平行于 σ_3 方向，这种假设不但满足式 (2.97)，实践也证明，卸荷效应比较明显的地下工程开挖过程中，位移方向基本垂直于开挖面。

裂隙的变形扩展会产生一个应力场，同时会积聚弹性能，作用在长度为 $2(l+a)$ 的直裂隙中心的张开位移 δ_n 积聚的应变能 $U_1 = \alpha_3 E B \delta_n^2$，同样，剪切位移 δ_s 也会产生应变能 $U_2 = \alpha_3 E B \delta_s^2$，由于裂隙扩展应使单元体中能量相对最小，则

$$\frac{\mathrm{d}}{\mathrm{d}\delta}(U_0 + U_1 + U_2 - W) = 0 \tag{2.98}$$

将式 (2.96) 和式 (2.97) 代入式 (2.98)，并忽略 U_0 的变化，可得

$$\delta = \frac{a}{E}\left(\frac{\alpha_1}{\alpha_3}\tau_s\cos\alpha + \frac{\alpha_1}{\alpha_3}\sigma_n\sin\alpha\frac{\alpha_2}{2\alpha_3}\sigma_3 L\right) \tag{2.99}$$

当原裂隙滑动张开时，分支裂隙张开，作用在长度 $2(l+a)$ 的直裂隙中心的垂直位移 δ_n 产生的应力强度因子 K_{I}^{n}[126] 为

$$K_{\mathrm{I}}^{n} = \frac{B_n E \delta_n}{(l+a)^{1/2}} \quad (B_n = 0.4) \tag{2.100}$$

剪切位移 δ_s 在分支裂隙尖端也产生 I 型应力强度因子 K_{I}^{s}[98]：

$$K_{\mathrm{I}}^{s} = \frac{B_s E \delta_s}{(1+a)^{1/2}} \quad (B_s \approx 1) \tag{2.101}$$

当分支裂隙扩展到 $l > a$ 时，分支裂隙基本转向垂直于最小主应力方向，从这时起分支裂隙的增长主要由楔形作用产生的应力强度 K_{I}^{n} 支配，这种变化可以通过将 K_{I}^{s} 乘上因子 $(1+L)^{-1/2}$ 来实现，这样，只有 L 较小时对结果有一定影响，而 L 较大时对结果影响很小，故裂隙尖端的应力强度因子可表述为

$$K_{\mathrm{I}} = K_{\mathrm{I}}^{n} + \frac{K_{\mathrm{I}}^{s}}{(1+L)^{1/2}} \tag{2.102}$$

将式 (2.99)～ 式 (2.101) 代入式 (2.102) 可得

$$K_{\mathrm{I}} = \sqrt{\frac{a}{1+L}}\left(B_n\sin\alpha + \sqrt{\frac{1}{1+L}}\cos\alpha\right)\left(\frac{\alpha_1}{\alpha_3}\tau_s\cos\alpha + \frac{\alpha_1}{\alpha_3}\sigma_n\sin\alpha + \frac{\alpha_2}{2\alpha_3}\sigma_3 L\right) \tag{2.103}$$

当 $L = 0$ 且 $\theta = \pi/2 - \alpha$ 时，由式 (2.87) 可得

$$K_{\mathrm{I}} = \sqrt{\frac{\pi a(1+\sin\alpha)}{8}}[(1+\sin\alpha)\sigma_n - 3\tau_s\cos\alpha] \tag{2.104}$$

由式 (2.103) 确定的 $L = 0$ 时的 K_{I} 为

$$K_{\mathrm{I}} = \frac{\alpha_1}{\alpha_3}\sqrt{a}(B_n \sin\alpha + \cos\alpha)(\sigma_n \sin\alpha + \tau_s \cos\alpha) \tag{2.105}$$

由式 (2.104) 等于式 (2.105)，即可以求出

$$\frac{\alpha_1}{\alpha_3} = \frac{\sqrt{\pi(1 + \sin\alpha)}[(1 + \sin\alpha)\sigma_n - 3\tau_s \cos\alpha]}{8(B_n \sin\alpha + \cos\alpha)(\sigma_n \sin\alpha + \tau_s \cos\alpha)} = A \tag{2.106}$$

由于分支裂隙是单向扩展的，假设分支裂隙匀速扩展，当 $L \gg 1$ 时，则由文献 [127] 可得

$$K_{\mathrm{I}} = \sigma_3 \sqrt{8l/\pi} \tag{2.107}$$

当 $L \gg 1$ 时，由式 (2.104) 确定的 K_{I} 为

$$K_{\mathrm{I}} = \frac{\alpha_2 \sigma_3 \sqrt{a}}{2\alpha_3}(B_n \sqrt{L} \sin\alpha + \cos\alpha) \tag{2.108}$$

由式 (2.107) 等于式 (2.108)，即可以求出

$$\frac{\alpha_2}{\alpha_3} = \frac{4\sqrt{2L/\pi}}{B_n \sqrt{L} \sin\alpha + \cos\alpha} = 2B \tag{2.109}$$

将式 (2.106) 和式 (2.108) 分别确定的 α_1/α_3 和 α_2/α_3 的值分别记为 A 和 $2B$，并代入式 (2.103)，即为拉剪应力状态下分支裂隙扩展过程中的应力强度因子：

$$K_{\mathrm{I}} = \sqrt{\frac{a}{1 + L}}\left(B_n \sin\alpha + \sqrt{\frac{1}{1 + L}}\cos\alpha\right)(A\tau_s \cos\alpha + A\sigma_n \sin\alpha + B\sigma_3 L) \tag{2.110}$$

当式 (2.110) 中 K_{I} 降至 K_{IC} 时，裂隙停止扩展，则可求出分支裂隙的长度 l。

3. 拉剪应力状态下单裂隙模型试验及验证

试验在自制的简易岩体压拉试验装置上进行，其中提供拉应力的装置主要包括：模型两侧长 1cm 夹板、螺栓及垫板 (提供摩擦力)；拉杆、反力钢板、千斤顶及压力传感器 (提供拉力及测试)。图 2.31 为拉剪试验模型平面示意图。试验模型材料为重晶石、石英砂、水泥、石膏和水的混合相似材料，材料容重 2400kg/m^3，弹性模量约 4.26GPa，单轴抗压强度约 5.34MPa，三点弯试验测试断裂韧度约 0.127MN/m$^{3/2}$。

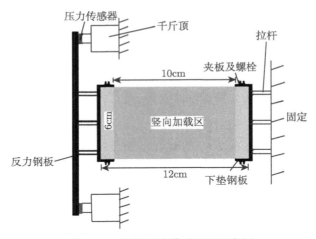

图 2.31　拉剪试验模型平面示意图

　　试件尺寸为长 12cm× 宽 6cm× 高 18cm，在高度方向施加压应力，长度方向施加拉应力，摩擦夹板长 1cm，故实际试验模型尺寸为长 10cm× 宽 6cm× 高 18cm。裂隙材料采用 0.5mm 厚的白云母片进行模拟，裂隙长 5cm，裂隙中心与模型几何形心重合且走向为宽度方向，裂隙倾角设计为 30° 和 60° 两种工况，通过直剪试验测试，模拟裂隙的黏聚力为 0.02MPa，内摩擦角为 25°。

　　图 2.32 为倾角 $\alpha = 30°$ 在 $\sigma_1 = 0.2$MPa 和 $\sigma_3 = 0.6$MPa 时的裂隙扩展照片，从图中可以看出，拉剪应力状态下裂隙的扩展方向基本是与拉应力 σ_3 方向垂直。

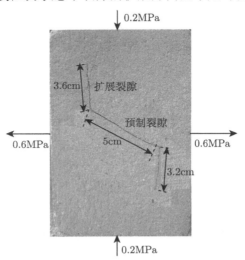

图 2.32　倾角 30° 模型裂隙扩展照片

2.3 危岩滑动断裂破坏与解体机制

2.3.1 望霞危岩破坏模式

望霞危岩顶部高程 1220~1230m，坡脚高程 1137~1147m，相对高差 70~75m，长度约 120m，平均厚 30~35m，体积约 $40 \times 10^4 m^3$，可分为 W1 和 W2 两个危岩体 (图 2.33)。W1 危岩体为一个孤立石柱，高约 65m，长约 8m，宽约 6m，体积约 3200m³；W2 危岩体高约 70m，长约 80m，厚 10~15m，体积约 $7 \times 10^4 m^3$，其后部的主控结构面贯通，由串珠状溶蚀漏斗组成，危岩体与基座之间为锁固段，可分为上、下两段，上段由薄-中厚层硅质、泥质灰岩夹燧石层组成，岩性较坚硬；下段由泥页岩组成，岩性较软。望霞危岩 1999 年 7~8 月出现变形，2003 年以来实施了专业监测，直至 2010 年 7 月未出现明显变形迹象；2010 年 8 月 21 日巫峡地区发生强降雨，望霞危岩 W2 危岩体变形加剧，危岩体表层掉块频繁，每次掉块方量 8~40m³，10 月 21 日 7 时 40 分，危岩体发生突发性破坏，危岩体底部向外发生水平位移约 12m，顶部座落约 10m。根据对长江三峡地区二十余个危岩体的现场调查，初步提出了危岩破坏模式分类 (表 2.11)。望霞危岩的高厚比约为 6.0，高度约 70m，其破坏模式表现为座滑破坏，如图 2.34 所示。

图 2.33 望霞危岩破坏前　　　　　图 2.34 望霞危岩破坏后

表 2.11 危岩破坏模式分类

危岩体高厚比	危岩体高度/m	危岩几何分类	破坏模式
≤3	—	薄板状危岩	屈曲脆裂破坏
>3	≤100	板状危岩	座滑破坏
	>100	厚板状危岩	雪崩式破坏

2.3.2 望霞危岩力学模型

望霞危岩 W2 危岩体的地质剖面图如图 2.35 所示，构建其力学模型 (图 2.36)。

将危岩主控结构面未贯通段 (锁固段) 简化为直线, 构建坐标系 xOy 如图 2.36 所示。危岩体自重为 mg, 主控结构面贯通段内填充崩积物的土压力为 F, 其沿 x 轴方向分量分别为 $mg\sin\alpha$ 和 F_x, 沿 y 轴方向分量分别为 $mg\cos\alpha$ 和 F_y, 则主控结构面未贯通段的切向抗力 T 与法向抗力 N 分别为

$$T = F_x + mg\sin\alpha \tag{2.111}$$

$$N = F_y + mg\cos\alpha \tag{2.112}$$

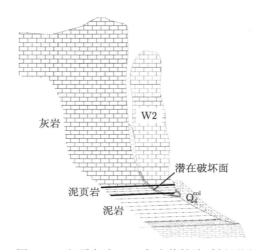

图 2.35   望霞危岩 W2 危岩体的地质剖面图

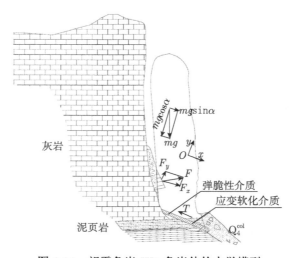

图 2.36   望霞危岩 W2 危岩体的力学模型

式中，m 为危岩体质量 (kg)；α 为主控结构面未贯通段倾角 (°)；g 为重力加速度，取 $9.8\mathrm{m/s^2}$。

望霞危岩主控结构面锁固段上半段为灰岩、下半段为泥页岩，其受荷特性可分别视为弹脆性段和应变软化段，本构模型分别用式 (2.113) 和式 (2.114) 描述，其代表性本构曲线如图 2.37 所示。

$$\tau = \begin{cases} G_1\dfrac{u}{h} & (u < u_\mathrm{b}) \\ \tau_\mathrm{b} & (u \geqslant u_\mathrm{b}) \end{cases} \tag{2.113}$$

$$\tau = \frac{G_2}{h}u\mathrm{e}^{-\frac{u}{u_0}} \tag{2.114}$$

式中，G_1 为弹性段剪切弹模 (MPa)；τ_b 为弹性段残余抗剪强度 (MPa)；u 为危岩体剪切位移 (m)；u_b 为弹性段被剪断时的临界位移 (m)；h 为锁固段厚度 (m)；G_2 为应变软化段剪切弹模 (MPa)；u_0 为危岩体剪应力峰值点所对应的位移 (m)。

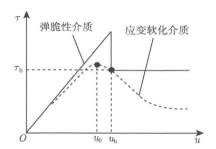

图 2.37 两种典型介质的本构曲线

由于望霞危岩破坏前 10 天左右的时间段内当地连续降雨，降雨强度处于小雨至中雨，而望霞危岩后部主控结构面贯通段充填有黏土含量较高的松散土体，土体处于饱和状态，且主控结构面锁固段上半段灰岩部分岩体破碎，地下水极易渗入锁固段下半段的泥页岩内。泥页岩被地下水长时间浸泡后，其抗剪强度易出现水致弱化现象。借鉴 Vutukuri 等针对页岩强度遇水强度软化构建的水致弱化函数 $g(S_\mathrm{r})$，用以刻画地下水对望霞危岩锁固段 (包括灰岩和泥页岩) 的影响：

$$g(S_\mathrm{r}) = (1-\beta)(1-S_\mathrm{r})^2 + \beta \tag{2.115}$$

式中，S_r 为主控结构面岩土介质的饱和度；$g(S_\mathrm{r})$ 为单调下降函数，主控结构面内岩土体处于干燥状态时，$S_\mathrm{r}=0$，$g(S_\mathrm{r})=0$；主控结构面内岩土体处于饱和状态时，$S_\mathrm{r}=1$，$g(S_\mathrm{r}) = \beta$；β 为主控结构面岩土体处于饱和状态时的抗剪强度参数，其数值越小，劣化越明显，望霞危岩主控结构面弹性段和应变软化段的 β 值分别取 0.8 和 0.2。

将式 (2.115) 代入式 (2.113), 得到望霞危岩主控结构面锁固段的弹性段考虑水致弱化作用后的本构模型:

$$\tau_1 = \begin{cases} g_1(S_r) G_1 \dfrac{u}{h} & (u < u_b) \\ g_1(S_r) \tau_b & (u \geqslant u_b) \end{cases} \tag{2.116}$$

式中, $g_1(S_r)$ 代表主控结构面弹性段的水致弱化函数; τ_1 为弹性段的剪切应力 (MPa); 其余变量同前。

将式 (2.115) 代入式 (2.114), 得到望霞危岩主控结构面锁固段的应变软化段考虑水致弱化作用后的本构模型:

$$\tau_2 = g_2(S_r) \dfrac{G_2}{h} u e^{-\frac{u}{u_0}} \tag{2.117}$$

式中, $g_2(S_r)$ 为主控结构面应变软化段的水致弱化函数; τ_2 为应变软化段剪切应力 (MPa); 其余变量同前。

2.3.3 望霞危岩破坏力学解译[128]

望霞危岩破坏瞬间具有突发性, 其破坏属于应变能快速释放问题, 因此, 可基于能量原理并结合突变理论探索望霞危岩破坏力学描述问题。

1. 危岩破坏尖点突变模型

取单位宽度危岩体为研究对象, 当危岩主控结构面锁固段发生蠕滑位移 u, 但 u 尚未达峰值强度点前, 即 $u < u_b$, 弹性段产生弹性形变能计算式为

$$W_1^e = g_1(S_r) G_1 \dfrac{S_1}{2h} u^2 \tag{2.118}$$

式中, S_1 为主控结构面锁固段弹性段 (灰岩内) 的长度 (m); 其余变量同前。

当主控结构面锁固段发生的蠕滑位移 $u \geqslant u_b$ 时, 弹性段的残余强度为 τ_b, 则弹性形变能计算式为

$$W_1^e = g_1(S_r) \left[G_1 \dfrac{S_1}{2h} u_b^2 + S_1 \tau_b (u - u_b) \right] \tag{2.119}$$

式中变量同前。

对于主控结构面锁固段应变软化段而言, 其弹性应变能计算式为

$$W_2^e = g_2(S_r) S_2 \int_0^u \dfrac{G_2 u}{h} \exp\left(-\dfrac{u}{u_0}\right) du \tag{2.120}$$

式中, S_2 为主控结构面锁固段应变软化段的长度 (m); 其余变量同前。

危岩体重力势能计算式为

$$W_G = mgu\sin\alpha \tag{2.121}$$

式中变量同前。

主控结构面介质层发生蠕滑位移 u 时, 锁固段积累弹性形变能, 而危岩体重力势能处于释放状态, 可将危岩体势函数分成两种情况。

情况一: 联合式 (2.118)、式 (2.120) 和式 (2.121), 构建危岩体势函数 W_1 为

$$
\begin{aligned}
W_1 &= W_1^e + W_2^e - W_G \\
&= g_1(S_r)G_1\frac{S_1}{2h}u^2 + g_2(S_r)S_2\int_0^u \frac{G_2 u}{h}\exp\left(-\frac{u}{u_0}\right)\mathrm{d}u - mgu\sin\alpha
\end{aligned} \tag{2.122}
$$

情况二: 联合式 (2.119)~(2.121), 构建危岩体势函数 W_2 为

$$
\begin{aligned}
W_2 &= W_1^e + W_2^e - W_G \\
&= g_1(S_r)\left[G_1\frac{S_1}{2h}u_b^2 + S_1\tau_b(u-u_b)\right] \\
&\quad + g_2(S_r)S_2\int_0^u \frac{G_2 u}{h}\exp\left(-\frac{u}{u_0}\right)\mathrm{d}u - mgu\sin\alpha
\end{aligned} \tag{2.123}
$$

对式 (2.122) 取偏导, 得

$$\frac{\mathrm{d}W_1}{\mathrm{d}u} = g_1(S_r)G_1\frac{S_1}{h}u + g_2(S_r)S_2\frac{G_2 u}{h}\exp\left(-\frac{u}{u_0}\right) - mg\sin\alpha \tag{2.124}$$

对式 (2.123) 取偏导, 得

$$\frac{\mathrm{d}W_2}{\mathrm{d}u} = g_1(S_r)S_1\tau_b + g_2(S_r)S_2\frac{G_2 u}{h}\exp\left(-\frac{u}{u_0}\right) - mg\sin\alpha \tag{2.125}$$

根据突变理论, $\mathrm{d}W/\mathrm{d}u=0$ 表征突变流形。据光滑流形性质, 可得危岩势函数三阶偏导 $W''' = 0$, 据此可解得 $u = u_t = 2u_0$。将平衡曲面函数式 (2.124) 在 u_t 处按 Taylor 级数展开, 取至 3 次项, 得

$$
\begin{aligned}
&\frac{g_2(S_r)S_2 G_2}{6he^2 u_0^2}(u-u_t)^3 + \left(\frac{g_1(S_r)G_1 S_1}{h} - \frac{g_2(S_r)S_2 G_2}{he^2}\right)(u-u_t) \\
&\quad + \frac{g_1(S_r)G_1 S_1}{h}u_t + \frac{g_2(S_r)S_2 G_2 u_t}{he^2} - mg\sin\alpha = 0
\end{aligned} \tag{2.126}
$$

式中, u_t 为主控结构面应变软化段 (泥页岩内) 本构曲线拐点对应的位移 (m); 其余变量同前。

同理, 将式 (2.125) 在 u_t 处作 Taylor 级数展开, 取至 3 次项, 得

$$\frac{g_2(S_r)S_2 G_2}{6he^2 u_0^2}(u-u_t)^3 - \frac{g_2(S_r)S_2 G_2}{he^2}(u-u_t)$$

$$+ \frac{g_2(S_r)S_2G_2u_t}{he^2} + g_1(S_r) \cdot S_1\tau_b - mg\sin\alpha = 0 \tag{2.127}$$

当 $u < u_b$ 时，将式 (2.126) 整理为

$$\left(\frac{u - u_t}{u_t}\right)^3 + \frac{3}{2}\left(\frac{g_1(S_r)G_1S_1e^2}{g_2(S_r)S_2G_2} - 1\right)\left(\frac{u - u_t}{u_t}\right)$$

$$+ \frac{3}{2}\frac{g_1(S_r)G_1S_1e^2}{g_2(S_r)S_2G_2} + \frac{3}{2} - \frac{3}{2}\frac{he^2mg\sin\alpha}{u_tg_2(S_r)S_2G_2} = 0 \tag{2.128}$$

令 $x = \dfrac{u - u_t}{u_t}, a_1 = \dfrac{3}{2}(gk - 1), b_1 = \dfrac{3}{2}\left(1 + g_1k_1 - \dfrac{\xi_1}{g_2(S_r)}\right), g_1 = \dfrac{g_1(S_r)}{g_2(S_r)}, k_1 = \dfrac{G_1S_1e^2}{S_2G_2}, \xi_1 = \dfrac{he^2mg\sin\alpha}{u_tS_2G_2}$，把式 (2.128) 简化为尖点突变标准方程：

$$x^3 + a_1x + b_1 = 0 \tag{2.129}$$

将参数 g_1, k_1, ξ_1 代入 b_1 式中，并结合式 (2.116) 和式 (2.117)，得参数 b_1 的另一表达式：

$$b_1 = \frac{3e^2h}{2g_2(S_r)G_2S_2u_t}(\tau_1S_1 + \tau_2S_2 - mg\sin\alpha) \tag{2.130}$$

参数 b_1 可用于判别危岩体所处的蠕变状态：

当 $b_1 > 0$ 时，表示危岩主控结构面蠕变加速度 < 0，危岩变形处于慢速蠕变阶段；

当 $b_1 = 0$ 时，表示危岩主控结构面蠕变加速度 $= 0$，危岩变形处于匀速蠕变阶段；

当 $b_1 < 0$ 时，表示危岩主控结构面蠕变加速度 > 0，危岩变形处于加速蠕变阶段。

在 $u < u_b$ 阶段，危岩处于蠕滑阶段，不发生突变破坏。

而当 $u \geqslant u_b$ 时，将式 (2.127) 整理为

$$\left(\frac{u - u_t}{u_t}\right)^3 - \frac{3}{2}\left(\frac{u - u_t}{u_t}\right) + \frac{3}{2} + \frac{3}{2}\frac{g_1(S_r)S_1\tau_bhe^2}{g_2(S_r)S_2G_2u_t} - \frac{3}{2}\frac{he^2mg\sin\alpha}{u_tg_2(S_r)S_2G_2} = 0 \tag{2.131}$$

令 $x = \dfrac{u - u_t}{u_t}$, $a_2 = -\dfrac{3}{2}, b_2 = \dfrac{3}{2}(1 + k_2\xi_2)$, $k_2 = \dfrac{he^2}{g_2(S_r)S_2G_2u_t}$, $\xi_2 = g_1(S_r)S_1\tau_b - mg\sin\alpha$，把式 (2.131) 简化为尖点突变标准方程：

$$x^3 + a_2x + b_2 = 0 \tag{2.132}$$

将参数 k_2 和 ξ_2 代入 b_2 式中, 并结合式 (2.116) 和式 (2.117), 得参数 b_2 的另一表达式:

$$b_2 = \frac{3e^2 h}{2g_2(S_\mathrm{r})G_2 S_2 u_\mathrm{t}}(\tau_2 S_2 + g_1(S_\mathrm{r})\tau_\mathrm{b} S_1 - mg\sin\alpha) \tag{2.133}$$

参数 b_2 的物理意义与参数 b_1 相同.

在 $u \geqslant u_\mathrm{b}$ 阶段, 危岩体可能会发生突变破坏, 突变点服从的控制方程为

$$\Delta = 4a_2^3 + 27b_2^2 = 0 \tag{2.134}$$

将参数 a_2 和 b_2 代入式 (2.134), 得

$$\Delta = -2 + 9(1 + k_2\xi_2)^2 = 0 \tag{2.135}$$

由式 (2.132) 可得危岩破坏光滑突变流形 M 图 (图 2.38). 奇异点集 S 是平衡曲面上尖点褶皱的两条折痕, 即由有垂直切线点组成的集合. 奇异点集 S 在 (a_2, b_2) 平面的投影为分岔集, 用 B_1 和 B_2 表示. 平衡曲面上的点即为相点, 表征危岩演化过程的某一状态. 可把平衡曲面划分为中叶、上叶和下叶三部分.

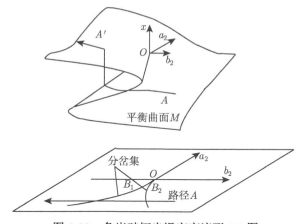

图 2.38 危岩破坏光滑突变流形 M 图

2. 危岩瞬时破坏速度

尖点突变状态变量在平衡曲面表面的垂直切线临界点集内失稳, 从下叶跃升到曲面上叶. 在临界点集上状态变量 x 需满足方程:

$$W'' = 3x^2 + a_2 = 0 \tag{2.136}$$

危岩失稳需跨越分岔集的左支 B_1, 据此可求得式 (2.136) 的三个根:

$$x_1 = x_2 = -\sqrt{-\frac{a_2}{3}} \tag{2.137}$$

$$x_3 = 2\sqrt{-\frac{a_2}{3}} \tag{2.138}$$

结合 $x = \dfrac{u - u_t}{u_t}$ 及式 (2.137) 和式 (2.138)，可得危岩体突发性失稳所需的起始点位移 u_j 和终止点位移 u_s 为

$$u_j = u_t - u_t\sqrt{-\frac{a_2}{3}} = u_t\left(1 - \sqrt{\frac{1}{2}}\right) \tag{2.139}$$

$$u_s = u_t + 2u_t\sqrt{-\frac{a_2}{3}} = u_t\left(1 + 2\sqrt{\frac{1}{2}}\right) \tag{2.140}$$

将式 (2.132) 对 x 积分，可得突变模型的势函数：

$$\Pi = \frac{x^4}{4} + \frac{a_2 x^2}{2} + b_2 x + c_2 \tag{2.141}$$

式中，c_2 为常数；其余变量同前。

从势函数微分 $\delta\Pi$ 可得 x 从曲面下叶跃升到上叶所释放弹性能的突变理论表达式为

$$\begin{aligned}
\Delta\Pi &= \int_{x_1}^{x_3}\left[\frac{\partial\Pi}{\partial x}\mathrm{d}x + \frac{\partial\Pi}{\partial a_2}\mathrm{d}a_2 + \frac{\partial\Pi}{\partial b_2}\mathrm{d}b_2\right] \\
&= \int_{x_1}^{x_3}(x^3 + a_2 x + b_2)\mathrm{d}x + \int_{a_2}^{a_2}\frac{x^2}{2}\mathrm{d}a_2 + \int_{b_2}^{b_2}x\mathrm{d}b_2 \\
&= \frac{x_3^4 - x_1^4}{4} + a_2\left(\frac{x_3^2 - x_1^2}{2}\right) + b_2(x_3 - x_1) \tag{2.142}
\end{aligned}$$

联合式 (2.137)～式 (2.142)，可得

$$\begin{aligned}
\Delta\Pi &= \frac{4^2\left(-\frac{a_2}{3}\right)^2 - \left(-\frac{a_2}{3}\right)^2}{4} + a_2\left[\frac{4\left(-\frac{a_2}{3}\right) - \frac{a_2}{3}}{2}\right] \\
&\quad + \left(-\sqrt{-\frac{4a_2^3}{27}}\right)3\sqrt{-\frac{a_2}{3}} = -\frac{3}{4}a_2^2 < 0 \tag{2.143}
\end{aligned}$$

表明危岩失稳后的总势能低于失稳前的总势能，此时平衡曲面方程 (2.125) 可变为

$$\begin{aligned}
\frac{\mathrm{d}W_2}{\mathrm{d}u} &= \frac{g_2(S_r)S_2 G_2}{6he^2 u_0^2}(u - u_t)^3 - \frac{g_2(S_r)S_2 G_2}{he^2}(u - u_t) + \frac{g_2(S_r)S_2 G_2 u_t}{he^2} \\
&\quad + g_1(S_r)S_1\tau_b - mg\sin\alpha = \frac{g_2(S_r)S_2 G_2 u_t^3}{6he^2 u_0^2}(x^3 + a_2 x + b_2) \tag{2.144}
\end{aligned}$$

危岩体突发性失稳瞬间, 弹性能转换为危岩体动能, 由下式计算确定:

$$\Delta E = \Delta W = \frac{g_2(S_r)S_2G_2u_t^3}{6he^2u_0^2}\Delta\Pi \tag{2.145}$$

进一步, 得到危岩破坏瞬时平均速度计算式为

$$v = 2\sqrt{-\frac{2\Delta E}{m}} \tag{2.146}$$

式中, v 为危岩体破坏平均弹冲速度 (m/s); 其余变量同前。

根据重庆市地质灾害防治工程勘查设计院提供的望霞危岩地质勘查资料, 望霞危岩相关物理力学参数为: 危岩体燧石灰岩的天然容重为 $26.3kN/m^3$、饱和容重为 $27.0kN/m^3$、抗剪强度黏结力为 $700kPa$、内摩擦角为 $45.38°$, 危岩基座泥页岩的天然容重为 $22.5kN/m^3$、饱和容重为 $23.0kN/m^3$、抗剪强度黏结力为 $200kPa$、内摩擦角为 $29.9°$。危岩主控结构面锁固段倾角 α 为 $42°$、厚度 h 为 $0.3m$。单宽重量 mg 为 $23198kN$, 主控结构面弹性段黏结力为 $60kPa$、内摩擦角为 $19.38°$、剪切模量 G_2 为 $8.71GPa$, 应变软化段黏结力为 $30kPa$、内摩擦角为 $13.2°$、剪切模量 G_2 为 $4.23GPa$, 由式 (2.115) 计算得弹性段饱水强度参数 β 为 0.79、S_1 为 $8.5m$、S_r 为 86%, 应变软化段 β 为 0.29、S_1 为 $4.1m$、S_r 为 84%, 且 u_0 为 $0.15\times10^{-2}m$。将前述参数代入本书构建的危岩突变破坏力学模型, 得到 $g_1(S_r)=0.79$, $g_2(S_r)=0.31$, $\Delta = -2 + 9(1 + k_2\xi_2)^2 \approx 0$, $b_2 = -0.707$, 并由式 (2.145) 得到望霞危岩突变破坏瞬间主控结构面锁固段释放的弹性应变能 ΔE 为 $7920kJ$, 由式 (2.146) 得到望霞危岩破坏瞬间的平均速度 v 为 $2.62m/s$。

假定望霞危岩破坏瞬间危岩体顶部至底部的瞬时速度呈线性分布, 且顶部为零, 则危岩破坏瞬间危岩体底部的瞬时速度约为 $5.21m/s$。可见, 望霞危岩破坏瞬间, 危岩体顶部和底部存在较大速度差, 其失稳机制表现为底部快速向外运动、顶部向后倾倒的旋转运动, 旋转期间由于危岩体基座泥页岩承载力较小, 危岩体出现小距离向下滑动, 转动与滑动共同组合, 形成望霞危岩座滑破坏特征。由于望霞危岩基座泥页岩内存在多条采煤巷道, 危岩体滑动下座, 座落在巷道底板而停止, 致使望霞危岩最终停靠在母岩上, 与实情相符 (图 2.34)。现场勘察发现, 望霞危岩座滑破坏停止时, 危岩体顶部下沉约 10m、底部向外水平运动约 12m, 据此推知危岩体破坏持续时间为 2.3s, 与从现场连续观测的望霞危岩破坏视频中提取的时间 2.2s 十分接近。

第3章　危岩破坏激振动力学

3.1　危岩破坏弹冲动力参数

危岩崩塌具有突发性, 属于能量快速释放的动力学过程, 主控结构面非线性失稳扩展是危岩破坏的根本原因[129]。目前, 国内外学者对边坡、危岩等破坏失稳工程地质问题进行了初步探索, 例如, Wu 等分析了震后基岩滑坡破坏对降水条件的响应机制[130]; Davies 和 McSaveney 基于断裂力学分析了大型滑坡失稳过程的弹性能释放特性[131]; 姜永东等提出了边坡动力失稳尖点突变模型[132]。文献分析表明, 现有研究忽略了危岩破坏前产生的弹性形变, 缺乏对崩滑体能量积累–释放过程的合理描述, 导致计算所得弹冲动力参数值偏小。本书对压剪型危岩破坏弹冲动力特征进行研究, 对进一步分析危岩崩落机制及致灾效应具有一定参考借鉴作用。

3.1.1　危岩破坏力学模型

压剪破坏型危岩物理模型见图 3.1, 主控结构面包括贯通段和压剪段 (锁固段)(图 3.2)。作用于压剪破坏型危岩的外荷载有水平地震力 F_1 和裂隙水压力 F_2。以主控结构面端点为坐标原点, 构建坐标系 xOy, 外荷载 F_1 和 F_2 沿 x 轴方向的分量分别为 F_{1x} 和 F_{2x}, 沿 y 轴方向的分量分别为 F_{1y} 和 F_{2y}(图 3.3), 则

$$F_x = F_{1x} + F_{2x} \tag{3.1}$$

$$F_y = F_{1y} + F_{2y} \tag{3.2}$$

图 3.1　压剪破坏型危岩物理模型

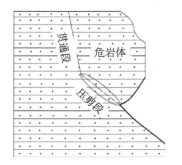

图 3.2　压剪型危岩主控结构面

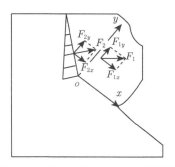

图 3.3 作用于危岩体上的外荷载

将压剪型危岩体简化为矩形块体，如图 3.4 中的 $BCEF$，其力学模型见图 3.5。危岩体自重为 Mg，结合外荷载，则主控结构面锁固段的切向抗力 T 与法向力 N 分别为

$$T = Mg\sin\beta + F_x \tag{3.3}$$

$$N = Mg\cos\beta + F_y \tag{3.4}$$

式中，M 为危岩体 $BCEF$ 的质量 (kg)；β 为主控结构面锁固段倾角 (°)。

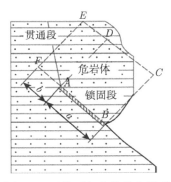

图 3.4 压剪型危岩体简化模型

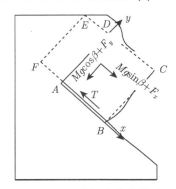

图 3.5 压剪危岩力学模型

取危岩主控结构面锁固段 AB 上部的 $ABCD$ 块体为隔离体 (图 3.6)，危岩体在崩塌前可视为弹性介质。隔离体 $ABCD$ 在其后部 $ADEF$ 块体自重分量 $(M-m)g\sin\beta$、裂隙水压力和地震力共同作用下发生形变，变形体为 $ABC'D'$，则主控结构面锁固段切向抗力为

$$T = (M-m)g\sin\beta + F_x + mg\sin\beta \tag{3.5}$$

式中，m 为危岩体 $ABCD$ 的质量 (kg)。

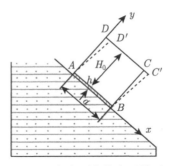

图 3.6　危岩隔离体变形模型

据研究, 锁固段剪应力与其形变的关系符合 Weibull 分布, 则危岩主控结构面锁固段的切向抗力与其形变之间的本构方程为

$$T = \tau L_{AB} = \lambda u e^{-\frac{u}{u_0}} \tag{3.6}$$

式中, T 为主控结构面锁固段切向抗力 (N); u 为危岩体剪切位移 (m); u_0 为危岩体剪应力峰值点所对应的位移 (m); $\lambda = aG_0/h$ 为危岩主控结构面锁固段的初始抗剪刚度 (kPa), G_0 为介质初始剪切弹模 (kPa), a 为锁固段长度 L_{AB} (m), h 为潜在破坏面厚度 (m)。

3.1.2　危岩破坏弹冲动力参数 [73]

1. 控制方程

危岩体剪切形变能突然释放, 诱发主控结构面锁固段突然性断裂扩展, 甚至贯通, 从而使崩落体产生大于零的弹冲速度。因此, 求解危岩体的突发性崩塌的弹冲动力参数 (速度和加速度), 需从剪应力着手。剪应力解需满足边界条件 (图 3.7): 当 $y = 0$ 时, $\tau_{xy} = \tau_0$; 当 $y = H_0$ 时, $\tau_{xy} = 0$; 当 $x = 0$ 和 $x = a$ 时, 剪应力从主控结构面锁固段向危岩体表面从 τ_0 逐渐变小直至为零。

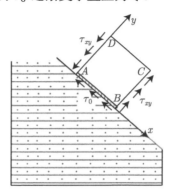

图 3.7　危岩体边界条件

利用半逆解法设切应力方程为

$$\tau_{xy} = \tau_0 \left(1 - \frac{y}{H_0} \right) \tag{3.7}$$

式中，H_0 为危岩体沿 y 方向的高度 (m)；τ_0 为主控结构面锁固段剪应力 (MPa)。

2. 危岩崩落能量解

结合 τ_{xy} 方程得到危岩体剪切形变能为

$$W_1^{\mathrm{e}} = \int_V \frac{\tau_{xy}^2}{2G} \mathrm{d}V = \frac{H_0 T^2}{6Ga} \tag{3.8}$$

将图 3.5 所示的危岩体 $ADEF$ 视为等效弹簧，在外荷载 F_x 作用下使危岩体 $ADEF$ 发生弹性变形，推得危岩体 $ADEF$ 所积累的形变能为

$$W_2^{\mathrm{e}} = \sigma^2 \frac{bH_0}{2E_0} = \frac{F_x^2 b}{2E_0 H_0} = \frac{(T - Mg\sin\beta)^2 b}{2E_0 H_0} \tag{3.9}$$

式中，E_0 为危岩体 $ADEF$ 的弹性模量 (kPa)。

危岩体 $ABCD$ 发生剪切变形，引起危岩体重心移动 (图 3.6)。将危岩突发性崩塌视为平面问题，把危岩体的平衡微分方程应力解代入平面物理方程和几何方程，并需要满足在危岩主控结构面锁固段的边界条件，$y =0$ 时，$v(0)=0$, $u(0)=0$，求解可得危岩体在体力作用下的位移解：

$$v(y) = 0 \tag{3.10}$$

$$u(y) = \frac{\tau_0}{G} \left(y - \frac{y^2}{2H_0} \right) \tag{3.11}$$

式中，$v(y)$ 为沿 y 轴 v 方向的位移值 (m)；$u(y)$ 为沿 y 轴 u 方向的位移值 (m)。危岩体 $ABCD$ 的重心在 $H_0/2$ 处，不考虑 y 方向的压缩变形，则重心沿 y 方向无变化，仅沿 x 方向变化。将 $y= H_0/2$ 代入式 (3.11)，并结合式 (3.6)，得沿 x 方向的位移：

$$u_x = \frac{3H_0 T}{8aG} \tag{3.12}$$

随着主控结构面锁固段形变的产生，危岩重力势能改变量为

$$W_G = Mg\frac{3H_0 T}{8aG}\sin\beta \tag{3.13}$$

危岩主控结构面锁固段产生形变 u，需要耗散的能量为

$$W^{\mathrm{P}} = \int_0^u T\mathrm{d}u \tag{3.14}$$

对式 (3.6) 求导, 得到

$$T' = \lambda \exp\left(-\frac{u}{u_0}\right) - \lambda \frac{u}{u_0} \exp\left(-\frac{u}{u_0}\right) \tag{3.15}$$

联合式 (3.8)～ 式 (3.15) 可见, 主控结构面形变 $u = u_0$ 时, $T' = 0$, 主控结构面抗剪力达到最大值, 并从此刻起开始卸载; 当 $u > u_0$ 时, $T' < 0$, 主控结构面锁固段继续破裂产生形变 $du > 0$, 则

卸载释放剪切形变能: $dW_1^e = \dfrac{H_0 T}{3Ga} T' du < 0$

释放弹性形变能: $dW_2^e = \dfrac{(T - Mg\sin\beta)b}{E_0 H_0} dT < 0$

释放重力势能: $dW_G = \left(\dfrac{3H_0 Mg}{8aG}\sin\beta\right) dT < 0$

释放的总能量为 $(dW_1^e + dW_2^e + dW_G) < 0$, 为危岩主控结构面锁固段继续破裂 $(dW^P = Tdu > 0)$ 提供能量依据。基于能量守恒原理, 危岩主控结构面锁固段存在非零微形变 du 时, 危岩系统能量增量方程为

$$dV = dW_1^e + dW_2^e + dW_G + dW^P \tag{3.16}$$

当 $dV > 0$ 时, 即 $-(dW_1^e + dW_2^e + dW_G) < dW^P$, 表明系统释放出的能量不足以使主控结构面锁固段破裂;

当 $dV = 0$ 时, 即 $-(dW_1^e + dW_2^e + dW_G) = dW^P$, 是判断危岩动力失稳的临界条件;

当 $dV < 0$ 时, 即 $-(dW_1^e + dW_2^e + dW_G) > dW^P$, 表明系统变形释放出的能量足够大, 易使危岩崩落。

由式 (3.16) 可得

$$\frac{dV}{du} = \frac{dW_1^e + dW_2^e + dW_G + dW^P}{du} \tag{3.17}$$

式 (3.17) 的物理意义: 危岩主控结构面锁固段破裂产生形变 du, 耗散能量 dW^P/du, 需要危岩重力分量做功及弹性形变能释放以提供能量, 这两部分能量差值为 dV/du; $dV/du > 0$ 表明系统内部释放出的能量不足以使危岩进一步破裂, 系统处于准静止状态; $dV/du = 0$ 为判断危岩体崩落失稳的临界状态。

危岩临滑聚能与临滑释放能量曲线如图 3.8 所示, 当 $u_j < u < u_s$ 时, 从 j 点起剪切形变能释放量远大于危岩体破碎所消耗的能量, 直至 s 点时剪切形变能才再次等于主控结构面锁固段破碎所需要消耗的能量。于是在 j 点与 s 点之间的能量便以危岩体突发性崩落的动能形式释放, 由下式计算:

$$\Delta E = -\int_{u_j}^{u_s} \frac{dV}{du} du \tag{3.18}$$

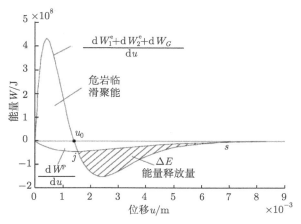

图 3.8 危岩临滑聚能与临滑释放能量曲线

由于 ΔE 转化为崩塌危岩崩落动能，由 $\frac{1}{2}Mv^2 = \Delta E$，联合式 (3.18)，得崩塌体弹冲速度计算式为

$$v = \sqrt{\frac{2\Delta E}{M}} \tag{3.19}$$

式中，v 为崩塌体获得的弹冲速度 (m/s)。

该模型可以精确求解危岩体破坏弹冲起始点 j 与终止点 s 的位置，据 $v_t^2 - v_0^2 = 2as$，得崩塌体弹冲加速度为

$$a = \frac{v^2}{2\Delta u} = \frac{\Delta E}{M(u_s - u_j)} \tag{3.20}$$

3.2 危岩聚集体破坏振动方程

3.2.1 危岩破坏振动力学模型 [133]

坠落式危岩聚集体由多个危岩块层叠组合而成。图 3.9 是羊叉河坠落式危岩聚集体，层间界面水平胶结，强度极低。在竖直方向，每层危岩又间隔分布垂直于岩体表面的贯通裂缝和平行于岩体表面的未贯通裂纹，如图 3.10 所示。在每层危岩最外侧有主控结构面，外端危岩块由于外界因素崩落时，主控结构面贯通并产生激振波，激振波作用于后续岩体，使危岩体振动。

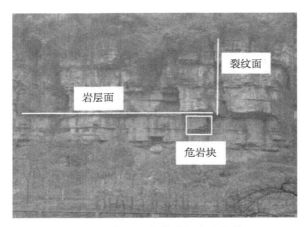

图 3.9   羊叉河坠落式危岩聚集体

图 3.10 中，岩体最下层沿 x 方向有间隔分布的未贯通裂纹，将这些裂纹的尖端连线，构成一个裂纹尖端面，尖端面以上部分为破裂区，尖端面以下部分为完整区，沿 y 方向有贯通的纵向裂缝，虚线构成的尖端面、y 方向两贯通的裂纹面和岩体最下部的岩腔顶面，共同组成一个完整的四面棱柱岩体。

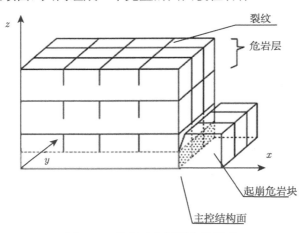

图 3.10   坠落式危岩聚集体模型

从图 3.10 中选取起崩危岩块所在底层危岩聚集体为研究对象 (图 3.11)，外侧危岩块崩落过程中，裂纹扩展会释放系统内储存的变形能，这部分能量以激振波的形式释放出来，激振波可以等效为作用在主控结构面上的激振力 F，随时间变化，在裂纹贯穿的同时，激振力 F 随之消失，但激振波仍存在，激振波向左侧岩体传播，并逐渐衰减至零。模型中，长为 l 的棱柱最左侧可简化为固定端，沿 x 轴正向为正，棱柱右侧的自由表面上有荷载 F。

图 3.11 危岩聚集体棱柱体力学模型

对危岩聚集体棱柱体力学模型构建波动方程的混合方程为

$$\begin{cases} u_{tt} - C_0^2 u_{xx} = 0, & 0 < x < l, \quad t > 0 \\ u(0,t) = 0, u_x(l,t) = \varepsilon, & t \geqslant 0 \\ u(x,0) = 0, u_t(x,0) = 0, & 0 \leqslant x \leqslant l \end{cases} \tag{3.21}$$

式中，$C_0^2 = E/\rho$，C_0 为棱柱岩体内弹性纵波波速 (m/s)，E 为模型材料的弹性模量 (Pa)，ρ 为模型材料的密度 (kg/m³)；$\varepsilon = F_{(t)}/(EA)$ 为棱柱岩体右侧自由端的应变，F 为激振力 (N)，A 为棱柱体横截面积 (m²)。

3.2.2 方程求解 [133]

运用特征展开法求解方程 (3.21)。将方程 (3.21) 作变换，令

$$u(x,t) = v(x,t) + w(x,t) \tag{3.22}$$

当 $v(x,t)$ 为齐次边界条件时，需满足

$$w(l,t) = 0, \quad w_x(0,t) = \varepsilon \tag{3.23}$$

设 $w(x,t) = A(t)x + B(t)$，将式 (3.22) 代入得到 A，B 两参数，解得

$$w(x,t) = \varepsilon x \tag{3.24}$$

将式 (3.24) 代入式 (3.22) 得

$$u(x,t) = v(x,t) + \varepsilon x \tag{3.25}$$

则方程 (3.21) 中各项化为

$$\begin{cases} u_t = v_t \\ u_{tt} = v_{tt} \\ u_x = v_x + \varepsilon \\ u_{xx} = v_{xx} \end{cases} \tag{3.26}$$

将式 (3.26) 代入式 (3.21) 得

$$\begin{cases} v_{tt} - C_0^2 v_{xx} = 0 \\ u(0,t) = v(0,t) = 0 & \Rightarrow v(0,t) = 0 \\ u_x(l,t) = v_x(l,t) + \varepsilon = \varepsilon & \Rightarrow v_x(l,t) = 0 \\ u(x,0) = v(x,0) + \varepsilon x = 0 & \Rightarrow v(x,0) = -\varepsilon x \\ u_t(x,0) = v_t(x,0) = 0 & \Rightarrow v_t(x,0) = 0 \end{cases} \tag{3.27}$$

按式 (3.21) 形式整理为

$$\begin{cases} v_{tt} - C_0^2 v_{xx} = 0 \\ v(0,t) = 0, \quad v_x(l,t) = 0 \\ v(x,0) = -\varepsilon x, \quad v_t(x,0) = 0 \end{cases} \tag{3.28}$$

假定式 (3.28) 的解可以按函数系 $\{X_n(x)\}_{n=1}^{\infty}$ 展开为

$$v(x,t) = \sum_{n=1}^{\infty} T_n(t) X_n(x) \tag{3.29}$$

将式 (3.29) 代入式 (3.28) 得

$$\sum_{n=1}^{\infty} \left[T_n''(t) X_n(x) - C_0^2 T_n(t) X_n''(x) \right] = 0 \tag{3.30}$$

观察式 (3.30) 可知, 如果 $T_n(t)$, $X_n(x)$ 满足

$$\begin{cases} T_n''(t) X_n(x) - C_0^2 T_n(t) X_n''(x) = 0 \\ X_n(0) = 0, \quad X_n'(l) = 0 \end{cases} \tag{3.31}$$

那么式 (3.30) 必然成立, 且由式 (3.29) 给出的 $v(x,t)$ 满足式 (3.28) 中的前两式。
式 (3.31) 可改写为

$$\frac{X_n''(x)}{X_n(x)} = \frac{T_n''(t)}{C_0^2 T_n(t)} \tag{3.32}$$

式 (3.32) 左边只由 x 决定, 右边只由 t 决定, 所以两边均为常数, 记为 $-\lambda_n$, 即

$$\frac{X_n''(x)}{X_n(x)} = \frac{T_n''(t)}{C_0^2 T_n(t)} = -\lambda_n \tag{3.33}$$

展开为分别关于 x 和 t 的两式:

$$\begin{cases} X_n''(x) + \lambda_n X_n(x) = 0, \quad 0 < x < l \\ X_n(0) = 0, \quad X_n'(l) = 0 \end{cases} \tag{3.34}$$

和

$$T_n''(t) + C_0^2 \lambda_n T_n(t) = 0 \tag{3.35}$$

因为 $X_n(x)$ 不为零，x 项即确定非零解 $X_n(x)$，是求特征值的问题。

当 $\lambda \leqslant 0$ 时，方程分部积分得

$$-\int_0^l (X_n'(x))^2 \mathrm{d}x + \lambda \int_0^l X_n^2(x)\mathrm{d}x = 0 \tag{3.36}$$

当 $\lambda < 0$ 时，$X_n(x) \equiv 0$，为零解；

当 $\lambda = 0$ 时，$X_n'(x) \equiv 0$，再由 $X_n(0) = 0$，知 $X_n(x) \equiv 0$。

因此，当 $\lambda \leqslant 0$ 时，问题无非零解，即 $\lambda \leqslant 0$ 不是特征值。

当 $\lambda > 0$ 时，常系数二阶线性齐次常微分方程为 $ay'' + by' + cy = 0$，其对应的特征方程 $ak^2 + bk + c = 0$ 有两根 k_1 和 k_2，当 $k = \mu \pm \mathrm{i}v$ 时，通解为

$$y(x) = \mathrm{e}^{\mu x}(C_1 \cos \mu x + C_2 \sin \mu x) \tag{3.37}$$

所以，方程 $X_n''(x) + \lambda_n X_n(x) = 0$ 有两根 $k = 0 \pm \mathrm{i}\lambda$，记 $\lambda = \beta^2, \beta > 0$。

通解为

$$X_n(x) = C_1 \cos \beta x + C_2 \sin \beta x \tag{3.38}$$

则其导数为

$$X_n'(x) = C_2 \beta \cos \beta x - C_1 \beta \sin \beta x \tag{3.39}$$

将 $X_n(0) = 0$ 代入式 (3.39) 得 $C_1\beta = 0$，又 $\beta \neq 0$，知 $C_1 = 0$。

再由 $X_n'(l) = 0$ 得 $C_2 \cos \beta l = 0$。

要使 $X_n(x)$ 是非零解，必有 $\cos \beta l = 0$，即 $\beta = \dfrac{(2n-1)\pi}{2l}$，于是 $\lambda_n = \left(\dfrac{(2n-1)\pi}{2l}\right)^2, n = 1, 2, \cdots$ 是方程 (3.34) 的全部特征值，对应特征函数为 $X_n(x) = \sin \beta_n x, \beta_n = \dfrac{(2n-1)\pi}{2l}, n = 1, 2, \cdots$。

将式 (3.28) 和式 (3.29) 中的函数 $v(x,t)$ 和 $-\varepsilon x$ 关于 x 按特征函数系 $X_n(x) = \sin \beta_n x$ 展开得

$$\begin{cases} v(x,t) = \displaystyle\sum_{n=1}^{\infty} T_n(t) \sin \beta_n x \\ -\varepsilon x = \displaystyle\sum_{n=1}^{\infty} c_n \sin \beta_n x \end{cases} \tag{3.40}$$

由数理方程可知

$$c_n = \frac{2}{l} \int_0^l (-\varepsilon x) \sin \beta_n x \mathrm{d}x \tag{3.41}$$

由分部积分得

$$\begin{cases} c_n = \dfrac{2\varepsilon}{\beta_n l}\left(l \cos \beta_n l - \dfrac{1}{\beta_n} \sin \beta_n l\right) \\ \beta_n = \dfrac{(2n-1)\pi}{2l} \end{cases} \tag{3.42}$$

化简式 (3.42),

当 $n = 1$ 时, $\beta_n = \dfrac{\pi}{2l}, \beta_n l = \dfrac{\pi}{2}, \cos \beta_n l = 0, \sin \beta_n l = 1, c_1 = -\dfrac{2\varepsilon}{l\beta_1^2}$;

当 $n = 2$ 时, $\beta_n = \dfrac{3\pi}{2l}, \beta_n l = \dfrac{3\pi}{2}, \cos \beta_n l = 0, \sin \beta_n l = -1, c_2 = \dfrac{2\varepsilon}{l\beta_2^2}$;

当 $n = 3$ 时, $\beta_n = \dfrac{5\pi}{2l}, \beta_n l = \dfrac{5\pi}{2}, \cos \beta_n l = 0, \sin \beta_n l = 1, c_3 = -\dfrac{2\varepsilon}{l\beta_3^2}$;

......

综上所述,由数学归纳法得

$$c_n = (-1)^n \frac{2\varepsilon}{l\beta_n^2} \tag{3.43}$$

将上述展开式代入式 (3.28) 的方程和初始条件得

$$\begin{cases} \displaystyle\sum_{n=1}^{\infty} \left[T_n''(t) + (C_0\beta_n)^2 T_n(t) \right] \sin \beta_n x = 0, \quad t > 0 \\ \displaystyle\sum_{n=1}^{\infty} \left[T_n(0) - c_n \right] \sin \beta_n x = 0 \\ \displaystyle\sum_{n=1}^{\infty} \left[T_n(0) \right] \sin \beta_n x = 0 \end{cases} \tag{3.44}$$

由特征函数系正交性得

$$\begin{cases} T_n''(t) + (C_0\beta_n)^2 T_n(t) = 0, \quad t > 0 \\ T_n(0) = c_n, \quad T_n'(0) = 0 \end{cases} \tag{3.45}$$

同前,可得通解为

$$T_n(t) = C_1 \cos C_0 \beta_n t + C_2 \sin C_0 \beta_n t \tag{3.46}$$

由 $T_n(0) = c_n, T_n'(0) = 0$ 得 $C_1 = c_n, C_2 = 0$。

通解式 (3.46) 化为

$$T_n(t) = c_n \cos C_0 \beta_n t, \quad n = 1, 2, \cdots \tag{3.47}$$

将式 (3.47) 代入式 (3.40) 得质点振动位移为

$$v(x,t) = \sum_{n=1}^{\infty} c_n \cos C_0 \beta_n t \cdot \sin \beta_n x = \sum_{n=1}^{\infty} (-1)^n \frac{2\varepsilon}{l\beta_n^2} \cos C_0 \beta_n t \cdot \sin \beta_n x \tag{3.48}$$

将式 (3.24)、式 (3.48) 代入式 (3.22) 得岩体质点振动方程为

$$u(x,t) = v(x,t) + w(x,t) = \sum_{n=1}^{\infty} (-1)^n \frac{2\varepsilon}{l\beta_n^2} \cos C_0 \beta_n t \cdot \sin \beta_n x + \varepsilon x \tag{3.49}$$

式中，$C_0^2 = \dfrac{E}{\rho}$；$\varepsilon = \dfrac{F_{(t)}}{EA}$；$\beta_n = \dfrac{(2n-1)\pi}{2l}$，$n = 1, 2, \cdots$；其余各变量的物理意义同前。

$u(x, t)$ 即为岩体质点在振动过程中的位置 (m)，其中，εx 为激振力作用在右端在 x 处产生的静力位移 (m)；$v(x, t) = \sum\limits_{n=1}^{\infty} (-1)^n \dfrac{2\varepsilon}{l\beta_n^2} \cos C_0 \beta_n t \cdot \sin \beta_n x$ 为质点的振动位移 (m)。

由棱柱质点位移方程，可以得到质点的应力和振动速度方程：

应力方程为

$$\sigma(x, t) = E \cdot \frac{\partial u(x, t)}{\partial x} = E \sum_{n=1}^{\infty} (-1)^n \frac{2\varepsilon}{l\beta_n} \cos C_0 \beta_n t \cdot \cos \beta_n x + E\varepsilon \tag{3.50}$$

振动速度方程为

$$v_l(x, t) = \frac{\partial u(x, t)}{\partial t} = -\sum_{n=1}^{\infty} (-1)^n \frac{2\varepsilon C_0}{l\beta_n} \sin C_0 \beta_n t \cdot \sin \beta_n x \tag{3.51}$$

3.2.3 模型验证 [133]

危岩聚集体质点振动方程的初始时刻，$t=0$，式 (3.49) 简化为

$$u(x, 0) = \sum_{n=1}^{\infty} (-1)^n \frac{2\varepsilon}{l\beta_n^2} \cdot \sin \beta_n x + \varepsilon x \tag{3.52}$$

验证模型上左右两端点：

左端危岩聚集体棱柱体内部，将 $x = 0$ 代入式 (3.52) 得

$$u(0, 0) = 0 \tag{3.53}$$

左端位移为 0，符合实际情况。

右端自由端，将 $x = l$ 代入式 (3.52) 得

$$u(l, 0) = \sum_{n=1}^{\infty} (-1)^n \frac{2\varepsilon}{l\beta_n^2} \cdot \sin \beta_n l + \varepsilon l \tag{3.54}$$

当 $n = 1$ 时，$(-1)^n \dfrac{2\varepsilon}{l\beta_n^2} \cdot \sin \beta_n l = -\dfrac{8\varepsilon l}{\pi^2}$；

当 $n = 2$ 时，$(-1)^n \dfrac{2\varepsilon}{l\beta_n^2} \cdot \sin \beta_n l = -\dfrac{8\varepsilon l}{9\pi^2} = -\dfrac{8\varepsilon l}{\pi^2} \cdot \dfrac{1}{3^2}$；

当 $n = 3$ 时，$(-1)^n \dfrac{2\varepsilon}{l\beta_n^2} \cdot \sin \beta_n l = -\dfrac{8\varepsilon l}{25\pi^2} = -\dfrac{8\varepsilon l}{\pi^2} \cdot \dfrac{1}{5^2}$；

$\cdots\cdots$

所以，由数学归纳法得

$$u(l,0) = -\left(\frac{1}{1} + \frac{1}{3^2} + \frac{1}{5^2} + \cdots + \frac{1}{(2n-1)^2}\right) \cdot \frac{8}{\pi^2} \cdot \varepsilon l + \varepsilon l \quad (3.55)$$

由数列通项求和公式知

$$\frac{1}{1} + \frac{1}{3^2} + \frac{1}{5^2} + \cdots + \frac{1}{(2n-1)^2} = \frac{\pi^2}{8} \quad (3.56)$$

所以

$$u(l,0) = -\left(\frac{1}{1} + \frac{1}{3^2} + \frac{1}{5^2} + \cdots + \frac{1}{(2n-1)^2}\right) \cdot \frac{8}{\pi^2} \cdot \varepsilon l + \varepsilon l = -\frac{\pi^2}{8} \cdot \frac{8}{\pi^2} \cdot \varepsilon l + \varepsilon l = 0 \quad (3.57)$$

表明右端符合模型的实际情况。

　　本方程求得初始状态左端固定端和右端自由端质点位移均为零，与模型真实状态一致。

　　按模型进行实验，沿 y 方向只取一列危岩体，模型立体图如图 3.12 所示，实体如图 3.13 所示，上部激振试件为 M20 砂浆砌筑，尺寸为 0.9m×0.3m×0.3m，从左向右 0.7m 处预留一宽裂缝添加静态爆破剂，使裂缝开裂，左侧窄裂缝长度为 0.15m，1＃，2＃位置为测点，安装加速度传感器，记录激振数据。当静态爆破剂起作用时，最下层裂纹开裂，右端岩块崩落，如图 3.14 所示。裂纹面上产生激振力，按图 3.10 考虑最下层棱柱体，由建立模型的方式，取裂纹下部完整体，右侧至静态爆破剂裂纹处，模型则简化为图 3.15，将此棱柱体模型作为研究对象验证上述方程。

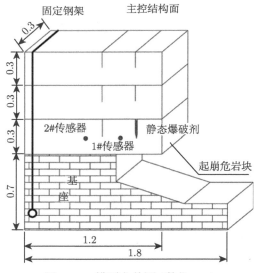

图 3.12　模型立体图 (单位: m)

图 3.13 模型实体图

图 3.14 崩落实况图

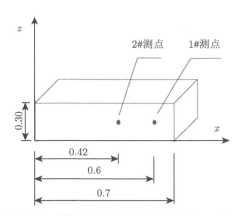

图 3.15 模型底层完整棱柱体 (单位: m)

(1) 从崩落岩块中制取试件, 进行三轴实验, 测得模型材料物理力学参数如表 3.1 所示。

表 3.1 模型材料物理力学参数

模型材料	抗压强度/MPa	抗拉强度/MPa	重度/(kN/m³)	弹性模量/(×10⁴MPa)	泊松比
砂浆试件	15.81	0.77	19.95	0.302	0.18

实验最终得到两测点的位移–时程曲线, 如图 3.16 和图 3.17 所示。

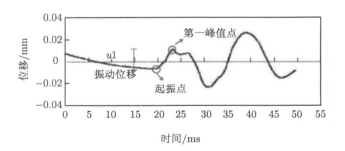

图 3.16　1 #测点 x 方向位移–时程曲线

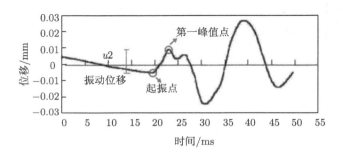

图 3.17　2 #测点 x 方向位移–时程曲线

(2) 再由方程计算求解两点的振动数据。

由于加速度传感器得到的数据为振动数据, 不包含静力位移, 因此按质点的振动位移公式 (3.48) 提出的 $v(x,t)$ 来验证。

从图 3.16 中可以看出, 质点从 19ms 开始振动 (起振点), 23ms 时达到第一个峰值, 因此读取时间间隔 t=4ms, 期间质点振动位移为 u, 将模型各个参数代入岩体质点振动方程得 C_0=38.907, l=0.7m, 1#测点 x=0.6m, 2#测点 x=0.42m。

则 1 #测点在 t 时刻:

$$v(0.6, 0.004) = \sum_{n=1}^{\infty} (-1)^n \frac{2\varepsilon}{0.6\beta_n^2} \cos(38.9 \times 0.004\beta_n) \cdot \sin 0.6\beta_n$$

$$\approx \sum_{n=1}^{\infty} (-1)^n \frac{0.6619}{(2n-1)^2} \cos 0.11(2n-1)\pi \cdot \sin 0.43(2n-1)\pi\varepsilon \quad (3.58)$$

令通项 $a_n = (-1)^n \dfrac{0.6619}{(2n-1)^2} \cos 0.11(2n-1)\pi \cdot \sin 0.43(2n-1)\pi$, 求其前 n 项和 $S_{a_n} = \sum\limits_{n=1}^{\infty} a_n$, 通项无法推出求和公式, 即无法由计算求解, 换用 MATLAB 编程求解, 结果见表 3.2。

表 3.2 1 #测点振动位移前 n 项取值

n	5	10	15	20	30	40	50	100	1000
S_{a_n}	-0.6384	-0.6385	-0.6364	-0.6361	-0.6373	-0.6369	-0.6369	-0.6369	-0.6369

取 $S_{an}=-0.6369$，则 $v(0.6, 0.004) = S_{an}\varepsilon = -0.6369\varepsilon$。

2 #测点在 t 时刻：

$$v(0.42, 0.004) = \sum_{n=1}^{\infty} (-1)^n \frac{2\varepsilon}{0.6\beta_n^2} \cos(38.9 \times 0.004\beta_n) \cdot \sin 0.42\beta_n$$

$$\approx \sum_{n=1}^{\infty} (-1)^n \frac{0.6619}{(2n-1)^2} \cos 0.11(2n-1)\pi \cdot \sin 0.3(2n-1)\pi\varepsilon \quad (3.59)$$

令 $b_n = (-1)^n \dfrac{0.6619}{(2n-1)^2} \cos 0.11(2n-1)\pi \cdot \sin 0.3(2n-1)\pi$，求其前 n 项和，用 MATLAB 编程求解得 $S_{b_n} = \sum\limits_{n=1}^{\infty} b_n$，结果见表 3.3。

表 3.3 2 #测点振动位移前 n 项取值

n	5	10	15	20	30	40	50	100	1000
S_{b_n}	-0.4929	-0.4891	-0.4904	-0.4897	-0.4899	-0.4899	-0.4900	-0.4900	-0.4900

取 $S_{b_n} = -0.4900$，则 $v(0.42, 0.004) = S_{b_n}\varepsilon = -0.49\varepsilon$。

(3) 最后分析计算数据与实验数据之间的误差。

分别算出由方程得到的两测点振动位移比值和由实验得到的两测点振动位移比值，比较两者的误差，则可验证方程的实用性，有

$$\frac{v(0.6, 0.004)}{v(0.42, 0.004)} = \frac{-0.6369\varepsilon}{-0.49\varepsilon} = \frac{6369}{4900} \approx 1.2998 \quad (3.60)$$

由 x 方向位移时程曲线图中读出

$$\frac{u1}{u2} = \frac{0.04 \times 10^{-3} \times \frac{6}{13}}{0.04 \times 10^{-3} \times \frac{6}{18}} = \frac{18}{13} = 1.3846 \quad (3.61)$$

误差为

$$\delta = \frac{1.3846 - 1.2998}{1.3846} \approx 0.0612 = 6.12\% \quad (3.62)$$

分析结果表明，本书构建的方程和实验数据相符，可以用于求解坠落式危岩聚集体的质点振动方程，进而求解危岩质点应力方程和振动速度方程，为危岩崩塌的后续量化研究提供依据。

3.3　危岩破坏激振效应

危岩破坏瞬间存在能量突然释放问题,产生的能量以激振波方式向四周传递,对相邻危岩产生显著的激振作用,是危岩群发性崩塌致灾的重要原因之一。三峡库区的重庆南川区金佛山甄子岩,武隆区鸡尾山,合川区三汇煤矿磨子岩,江津区四面山红岩山,城区佛图关,万州区太白岩、首立山、天生城、枇杷坪,巫溪县南门山,四川省广安市华蓥山老岩,以及四川省汶川地震区国道 213 线等地存在的大量危岩崩塌事件均表明,大型特大型危岩破坏具有群发性,连锁效应显著,探索危岩崩塌连锁效应是揭示危岩雪崩式破坏的关键环节之一,危岩体崩落瞬间所诱发的激振波对危岩体主控结构面的断裂具有放大效应,对危岩破坏及崩落的动力具有增强效应,对周围保留岩体的细观损伤特征、宏观损伤范围及其稳定性影响均有重要意义。

3.3.1　危岩破坏激振效应模型试验 [134]

1. 危岩破坏激振效应模型试验设计

1) 试验模型

危岩破坏激振效应试验模型如图 3.18 所示,模型尺寸为 30cm(长)×110cm(宽)×200cm(高)。模型由基座和危岩体两部分组成,岩腔高 40cm。危岩体由 4 块尺寸为 90cm(长)×30cm(宽)×30cm(厚) 的危岩体叠加而成。从岩腔顶部向上,分别标注第一层危岩体、第二层危岩体、第三层危岩体和第四层危岩体,每层危岩体设置两列主控结构面,从临空面向后分别标注为第一列主控结构面和第二列主控结构面。模型危岩体层共设置 8 个主控结构面 (用 A~H 表示),贯穿率为 54.5%,所分割危岩块按照数列组合方式表示为 11#~43#。危岩体用 M20 水泥砂浆预制,配合比为水泥:砂:水 =1:3.25:0.65,其抗压强度为 15.81MPa,抗拉强度为 0.77MPa,重度为 19.92kN/m³,弹性模量为 3.02GPa,泊松比为 0.18。基岩采用普通砂砖、325# 硅酸盐水泥、粒径 0.12~0.21mm 细砂和自来水现场搅拌浇筑而成。

2) 试验荷载

由于采用加荷载方式进行危岩破坏机制试验存在荷载施加困难、作用在危岩体上的荷载变化不均匀等缺陷,因此采用在主控结构面贯通段内充填静态爆破剂 (在 20~40℃环境温度范围内,15min 内可达到最大膨胀力) 的方式,缓慢注入蒸馏水,静态爆破剂逐渐膨胀,产生膨胀力,导致主控结构面端部断裂、扩展、延伸。

3) 测试方法与测试内容

围绕 11# 危岩块,在 12#,13# 和 22# 危岩块侧面正中心粘贴 DH311E 型压电式加速度传感器 (图 3.18 和图 3.19);采用 DH5922 型动态频谱测试仪 (采样频率为 0.01Hz，频带内平坦度 ±0.05dB，阻带衰减大于 −150dB/oct) 连续量测 11# 危岩块破坏瞬间每个传感器记录的激振信号，即振动加速度；采用 pco.1200hs 型高速摄像仪连续记录静态爆破剂膨胀过程中主控结构面端部扩展过程。

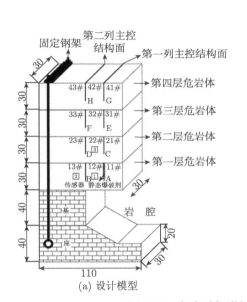

(a) 设计模型

(b) 物理模型

图 3.18 危岩破坏激振效应试验模型 (单位：cm)

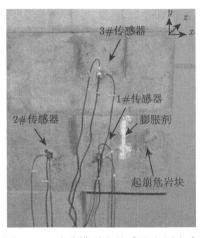

图 3.19 试验模型上传感器布置方案

4) 试验过程

试验过程: 建造试验模型并安装完成 → 安装加速度传感器并连接到动态频谱测试仪 → 在 A 号主控结构面贯通段内装入静态爆破剂 → 向 A 号主控结构面注入蒸馏水 → 高速摄像仪连续记录主控结构面端部扩展过程, 并由动态频谱测试仪连续记录主控结构面扩展及危岩突发性破坏瞬间各个加速度传感器表征的激振加速度, 获得了超过 13 万个危岩破坏激振加速度测试数据。

2. 危岩破坏激振效应试验结果分析

1) 危岩块破坏过程

随着主控结构面内静态爆破剂吸水膨胀, 所产生的膨胀力使主控结构面贯通率逐渐增大 (图 3.20), 但主控结构面沿着偏离其轴线方向约 23° 方向扩展, 此时主控结构面贯通率增加到 78.2%(图 3.20(b))。随着主控结构面非贯通段的减小, 主控结构面端部裂纹扩展方向逐渐趋于其轴线方向, 当贯通率增加到 93.2% 时, 裂纹扩展方向与主控结构面轴线方向一致, 如图 3.20(c) 所示; 当主控结构面贯通率达到 97.3% 时 (图 3.20(d)), 危岩体突发性破坏。危岩破坏过程中, 危岩体后壁面倾角由直立逐渐倾斜 (图 3.21), 在危岩体突发性破坏瞬间, 危岩体后壁面倾角在 85° 左右, 完全脱离母岩时危岩体后壁面倾角约 58°。

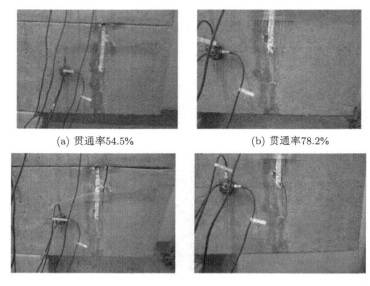

(a) 贯通率54.5%　　　　　　　　　　(b) 贯通率78.2%

(c) 贯通率93.2%　　　　　　　　　　(d) 贯通率97.3%

图 3.20　主控结构面端部扩展过程

图 3.21 危岩破坏过程

试验发现，危岩体破坏瞬间，模型产生强烈振动，是危岩破坏能量突然释放的宏观表象，该能量对相邻危岩块的动力效应即为危岩破坏激振效应，表现为激振加速度和激振位移两方面。

2) 危岩破坏激振加速度

试验模型各测点 x 方向和 y 方向的加速度–时程曲线见图 3.22。

(1) 11#危岩块破坏对相邻危岩块产生的激振效应历时约为 30ms。

(2) 距离激振源 (11#危岩块) 越近，激振加速度峰值越大、频谱密度越大，例如，位于 12#危岩块的 1#测点 x 方向的激振加速度为 29.0833m/s²、y 方向的激振加速度为 48.7979m/s²，位于 13#危岩块的 2#测点 x 方向的激振加速度为 24.6807m/s²、y 方向的激振加速度为 32.9535m/s²。

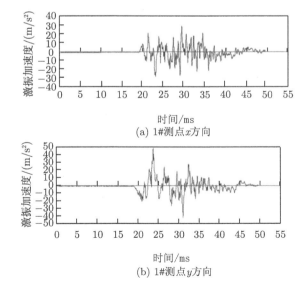

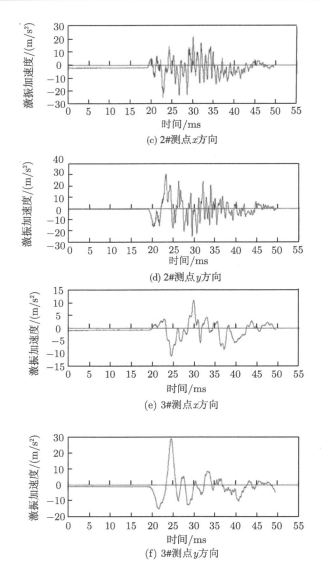

图 3.22　试验模型各测点 x 方向和 y 方向的加速度–时程曲线

(3) 3 个测点中，位于 22# 危岩块表面的 3# 测点的峰值加速度峰值最小，x 方向的激振加速度为 11.0835m/s²、y 方向的激振加速度为 28.8391m/s²，加速度频率密度最小，这可能与 22# 危岩块和激振源之间存在水平不连续面有关，换言之，危岩块之间越紧密，越易于激振波的传递，激振作用影响范围越大。

(4) 试验条件下，坠落式危岩体破坏产生的激振能量，竖直方向 (y 方向) 的激振加速度明显大于水平方向 (x 方向) 的激振加速度 (图 3.23)，如 1# 测点，x 方向的激振加速度峰值为 29.0833m/s^2，y 方向的激振加速度峰值为 48.7979m/s^2，是 x 方向的 1.68 倍。

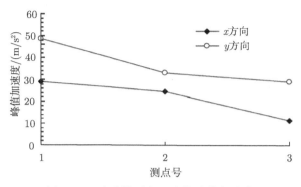

图 3.23 试验模型各测点的峰值加速度

3) 危岩破坏激振位移

将试验模型各测点的加速度–时程曲线进行二次积分，便可获取相应测点 x 方向和 y 方向的位移–时程曲线 (图 3.24)，可见：

(1) 每个测点 y 方向的峰值位移均大于 x 方向的峰值位移，如位于 $12\#$ 危岩块的 $1\#$ 测点 x 方向为 0.0271mm，y 方向位移为 0.0560mm，是 x 方向位移的 2.07 倍。

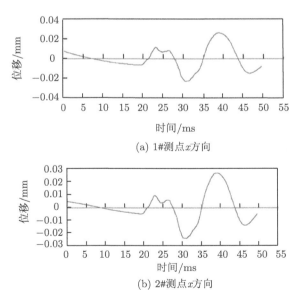

(a) 1#测点 x 方向

(b) 2#测点 x 方向

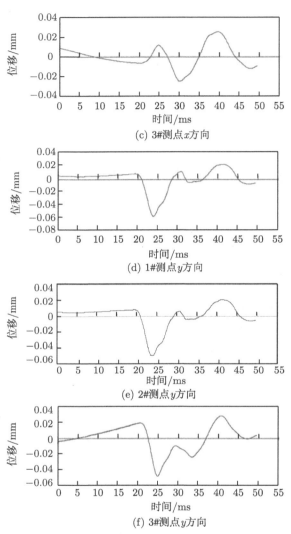

图 3.24　各测点信号的位移–时程曲线

(2) 每个测点 x 方向及 y 方向的位移均具有振动特性,可正可负,正负交替,对于危岩块而言,在激振时程内,激振范围内危岩块主控结构面在 x 方向受到周期性拉张与压缩,y 方向受到周期性向上剪切和向下剪切,这些作用是危岩体承受的复杂疲劳荷载。

3.3.2　危岩破坏激振信号局部与细节信息特征 [135]

根据坠落式危岩激振破坏模型试验提取的激振信号,通过小波硬阈值法消噪处理,提取能较客观地表征危岩破坏激振特性的激振信号,得到其局部信息和细节信息特征。

1. 激振信号局部信息特征

为了探索危岩破坏激振信号的微观特性，采用小波理论硬阈值法对危岩破坏模型试验采集的原始激振信号进行消噪处理，选取试验过程第 25~35ms 共 10ms 的时间段，分别作出 1#，2# 和 3# 测点激振信号水平方向的局部时程曲线 (图 3.25) 和竖直方向的局部时程曲线 (图 3.26)。

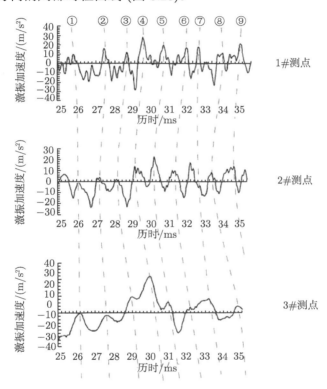

图 3.25　激振信号水平方向 (x 方向) 的局部时程曲线

从图 3.25 和图 3.26 可看出实验条件下危岩破坏激振信号局部信息具有如下特征：

(1) 由于危岩破坏具有突发性，则所释放的能量也必然具有突发性，所产生的激振波局部信息存在显著的周期性。激振信号在水平方向的激振频率明显大于竖直方向的激振频率，图 3.25 显示 1# 测点和 2# 测点水平方向激振信号存在明显的 9 个峰，但第 9 个峰在 3# 测点消失；图 3.26 显示 1# 测点和 2# 测点竖直方向激振信号存在明显的 4 个峰，但第 4 个峰在 3# 测点消失。峰越多，表明激振频率越大，激振作用周期越短，水平方向激振信号的周期为 1.0～1.4ms，竖直方向则为 2.2～3.0ms。

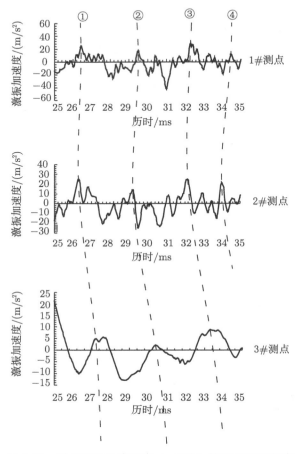

图 3.26   激振信号竖直方向 (y 方向) 的局部时程曲线

(2) 由于激振源位于 12#危岩块右侧，1#测点位于 12#危岩块，2#测点位于 13#危岩块，3#测点位于 22#危岩块 (图 3.25)，激振信号水平方向的峰值强度，1#测点为 29.5m/s^2，2#测点为 22.7m/s^2，3#测点仅 11.2m/s^2，激振信号竖直方向的峰值强度，1#测点为 30.5m/s^2，2#测点为 24.1m/s^2，3#测点为 20.4m/s^2。表明与激振源之间的距离明显影响着激振信号的峰值强度，距离越近，激振能量衰减越小，如 1#测点激振信号水平方向峰值强度是 2#测点的 1.30 倍。并且，竖直方向激振信号峰值强度大于水平方向激振信号峰值强度，如 2#测点竖直方向激振信号峰值强度是水平方向峰值强度的 1.06 倍，3#测点则为 1.82 倍。

(3) 由于 12#危岩块和 13#危岩块之间的界面上部分贯通、下部分完整，而 12#危岩块和 22#危岩块之间的界面则属于接触比较紧密的不连续面，危岩块之间界面的完整性对激振信号的影响是比较显著的，主要表现在激振信号出现频率和峰值强度两方面。从激振信号出现频率来看，3#测点量测到的激振信号频率明显小于 2#测点量测到的激振信号频率，3#测点所记录的激振信号主峰明显有滞后性，滞后时间为 10ms 左右；从激振信号峰值强度来看，3#测点水平方向峰值强度仅为 1#测点的 0.38 倍，而 2#测点可达 0.77 倍，3#测点竖直方向峰值强度是 1#测点的 0.67 倍，而 2#测点提高到 0.79 倍。

2. 激振信号细节信息特征

由于小波理论中 db 小波函数具有阶数越高规则性越强的特性，为了精细地观测危岩破坏激振信号的细节特性，采用 db8 小波对激振信号进行 8 层一维多尺度分解：

$$S = a8 + d8 + d7 + d6 + d5 + d4 + d3 + d2 + d1 \tag{3.63}$$

式中，a 为近似系数；d 为细节系数，其序号数表示小波分解的层数 (尺度数)。

由式 (3.63) 将分解后的激振信号进行重构，以 1#测点竖直方向的激振信号为例，其小波分解近似系数和细节系数重构时程曲线如图 3.27 所示。

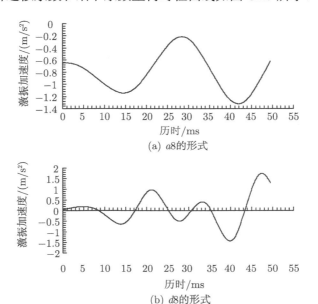

(a) $a8$ 的形式

(b) $d8$ 的形式

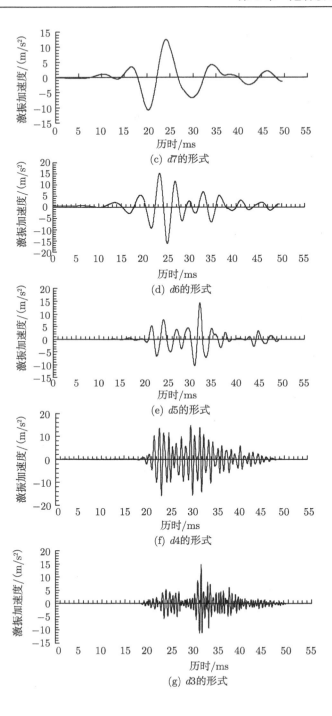

(c) d7的形式

(d) d6的形式

(e) d5的形式

(f) d4的形式

(g) d3的形式

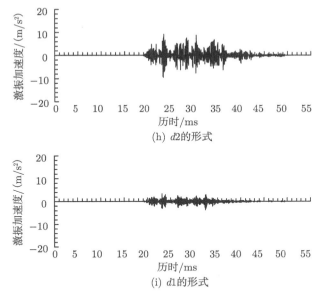

(h) d2的形式

(i) d1的形式

图 3.27　激振信号竖直方向 (y 方向) 小波分解近似系数和细节系数重构时程曲线

从图 3.27 可看出,试验条件下危岩破坏激振信号竖直方向细节信息具有如下特征:

(1) 危岩破坏激振信号采用 db8 小波函数分解后,由一个近似系数 $a8$ 和 $d1\sim d8$ 共 8 个细节系数组成,近似系数周期性比较明显,周期约 27ms,但振幅仅为 1.12m/s²,垂直向下的最大值可达 1.31m/s²,而任何一层细节系数均高于该幅值。表明危岩破坏激振信号的信息通过 $db8$ 分解后基本都在细节系数中予以体现,进一步分析细节系数所携带的相关信息对科学认识危岩破坏激振信号特性具有重要意义。

(2) 根据小波理论,$db8$ 小波细节系数中,$d1$ 和 $d2$ 代表高频信息,$d3,d4,d5,d6$ 和 $d7$ 代表中频信息,$d8$ 代表低频信息。信号频率影响着细节系数的出现时间,频率越高,细节系数出现时间越晚,例如,$d1$ 细节系数出现时间为第 19.5ms,$d2$ 细节系数出现时间为第 19ms,$d3$ 细节系数出现时间为第 18.5ms,$d4$ 细节系数出现时间为第 18ms,$d5$ 细节系数出现时间为第 15ms,$d6$ 细节系数出现时间为第 8ms,$d7$ 细节系数出现时间为第 2ms,$d8$ 细节系数出现时间与激振试验基本同步。

(3) 危岩破坏激振信号 $d1\sim d8$ 细节系数中,从低频到高频,细节系数存在明显波动性,但波动周期及其振幅大小存在显著差异,例如,高频信息 $d8$ 细节系数周期为 12ms、振幅为 1.9m/s²;中频信息 $d6$ 细节系数周期为 4ms、振幅增大到 31.4 m/s²,$d5$ 细节系数周期为 2.5ms、振幅为 25m/s²;高频信息 $d1$ 细节系数周期仅为 0.003ms、振幅降低到 6.4 m/s²。由于激振信号的低频信息 $d8$ 细节系数具有持续时间长而振幅低的特点，高频信息 $d1$ 和 $d2$ 细节系数具有持续时间短而振幅小的特点，其携带的能量均较小，可能属于模型试验过程中量测到的噪声信号，危岩破坏激振波主频率位于 $d3\sim d7$ 所对应细节信号内。

3.3.3   危岩破坏激振信号概率统计特征 [136]

1. 激振信号统计特征

试验条件下测试的危岩破坏激振信号为激振加速度，表 3.4 给出了 1#，2# 和 3# 测点 x 方向 (水平方向)、y 方向 (竖直方向) 激振信号的均值、有效值和标准差统计数据，其分布情况如图 3.28 所示。

表 3.4   危岩破坏激振信号统计参数

激振信号	1#−x	1#−y	2#−x	2#−y	3#−x	3#−y
均值/(m/s^2)	−0.66	−0.83	−1.90	−0.3	−0.73	−1.05
有效值/(m/s^2)	7.71	10.14	6.88	8.88	3.65	7.32
标准差	7.68	10.10	6.61	8.87	3.58	7.25

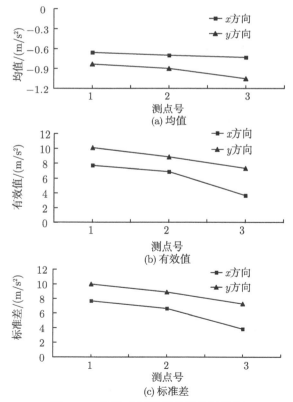

图 3.28   危岩破坏激振信号统计特征

从表 3.4 和图 3.28 可看出，试验条件下危岩破坏激振信号统计特征呈现如下现象：

(1) 各测点 x 方向激振信号的均值、有效值及标准差均小于 y 方向的数值，表明危岩体在破坏瞬间产生的激振信号的强度在 y 方向表现得较为显著，其中激振信号均值的负号表征激振作用的方向向下。

(2) 位于 12# 危岩块的 1# 测点的激振信号的有效值明显大于位于 13# 危岩块中部的 2# 测点和位于 22# 危岩块中部的 3# 测点，由于激振源邻近 12# 危岩块，表明距离激振源越近，激振信号强度越大。

(3) 2# 和 3# 测点与激振源 11# 危岩块之间的距离虽然相同，但是由于 2# 测点所在的 13# 危岩块与 1# 测点所处的 12# 危岩块之间的主控结构面存在非贯通段，而 3# 测点所在的 22# 危岩块与 1# 测点所处的 12# 危岩块之间属于较紧密结合的岩层界面，如 2# 测点 y 方向的有效值明显大于 3# 测点 y 方向的有效值，表明激振信号强度穿过非贯通段时的耗散量要小于穿过岩层界面时的耗散量，换言之，危岩块之间的完整性越好，越利于激振信号的传递。

(4) 每个测点 y 方向的标准差均大于同一测点 x 方向的标准差，测试点与激振源之间的距离及激振信号传递路径中危岩体之间的完整性对激振信号标准差有一定影响，测试点与激振源之间的距离较小时，激振信号标准差反而较大，激振信号传递路径中危岩体之间的完整性较差时，激振信号标准差反而偏小，这一现象似乎有悖常理，可能与危岩突发性破坏产生的噪声有关，尚需要作进一步分析论理。

2. 激振信号概率密度

振动信号的概率分布函数是指 N 个激振信号样本函数的集合 $X=\{x(n)\}$，在 t_1 时刻，有 N_1 个样本函数的函数值不超过指定值 x，则激振信号概率分布函数的估计为

$$P(X \leqslant x, t_1) = \lim_{N \to \infty} \frac{N_1}{N} \tag{3.64}$$

概率密度函数是指概率分布函数对变量 x 的一阶导数，表示某一随机振动信号的幅值落在某一范围内的概率，其概率密度函数的估计为

$$P(x) = \frac{N_x}{N \Delta x} \tag{3.65}$$

式中，Δx 是以 x 为中心的窄区间；N_x 为 $\{x_n\}$ 数组中数值落在 $x \pm Nx/2$ 范围的数据个数；N 为数据总数。

基于模型试验结果，分析 1#，2#，3# 三个测点 x 方向和 y 方向共 6 组激振信号的概率密度，结果如图 3.29 所示。

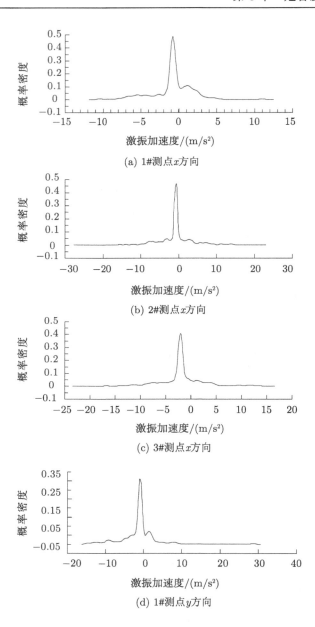

(a) 1#测点x方向

(b) 2#测点x方向

(c) 3#测点x方向

(d) 1#测点y方向

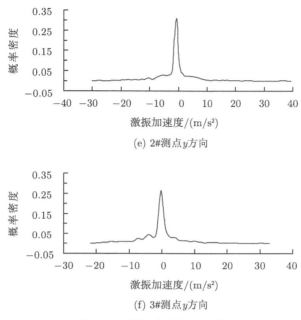

(e) 2#测点y方向

(f) 3#测点y方向

图 3.29 激振信号概率密度

从图 3.29 可看出，实验条件下危岩破坏激振信号概率密度呈现如下现象：

(1) 三个测点 x 方向 (水平方向) 和 y 方向 (竖直方向) 激振信号的概率密度均呈单峰型近似正态分布，说明危岩突发性破坏所释放的能量具有点源荷载特征。

(2) 从激振信号概率密度峰值强度角度，水平方向的激振信号强度明显大于竖直方向激振信号的强度，如 1#，2# 和 3# 测点，x 方向的峰值分别为 0.5，0.45 和 0.40，而 y 方向的峰值分别为 0.35，0.30 和 0.25，说明危岩破坏的本质是主控结构面连续段的快速断裂，所释放的能量在水平方向受危岩体的阻碍作用强烈，而竖直方向上部为主控结构面贯通段，下部为危岩体底部临空面，能量易于耗散。

(3) 无论是 x 方向还是 y 方向，2# 测点的激振信号概率密度均明显大于 3# 测点的激振信号概率密度峰值，这说明，虽然激振源与 2# 测点和 3# 测点的距离相同，但是由于 2# 测点所处的 13# 危岩块与 1# 测点所处的 12# 危岩块之间的界面由上部分贯通段和下部分连续段组成，而 12# 危岩块与 3# 测点所在的 22# 危岩块之间为均质的不连续面，即危岩块之间界面的连续性对激振信号传递有显著影响，界面越连续，越利于激振信号传递。

3. 激振信号自相关特性

为了探索危岩突发性破坏产生的激振信号在不同时刻的相互依赖关系，即激振波的周期性特征，可对激振信号进行自相关分析，分析结果如图 3.30 所示。

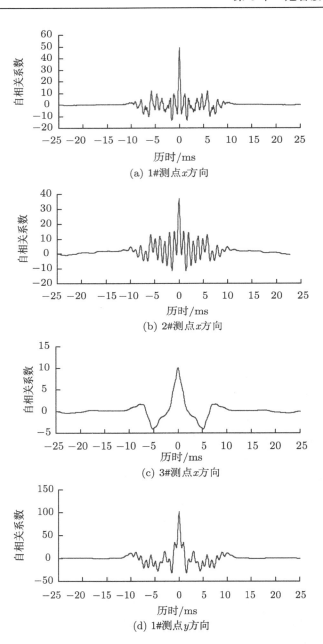

(a) 1#测点x方向

(b) 2#测点x方向

(c) 3#测点x方向

(d) 1#测点y方向

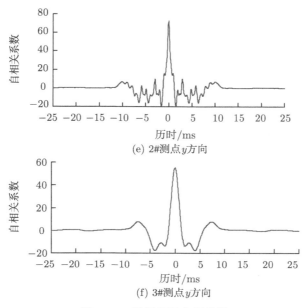

(e) 2#测点 y 方向

(f) 3#测点 y 方向

图 3.30 激振信号自相关性

从图 3.30 可看出, 试验条件下危岩破坏激振信号自相关性具有如下特征:

(1) 危岩破坏激振信号 y 方向 (竖直方向) 的自相关系数幅值明显大于 x 方向 (水平方向) 的自相关系数, 例如, 与激振源 11#危岩块相邻的 12#危岩块中部的 1#测点量测的竖直方向自相关系数约为 100, 而水平方向自相关系数仅为 49, 约为竖直方向的 0.5 倍, 而位于 13#危岩块的 2#测点记录的激振信号自相关系数, 竖直方向是水平方向的 5.6 倍。激振信号自相关系数越大, 表明危岩破坏产生的激振信号随时间的依赖性越明显。

(2) 危岩块之间界面的完整性对激振信号自相关系数出现频率的影响是显著的, 界面越完整, 激振信号自相关系数变化频率越高, 波形越密, 例如, 位于 12#危岩块的 1#测点和位于 13#危岩块的 2#测点记录的激振信号自相关系数频率明显比位于 22#危岩块的 3#测点记录的激振信号自相关系数变化频率大。

(3) 危岩块之间界面的完整性对激振信号自相关系数持续时间的影响也比较显著, 例如, 位于 12#危岩块的 1#测点和位于 13#危岩块的 2#测点记录的激振信号自相关系数持续时间均在 20ms 左右, 而位于 22#危岩块的 3#测点记录的激振信号自相关系数约为 15ms, 表明危岩块之间界面的完整性较差时激振信号衰减所需时间变短。

3.3.4　危岩破坏激振信号频域特性 [137]

危岩破坏激振信号时程曲线是探讨危岩破坏激振信号频域特征的基础资料 (图 3.31), 信号时程曲线反映的是信号的时域特征, 经过傅里叶 (Fourier) 变换获得信号的频域特征, 而信号的频域特性则是探讨信号能量分布的关键环节。

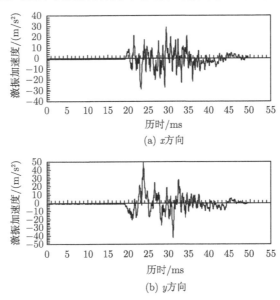

图 3.31　1# 测点激振信号时程曲线

1) 激振信号质量判别

危岩破坏激振信号质量的优劣直接关系到分析结果的科学性。目前, 相干系数分析是判别信号质量的有效方法之一。相干函数又称凝聚函数, 表示信号输出与输入之间在频域上的相关程度, 定义为

$$\gamma^2(f) = \frac{|G_{xy}(f)|^2}{G_{xx}(f)G_{yy}(f)} \tag{3.66}$$

式中, $G_{xy}(f)$ 为输入输出信号的互频谱的平均值; $G_{xx}(f)$ 为输入信号的自频谱的平均值; $G_{yy}(f)$ 为输出信号的自频谱的平均值。

相干系数在 0~1 变化, 即当测试信号不受噪声污染时, 相干系数为 1, 当测试信号完全被噪声淹没时, 相干系数趋近于 0。因此, 相干系数可表征量测信号被噪声污染的程度, 换言之, 相干系数可用于判别信号测试质量的好坏。

基于危岩破坏模型试验结果, 以 1#, 2#, 3# 测点 x 方向的激振信号为例, 进行激振信号自相干系数分析, 分析结果如图 3.32 所示。由于 1# 测点紧邻崩塌源, 2# 测点和 3# 测点相对于 1# 测点而言, 属于输入信号, 1# 测点属于输出信

号,图 3.32 清楚地表明,模型试验过程中所量测的危岩破坏激振信号之间的自相干系数接近于 1,线性关系良好,表明所采集的危岩破坏激振信号受测试仪器、环境因素等造成的噪声污染微弱,激振信号质量较高,可用于进行激振信号频域特征分析。

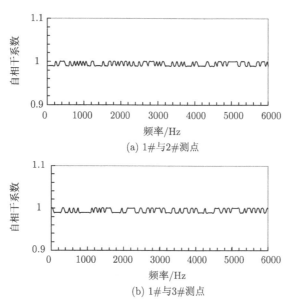

(a) 1#与2#测点

(b) 1#与3#测点

图 3.32 x 方向激振信号自相干系数

2) 激振信号小波分解

采用 db8(3 层) 小波处理方法,对模型试验中 1#,2# 和 3# 测点水平方向 (x 方向) 和竖直方向 (y 方向) 的激振信号即激振加速度进行离散分解。db8(3 层) 小波处理重构所得近似系数对应于 $a3$, $d3$, $d2$ 和 $d1$ 共 4 个频率带,其中 $a3$ 频率带范围为 0~1250Hz,$d3$ 频率带范围为 1250~2500Hz,$d2$ 频率带范围为 2500~5000Hz,$d1$ 频率带范围为 5000~ 10000Hz,由于危岩破坏激振试验所采集信号均位于 0~1250Hz 内,故激振信号仅对 $a3$ 频率段进行小波处理,激振信号小波分解近似系数时程变化如图 3.33 所示。

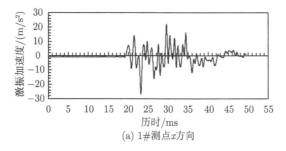

(a) 1#测点 x 方向

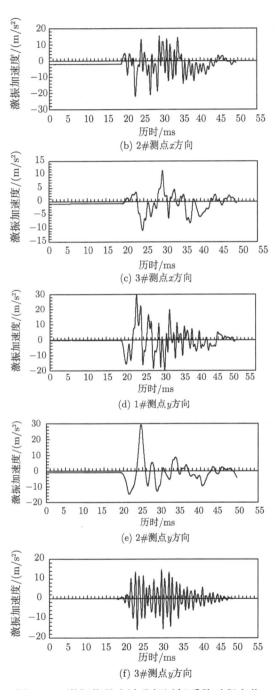

(b) 2#测点x方向

(c) 3#测点x方向

(d) 1#测点y方向

(e) 2#测点y方向

(f) 3#测点y方向

图 3.33 激振信号小波分解近似系数时程变化

从图 3.33 可看出，试验条件下危岩破坏激振信号小波分解近似系数具有如下特征：

(1) 激振信号小波分解所得的水平方向的近似系数，1#测点最大，为 22m/s²，3#测点最小，仅 11.3m/s²；竖直方向的近似系数也具有类似特性，1#测点最大，约为 30m/s²，2#测点和 3#测点分别为 29.6m/s² 和 14m/s²。这表明测点与激振源之间的距离和危岩块之间结构面的完整性对激振信号小波分解近似系数有较大影响：1#测点所处的 12#危岩块右侧邻近激振源，激振信号小波分解近似系数最大；由于 1#测点所处的 12#危岩块与 2#测点所处的 13#危岩块之间的主控结构面上部分为不连续面，下段连续，而 12#危岩块与 3#测点所处的 22#危岩块之间的界面均为不连续面，危岩块之间界面完整性越好，激振信号小波分解近似系数较高，信号能量损失越小。

(2) 对同一测点，激振信号小波分解所得的近似系数，竖直方向的数值大于水平方向的数值，如，1#测点水平方向的数值为 22m/s²，而竖直方向的数值可达 30m/s²，这表明坠落式危岩块破坏瞬间所产生的激振效应竖直方向体现得更明显，这一特征对科学评估危岩崩塌灾情、进行治理工程设计有积极意义。

(3) 对于激振信号小波分解近似系数时程变化频率而言，3#测点水平方向激振信号小波近似系数变化频率较小，1#测点和 2#测点近似系数频率变化规律正好相反，水平方向较大，竖直方向较小，这表明危岩块之间的完整性对于激振信号传递的影响是显著的，1#测点所处的 12#危岩块和 3#测点所处的 22#危岩块之间的界面虽然接触良好，但属于完全不连续面，对于传递水平方向的激振信号敏感性较差。

3) 激振信号的频谱变化特性

将危岩破坏激振信号小波分解近似系数时域谱进行傅里叶变换转变为频域，获得各测点小波分解近似系数频谱图 (图 3.34)，可据此探讨激振信号的频域特性。

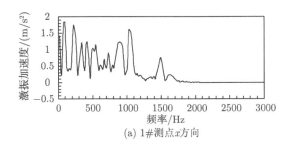

(a) 1#测点 x 方向

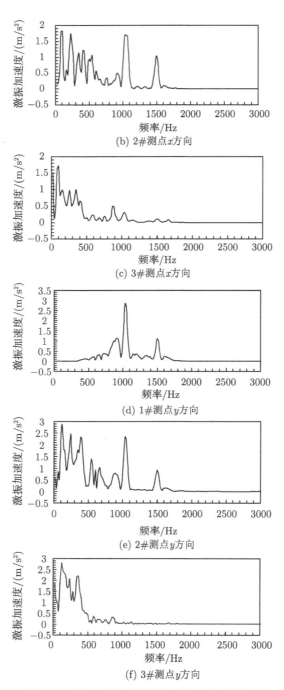

(b) 2#测点 x 方向

(c) 3#测点 x 方向

(d) 1#测点 y 方向

(e) 2#测点 y 方向

(f) 3#测点 y 方向

图 3.34　激振信号小波分解近似系数频谱图

从图 3.34 可看出, 试验条件下危岩破坏激振信号小波分解近似系数频谱具有如下特征:

(1) 激振信号频谱总体呈现衰减趋势, 但衰减过程中分别在 900Hz, 1100Hz 和 1500Hz 频率处出现三个峰值, 其中 3# 测点水平方向 1500Hz 处峰值基本消失、竖直方向仅出现在 900Hz 处, 表明危岩破坏产生的激振能量具有突发性特征, 能量衰减过程具有非恒定周期振动特性。

(2) 测点与激振源之间的距离对激振信号衰减过程中代表性频谱的强度大小有较显著影响, 例如, 在 1100Hz 频率处, 水平方向 1# 测点激振加速度为 1.67m/s², 2# 测点激振加速度为 1.56m/s², 是 1# 测点的 0.93 倍, 竖直方向 1# 测点激振加速度为 2.91m/s², 2# 测点激振加速度为 2.36m/s², 是 1# 测点的 0.81 倍; 在同一个测点, 竖直方向信号强度大于水平方向的信号强度, 1# 测点竖直方向信号强度是水平方向信号强度的 1.74 倍, 2# 测点竖直方向信号强度是水平方向信号强度的 1.51 倍。

(3) 危岩块之间界面的完整性也显著影响着激振信号的强度大小及传递特性, 例如, 1# 测点所处的 12# 危岩块和 3# 测点所处的 22# 危岩块之间的界面属于危岩块叠置较好的不连续面, 激振信号穿过该界面后衰减显著, 水平方向 1100Hz 频率处激振加速度由 1.67m/s² 衰减到 0.31m/s², 1500Hz 频率处激振加速度由 0.75m/s² 衰减到 0.14m/s², 竖直方向衰减更为明显, 1100Hz 和 1500Hz 频谱峰消失, 仅在 900Hz 处有所显示, 强度由 1.01m/s² 衰减到 0.29m/s²; 而 1# 测点所处的 12# 危岩块与 2# 测点所处的 13# 危岩块之间的主控结构面上部分为不连续面, 下段连续, 激振信号传递效果优于完全不连续面, 水平方向 1100Hz 频率处激振加速度仅由 1.67m/s² 衰减到 1.56m/s², 衰减率 6.59%, 竖直方向仅由 2.91m/s² 衰减到 2.36m/s², 衰减率 18.90%。

3.3.5 激振作用下危岩损伤特性 [138]

1. 危岩破坏激振作用下危岩峰值振动速度

分析模型: 危岩破坏激振作用模型试验表明, 陡崖上危岩块突发性破坏瞬间产生的激振波必然向周围的危岩块传递, 该过程本质上属于波动过程, 也是一个能量消耗过程。将危岩块之间的界面类比为岩体中的节理面, 则陡崖上多个危岩体的聚集体可类比为节理岩体。节理面是良好的波阻抗分界面, 当激振波传播至界面时, 会产生反射和透射现象, 如图 3.35 所示, 进而改变波传播路径且引起波场能量的重新分配, 本书只考虑激振波通过危岩体界面之间的正入射衰减传播情况, 且忽视激振波在危岩体内传播时的能量损失, 而仅考虑激振波在危岩体之间界面处的损失问题。

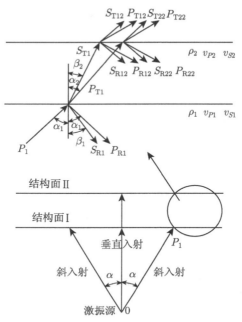

图 3.35 激振波在介质分界面上的透射反射模型

根据 Zoeppritz 方程, 设有两层各向同性、层面紧密闭合无充填岩层, 当一个平面纵波倾斜入射 (非垂直入射) 到两种介质的分界面上时, 会产生 4 种波, 即反射纵波、反射横波、透射纵波和透射横波, 如图 3.35 所示。其中, S_{R1}, P_{R1}, S_{T1}, P_{T1} 分别为反射 S 波、反射 P 波、透射 S 波、透射 P 波; S_{R12}, P_{R12}, S_{T12}, P_{T12} 分别为 S_{T1} 波产生的新的反射 S 波、反射 P 波、透射 S 波、透射 P 波; S_{R22}, P_{R22}, S_{T22}, P_{T22} 分别为 P_{T1} 波产生的新的反射 S 波、反射 P 波、透射 S 波、透射 P 波。下列方程以一个完全的散射矩阵形式表达了入射纵波与横波的反射系数、透射系数同入射角、密度和速度之间的关系, 并决定激振波透过弹性界面的能量分配 [139]:

$$
\begin{bmatrix}
\sin\alpha_1 & \cos\beta_1 & -\sin\alpha_2 & \cos\beta_2 \\
-\cos\alpha_1 & \sin\beta_1 & -\cos\alpha_2 & -\sin\beta_2 \\
\sin 2\alpha_1 & \dfrac{v_{P1}}{v_{S1}}\cos 2\beta_1 & \dfrac{\rho_2 v_{S2}^2 v_{P1}}{\rho_1 v_{S1}^2 v_{P2}}\sin 2\alpha_1 & -\dfrac{\rho_2 v_{P1} v_{S2}}{\rho_1 v_{S1}^2}\cos 2\beta_2 \\
\cos 2\beta_1 & -\dfrac{v_{S1}}{v_{P1}}\sin 2\beta_1 & -\dfrac{\rho_2 v_{P2}}{\rho_1 v_{P1}}\cos 2\beta_1 & -\dfrac{\rho_2 v_{S2}}{\rho_1 v_{P1}}\sin 2\beta_2
\end{bmatrix}
\begin{bmatrix}
R_P \\
R_S \\
T_P \\
T_S
\end{bmatrix}
$$

$$
=
\begin{bmatrix}
-\sin\alpha_1 \\
-\cos\alpha_1 \\
\sin 2\alpha_1 \\
-\cos 2\beta_1
\end{bmatrix}
\tag{3.67}
$$

式中，α_1，β_1，α_2，β_2 分别为反射 P 波、反射 S 波、透射 P 波、透射 S 波在节理面的法线夹角；R_P 和 R_S 分别为纵波和横波的反射系数；T_P 和 T_S 分别为纵波和横波的透射系数；ρ_1 和 ρ_2 分别为反射界面两侧介质的密度 (kg/m^3)；v_{P1} 和 v_{S1} 分别为入射纵波和横波的波速 (m/s)；v_{P2} 和 v_{S2} 分别为透射纵波和横波的波速 (m/s)。

由于本书仅考虑激振波在危岩体界面处的垂直入射传播问题，即 $\beta_1=0$，由式 (3.67) 可得垂直入射波的透射系数表达式

$$T_{\mathrm{P}} = \frac{2v_{P1}\rho_1}{v_{P2}\rho_2 + v_{P1}\rho_1} \tag{3.68}$$

根据波动理论，激振波的能量依赖于其振幅的平方，由于 P 波垂直入射时不产生反射 S 波和透射 S 波，且反射 P 波和透射 P 波的反、透射角均为零，为了研究激振波入射危岩体界面的能量分配特征，按照界面法向能流密度相等原理定义能量透射系数 E_k：

$$E_k = \frac{Z_2 A_2^2}{Z_1 A_1^2} \tag{3.69}$$

式中，$Z_2 = v_{P2}\rho_2$，为透射波介质阻抗；A_2 为透射波波幅；$Z_1 = v_{P1}\rho_1$，为入射波介质阻抗；A_1 为入射波波幅。

激振波透射系数可表示为透射波与入射波的波幅之比，即

$$\frac{A_2}{A_1} = \frac{2v_{P1}\rho_1}{v_{P2}\rho_2 + v_{P1}\rho_1} \tag{3.70}$$

将式 (3.70) 代入式 (3.69)，可得基于波阻抗的激振波能量透射系数计算式：

$$E_k = \frac{4Z_1 Z_2}{(Z_2 + Z_1)^2} \tag{3.71}$$

Ju 等通过 SHPB 试验，获取大理岩的 E_k 为 30.8281、花岗岩的 E_k 为 30.7088[140]。

由于危岩块突发性破坏产生的弹性应变能 $\overline{W}$ 计算式为

$$\overline{W} = \int_0^{l_2} \frac{M^2(x)}{2EI}\mathrm{d}x + \frac{\gamma^2 l_1^2 l_2 bh}{2G} + \frac{\bar{\sigma}^2 ebl_2}{2E} \tag{3.72}$$

式中，h 和 b 分别为危岩块高度和宽度 (m)，$A=bh$，为激振波作用面积 (m^2)；E 为弹性模量 (GPa)；I 为危岩横断面的惯性矩 (m^4)；M 为弯矩 $(kN \cdot m)$；l_1 为 1#危岩块长度 (m)；l_2 为 2#危岩块长度 (m)；e 为主控结构面内充水深度 (m)；$\bar{\sigma}$ 为主控结构面裂隙水压力 (kPa)；G 为剪切模量 (GPa)。

则激振波透射过危岩块之间界面后的透射波能量 W_{T} 计算式为

$$W_{\mathrm{T}} = E_k \overline{W} = E_k \left[\int_0^{l_2} \frac{M^2(x)}{2EI}\mathrm{d}x + \frac{\gamma^2 l_1^2 l_2 bh}{2G} + \frac{\bar{\sigma}^2 ebl_2}{2E} \right] \tag{3.73}$$

式中，$\overline{W}$ 和 W_{T} 单位均为 kJ；其余变量物理意义同前。

进一步，求解可得激振波透射过危岩体之间的界面后的剩余能量所能引起的危岩峰值振动速度计算式：

$$V_{\text{T}} = \sqrt{\frac{2vE_k}{EAT}\left[\int_0^{l_2}\frac{M^2(x)}{2EI}\mathrm{d}x + \frac{\gamma^2 l_1^2 l_2 bh}{2G} + \frac{\bar{\sigma}^2 ebl_2}{2E}\right]} \qquad (3.74)$$

式中，V_{T} 为激振波透射过结构面后的质点峰值振动速度 (m/s)；v 为激振波传播速度 (m/s)；其余变量意义同前。

同理可获取激振波通过多个危岩体之间的界面后所能引起的危岩峰值振动速度，然后与损伤判据结合便可初步确定危岩破坏激振损伤范围。

2. 危岩破坏激振作用下危岩损伤判据

可将危岩破坏所产生的激振作用类比为裂隙岩体结构面处具有一微型爆破源爆破产生的振动荷载，可用峰值振动速度判别激振作用对相邻危岩体的损伤范围。为获取基于质点峰值振动速度的危岩损伤阈值，采用瑞典准则和 Canmet 准则分别确定危岩峰值振动速度的最大值和最小值。

瑞典准则采用岩石在拉伸条件下失效时岩石损伤程度上限阈值确定岩石所能承受的最大峰值振动速度：

$$V_{\max} = \frac{\sigma_{\text{T}} v}{E} \qquad (3.75)$$

式中，$V_{\max}$ 为岩石破坏前所能承受的最大质点峰值振动速度 (m/s)；σ_{T} 为岩石单轴抗拉强度 (kPa)；其余变量意义同前。

Canmet 准则是根据微弱爆破震动作用下能对岩体造成损伤程度的下限阈值来获取岩体所能承受的最小峰值振动速度，其表达式为

$$V_{\min} = \frac{0.021\sigma_{\text{c}}}{v\rho} \qquad (3.76)$$

式中，$V_{\min}$ 为造成危岩体内原生裂隙扩展的最小质点峰值振动速度 (m/s)；σ_{c} 为岩石单轴抗压强度 (MPa)；其余变量意义同前。

可见，激振作用下危岩损伤判据为：

当 $V_{\text{T}} < V_{\min}$ 时，忽视危岩破坏激振作用对相邻危岩的损伤破坏作用；

当 $V_{\min} \leqslant V_{\text{T}} < V_{\max}$ 时，危岩破坏激振作用对相邻危岩具有损伤作用；

当 $V_{\max} \leqslant V_{\text{T}}$ 时，危岩破坏激振作用对相邻危岩具有破坏作用。

3. 危岩破坏激振损伤范围内细观裂纹估算方法

危岩块由相对完整的脆性岩石组成，如砂岩、灰岩、泥灰岩，危岩体内存在大量微裂纹、微裂隙。危岩块突发性破坏后所产生的激振波必然会激发相邻危岩块

内的微裂纹、微裂隙，使其成核、长大和扩展，进而导致危岩体力学性质的衰减甚至破坏。根据 Grady 和 Kipp 的研究，裂纹密度是指裂纹影响区的岩石体积与岩石总体积之比，被激活的裂纹或裂隙数服从体积拉伸应变的双参数 Weibull 分布 [99]：

$$C_{\mathrm{d}} = \beta N a^3 \tag{3.77}$$

式中，C_{d} 为裂纹密度；β 为系数，可近似取 1；N 为被激活的裂纹或裂隙数；a 为激振波作用下微裂纹或微裂隙的特征长度 (m)，由下式计算：

$$a = \frac{1}{2}\left(\frac{\sqrt{20}K_{\mathrm{IC}}}{\rho v \theta_{\max}}\right)^{2/3} \tag{3.78}$$

其中，K_{IC} 为组成危岩体完整岩石的断裂韧度 $(\mathrm{kN/m^{3/2}})$；ρ 为岩石密度 $(\mathrm{kg/m^3})$；v 为激振波速度 (m/s)；$\theta_{\max}$ 为最大体积拉应变率 $(\mathrm{s^{-1}})$。

由介质的弹性模量定义损伤变量 D 如式 (2.21)。

余寿文和冯西桥 [101] 建议由下式确定：

$$\frac{\bar{E}}{E} = \left[1 + \frac{16}{45}\frac{(1-\mu^2)(10-3\mu)}{2-\mu}C_{\mathrm{d}}\right]^{-1} \tag{3.79}$$

式中，μ 为岩石泊松比。

联合式 (3.77)~ 式 (3.79)，并取 $\mu=1$，可得损伤变量 D 表达式：

$$D = 1 - \left[1 + \frac{8}{9}\frac{(1-\mu^2)(10-3\mu)}{2-\mu}N\left(\frac{K_{\mathrm{IC}}}{\rho v \theta_{\max}}\right)^2\right]^{-1} \tag{3.80}$$

此外，定义基于岩石破坏前所能承受的 $V_{\max}$ 和造成原有裂隙扩展的 $V_{\min}$ 的危岩损伤变量表达式：

$$D = \frac{V_{\mathrm{T}} - V_{\min}}{V_{\max} - V_{\min}} \tag{3.81}$$

式中，变量物理意义同前。

激振作用下危岩振动速度计算式见式 (3.74)，联合式 (3.74) 和式 (3.79)~ 式 (3.81)，得

$$D = \frac{\sqrt{\dfrac{2v}{EAT}\left[\displaystyle\int_0^{l_2}\frac{M^2(x)}{2EI}\mathrm{d}x + \frac{\gamma^2 l_1^2 l_2 bh}{2G} + \frac{\bar{\sigma}^2 ebl_2}{2E}\right]} - \dfrac{21\sigma_{\mathrm{c}}}{1000v\rho}}{\dfrac{\sigma_{\mathrm{T}}v}{E} - \dfrac{21\sigma_{\mathrm{c}}}{1000v\rho}} \tag{3.82}$$

由式 (3.80) 和式 (3.81)，可得估算激振波作用下崩余危岩块中可能激活的细观裂纹数计算式为

$$
N = \cfrac{\sqrt{\cfrac{2v}{EAT}\left[\int_0^{l_2}\cfrac{M^2(x)}{2EI}\mathrm{d}x + \cfrac{\gamma^2 l_1^2 l_2 bh}{2G} + \cfrac{\bar{\sigma}^2 ebl_2}{2E}\right]} - \cfrac{21\sigma_{\mathrm{c}}}{1000v\rho}}{\cfrac{8}{9}\left(\cfrac{\sigma_{\mathrm{T}}v}{E} - \sqrt{\cfrac{2v}{EAT}\left[\int_0^{l_2}\cfrac{M^2(x)}{2EI}\mathrm{d}x + \cfrac{\gamma^2 l_1^2 l_2 bh}{2G} + \cfrac{\bar{\sigma}^2 ebl_2}{2E}\right]}\right)\cfrac{(1-\mu^2)(10-3\mu)}{2-\mu}\left(\cfrac{K_{\mathrm{IC}}}{\rho v\theta_{\max}}\right)^2}
$$

$$(3.83)$$

式中，变量物理意义同前。

3.4　危岩激振解体机制

3.4.1　甑子岩危岩座裂破坏特征

　　灰岩地区危岩体有别于砂岩地区危岩体的特征在于，其内部受各类结构面交错切割，具有典型类砌体结构 (quasi-masonary structure)，其力学性能与工程中常见的块石坞工砌体相似。从表 2.11 可见，高度大于 100m、高厚比大于 3 的厚板状危岩，其破坏模式表现为雪崩式破坏，本书基于对甑子岩危岩破坏特性分析，探讨危岩激振阶梯机制。

　　研究表明，甑子岩危岩在邻近结构面一侧的危岩体呈现不同程度的风化碎裂状，称之为 "危岩体风化碎裂区"，碎裂区起于填充物顶端，止于结构面底端，范围大小与结构面高度近似线性关系，如图 3.36 所示，碎裂区岩体为散体结构，强度显著低于未风化岩体。

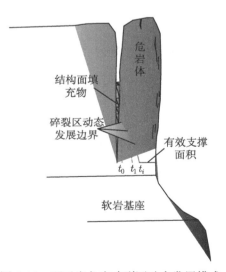

图 3.36　甑子岩危岩碎裂区动态发展模式

在不同的时期, 危岩体结构面两侧会对应有某一碎裂区, 随着时间的推移, 结构面内填充物高度会不断增加, 地下水侵蚀作用范围也会不断扩大, 导致碎裂区边界不断往危岩体临空面发展, 风化作用会直接导致危岩体有效支撑面积减小, 在上部危岩体自重荷载不变的条件下, 有效支撑面上的岩体应力会逐渐增加, 根据危岩体上各点受力特征分布情况, 在临空面附近的岩体质点接近二维或一维受力, 岩体内部各质点则更加符合三维受力特点, 根据莫尔-库仑破坏准则, 岩体在受到轴压 σ_1 和围压 σ_3 作用破坏时, σ_1 和 σ_3 应该满足下列关系:

$$\sigma_1 = \sigma_3\tan^2(45 + \varphi/2) + 2c\tan(45 + \varphi/2) \tag{3.84}$$

式 (3.84) 表明, 若同时作用有围压 σ_3 以限制岩体的横向变形, 则该岩体强度通常应大于无围压作用时的二维或一维受力情况, 据此, 随着支撑面应力的不断增加, 当支撑面附近的岩体所受荷载效应大于其抗力时, 处于临空面附近的岩体首先产生破坏, 当支撑面上最外层岩体破坏后, 反过来又会进一步减小有效支撑面积, 导致应力进一步增大, 此时处于三维受力状态的危岩体质点会逐渐转为二维或一维受力状态, 致使内部岩体也相继产生破坏, 最终整个危岩体将支撑面附近的岩体压裂, 产生整体座溃破坏, 可以认为, 坡脚临空面岩体的压裂破坏是致使整个危岩体发生雪崩式破坏的起搏器 (pacemaker)。

具有雪崩式破坏特征的危岩破坏后的运动特征以铅直下座为主, 类似于自由落体运动, 如图 3.36 中危岩体有效支撑面上的岩体在危岩自重作用下从临空面处开始失稳, 随着破坏区范围逐渐往内部扩展, 危岩体底部有效应支撑点也不断往内部偏移, 当支撑点往内部偏移并超越了危岩体重心时, 危岩体会沿支撑点产生一定角度转动, 如图 3.37 所示。

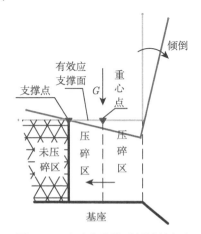

图 3.37 危岩倾倒机制分析图示

　　待有效应支撑面上的危岩体全部被压裂失稳破坏后，上部危岩体失去支撑进而会沿重力方向往底部冲击坠落，当冲击到基座上时，在强大的冲击力作用下，基座岩体会沿某一破裂角产生剪切破坏，进而促使危岩体底部产生沿破裂角的滑移运动。在强大的冲击力作用下危岩体底部会产生解体效应，从而导致危岩体高度会不断减小。该冲击解体运动过程可近似理解为危岩体沿高度方向的下落运动过程，可概括为冲击解体前和冲击解体后两个过程，冲击解体前危岩体以倾倒运动为主，冲击解体后危岩体的运动是倾倒、滑移和下落解体三种运动的复合运动结果，在研究其整体运动过程时，为便于分析，可将上述三类运动进行独立分解。

　　对于冲击解体前，危岩支撑点是不断往内部移动变化的，且移动速度无法用准确的解析式表达，所以为便于分析计算，假设危岩体在冲击解体前沿其重心点倾倒了某一角度 θ_0，在该过程中对于危岩体来讲能量损失量是极小的，可近似认为能量损失为零，根据能量守恒原理，可建立如下关系式：

$$mg\left(\frac{h_0}{2} - \frac{h_0}{2}\cos\theta_0\right) = \int_0^{h_0} \frac{1}{2}\frac{mg}{h_0}v_h^2\mathrm{d}h \tag{3.85}$$

式中，m 为危岩体质量 (kg)；h_0 为危岩体初始高度 (m)；θ_0 为冲击解体前危岩体倾倒角度 (°)；v_h 为高度为 h 处危岩体质点运动速度 (m/s)；其余变量物理意义同前。

　　设倾倒角度为 θ_0 时危岩体顶端质点的速度为 v_{w0}，则高度为 h 处的危岩体质点的运动速度可表示为

$$v_h = \frac{v_{w0}}{h_0}h \tag{3.86}$$

　　将式 (3.85) 代入式 (3.86) 中可得到危岩体顶端的运动：

$$v_{w0} = \sqrt{3h_0(1 - \cos\theta_0)} \tag{3.87}$$

　　当危岩体冲击到基座时，危岩从底部开始解体，同时在基座上沿某一角度 α 产生座滑，座滑速度为某一弹冲速度，假设该座滑速度为沿座滑面的匀速运动，且危岩体下落解体同样为匀速解体运动，将危岩体视为运动的杆体，且杆体长度随时间逐渐变短，定义杆体底部为 B 点，顶部为 A 点，建立直角坐标系 xoy，则危岩体的运动可等效简化为向量在直角坐标系中的运动，根据理论力学中点的合成运动规律，在某一时刻 t 危岩体的运动状态如图 3.38 所示。

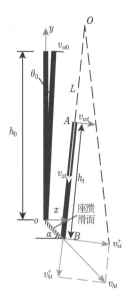

图 3.38 t 时刻危岩体运动状态解析图

设 B 点的坐标为 (x_B, y_B)，有

$$\begin{cases} x_B = v_{ht}t\cos\alpha \\ y_B = v_{ht}t\sin\alpha \end{cases} \tag{3.88}$$

当 $t=0$ 时，有 $A(h_0\sin\theta_0, h_0\cos\theta_0)$；对任意时刻 $t \neq 0$ 时，如图 3.38 所示，危岩体在底部弹冲速度作用下会沿某一瞬心 O 转动，设点 A 到瞬心的距离为 L，根据质点绕圆周运动规律，有

$$\omega = \frac{v_{ht}^\tau}{L + h_t} = \frac{v_{wt}}{L} \tag{3.89}$$

式中，v_{ht}^τ 为下滑速度沿转动方向的切向分量 (m/s)；v_{wt} 为危岩体顶端沿转动方向的切向分量 (m/s)，根据速度连续性，$v_{wt} = v_{w0}$；h_t 为 t 时刻危岩体的高度，$h_t = h_0 - (v_{zt} - v_{ht}^\tau)t$；$v_{zt}$ 为危岩顶端下落速度 (m/s)；v_{ht}^r 为危岩下滑速度沿转动方向的径向分量 (m/s)；ω 为危岩体转动角速度 (rad/s)。

通过式 (3.89) 可解得

$$\omega = \frac{v_{ht}^\tau - v_{w0}}{h_0 - (v_{zt} - v_{ht}^r)t} \tag{3.90}$$

由于有 $\omega = \mathrm{d}\theta/\mathrm{d}t$，当 t 时刻时，危岩体相对于 $t=0$ 时刻转动的角度 $\Delta\theta$ 可表示为

$$\Delta\theta = \frac{(v_{ht}^\tau - v_{w0})t}{h_0 - t(v_{zt} - v_{ht}^r)} \tag{3.91}$$

设 A 点坐标为 (x_A, y_A)，则杆 AB 的长度可表示为

$$\sqrt{(x_A - x_B)^2 + (y_A - y_B)^2} = h_0 - t(v_{zt} - v_{ht}^r) \tag{3.92}$$

杆 AB 与铅直方向的倾角 θ 可表示为

$$\theta = \arctan\left|\frac{x_A - x_B}{y_A - y_B}\right| = \theta_0 - \Delta\theta \tag{3.93}$$

式中，当计算结果 $\theta > 0$ 时表示危岩体处于倾倒状态；$\theta = 0$ 时表示危岩体处于铅直状态；$\theta < 0$ 时表示危岩体处于后仰状态。

将式 (3.88) 和式 (3.91) 分别代入式 (3.92) 和式 (3.93) 可得到 A 点坐标为

$$\begin{cases} x_A = \dfrac{h_0 - t(v_{zt} - v_{ht}^r)}{\sqrt{1 + \tan^2\left(\theta_0 - \dfrac{(v_{ht}^r - v_{w0})t}{h_0 - t(v_{zt} - v_{ht}^r)}\right)}} \tan\left(\theta_0 - \dfrac{(v_{ht}^r - v_{w0})t}{h_0 - t(v_{zt} - v_{ht}^r)}\right) + v_{ht}t\cos\alpha \\[4mm] y_A = \dfrac{h_0 - t(v_{zt} - v_{ht}^r)}{\sqrt{1 + \tan^2\left(\theta_0 - \dfrac{(v_{ht}^r - v_{w0})t}{h_0 - t(v_{zt} - v_{ht}^r)}\right)}} + v_{ht}t\sin\alpha \end{cases} \tag{3.94}$$

式中，

$$\begin{cases} v_{ht}^r = v_{ht}\sin(\alpha - \theta_0 - \Delta\theta) \\ v_{ht}^\tau = v_{ht}\cos(\alpha - \theta_0 - \Delta\theta) \end{cases} \tag{3.95}$$

再将式 (3.88)、式 (3.94)、式 (3.95) 和式 (3.87) 代入向量 $\overrightarrow{AB} = (x_A - x_B, y_A - y_B)$ 中即可得到危岩体不同时刻所对应的运动状态，向量的模即为不同时刻危岩体的高度。

3.4.2 甄子岩危岩解体模型试验

灰岩地区危岩有别于砂岩地区危岩之处在于其具有类砌体结构特征，危岩体内部发育有大量层面以及不规则的节理、裂缝等结构面，各类结构面的存在严重劣化了危岩体的完整性，所以在其崩塌破坏后多伴随有解体现象，其中以甄子岩危岩为典型代表，2004 年 8 月 12 日中午 12 时 51 分，位于重庆南川区金佛山甄子岩的 W12# 危岩轰然崩塌，约 $2.5 \times 10^5 \text{m}^3$ 巨石从海拔 1800m 的高空坠落。瞬间，金山镇玉泉村方圆 2km 的土坡上到处散落着巨大的碎石 (图 3.39)。垮塌过程持续了约 2min，铺天盖地的灰尘弥漫方圆近 3km 的区域达 40min。本书通过相似模型试验，探讨危岩雪崩式破坏特征。

破坏前　　　　　　　　　　破坏中　　　　　　　　　　破坏后

图 3.39　甄子岩危岩破坏图示

1. 模型试验设计

甄子岩危岩破坏过程模型试验的重点和难点包括两方面:

(1) 如何激发危岩体产生崩塌?

甄子岩危岩崩塌解体行为的产生是岩体风化作用积累后产生的突变结果,该过程需经历一段漫长的地质历史时期,然而由于试验室条件限制,无法将长时期的风化作用进行模拟,所以如何采用试验方法来代替危岩体突变破坏行为是该试验的难点之一。

(2) 怎样才能让模型危岩体产生类似于甄子岩危岩原型崩塌的雪崩式解体行为?

在不借助其他外力和工具的条件下要让类似于甄子岩危岩的厚板状砌体型危岩以竖向座溃的破坏方式脱离母岩体存在较大困难。

本书共设计了两类试验模型,主要差别在于软弱层材料和危岩破坏激发方式的不同,简述如下。

1) 试验模型 I

根据危岩崩塌原型,构建出如图 3.40 所示的试验模型 I,该试验模型总高度为 250cm,其中危岩体高 140cm,软弱层 (危岩体底部被压裂的岩层,约为一级陡崖高度的 1/4) 厚 50cm,基座高 60cm。模型中设计的危岩体为壁面竖直的三棱柱,底面为类直角三角形,两直角边长度分别为 64cm 和 32cm。危岩体底部用与其底面相匹配的钢板和三根钢管进行支撑,支撑将力传到基座上,其中软弱层的滑动面倾角为人为拟定,该倾角可根据试验效果任意调整。该模型的设计理论是,当拆除支撑后,危岩体会同时产生滑动和转动,此两类运动的合成运动形式也许可使危岩体产生类似于甄子岩危岩的破坏形式。

其中关于钢板和三个支撑的设计需进行详细说明,支撑分为三根 $\phi26$ 的钢管: 钢管 A、钢管 B 和钢管 C,其中钢管 A 和钢管 B 与钢板直角边中的长边通过合页固接,使钢板能沿着钢管 A,B 组成的轴线转动,为保证钢管 A,B 的稳定性,设计中用膨胀螺母将其腰部固定在母岩上,如图 3.41 所示。钢管 C 和钢板呈独立结构,可以自由拆卸,其主要作用是限制钢板沿合页轴转动。

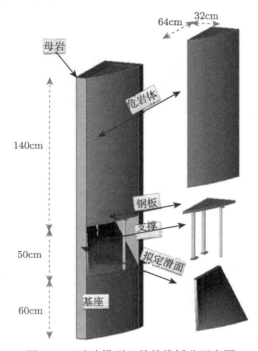

图 3.40 试验模型 I 的结构拆分示意图

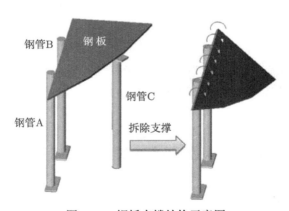

图 3.41 钢板支撑结构示意图

试验模型 I 实施方式:

首先用普通砖砌筑基座及母岩体,待其达到可使用的强度后方可安装钢板支撑结构。将钢板支撑结构按要求安装在基座上，并用钢管 C 进行预支撑，使之形成稳定的三点支撑体系，钢板支撑结构安装完成后，在钢板上按要求砌筑危岩体，待危岩体砌筑完成后，运用钢丝绳将钢管 C 进行拆除，失去钢管支撑后的钢板会在上部危岩体的重力作用下围绕合页轴转动，钢板沿合页转动的最大转动角度为拟定的滑面倾角，当钢板下落到了设定的滑面位置时便停止转动，上部危岩体在失去下部钢板支撑后将会产生失稳运动，进而用来模拟危岩体的失稳破坏形式。

2) 试验模型 II

试验模型 II 是在试验模型 I 的基础上将钢板支撑结构用相同高度的软弱层代替，其余结构及尺寸均与试验模型 I 相同，如图 3.42 所示。在替换为软弱层后新增加了一个围护钢板结构，该围护钢板结构面与软弱层临空面贴合，形状及尺寸均相同，围护钢板主要用于保护软弱基座的稳定性，使之在砌筑危岩体时软弱基座变形小且不被破坏。

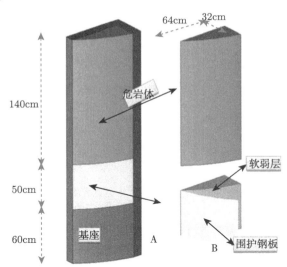

图 3.42 试验模型 II 的结构拆分示意图

新增的围护钢板结构形式相对于试验模型 I 中的钢板支撑更加简单，但其固定方式较为复杂。围护钢板主要起围护作用，首先必须保证其自身的稳定性要非常牢固，其次在试验开始前要将其迅速拆除，所以尚需保证在拆除围护钢板时要方便快捷，为达到上述要求，经过多次的反复设计和试验，最终确定了围护钢板的固定方式，如图 3.43 所示。

在围护钢板 A 端短边上的三等分处设计有两合页，合页一面用膨胀螺母固定在母岩上，另一面焊接在钢板上，用该方式则将围护钢板一端固定在了母岩上，使得围护钢板能沿固定边转动。在后期试验中，由于软弱层压力较大，合页处的膨胀螺母发生了破坏，导致危岩尚未砌筑完成就发生了破坏，险些伤及试验人员，所以为保证试验过程中试验人员的人身安全以及危岩体能顺利砌筑完成，在上述设计的基础上又在两合页之间新增加了固定 1。在整个围护钢板固定方式设计中重点和难点在 B 端上，在前期试验中尝试了多种固定方式，其中出现了固定钢丝被拉断、围护钢板变形太大导致危岩体在砌筑过程中不断外倾、固定方式无法便捷拆除等后果，在总结前期失败经验后我们发现要限制围护钢板的转动，在沿其初始转动方向相反的方向用钢丝锚拉固定是最合理的，即图 3.43 中固定 2 的方式，在钢板 B 端边缘线中部设计两个开孔，只用一根 $\phi 4$ 的钢丝按顺序穿过并用膨胀螺母固定在母岩内侧，试验时用便携式切割机将钢丝割断，即可轻松完成固定端的拆除，后经试验证明，该类固定方式能有效达到牢固固定围护钢板及便捷拆除固定端的目的。

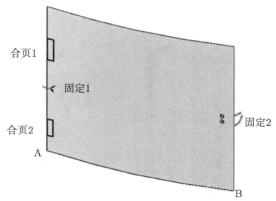

图 3.43　围护钢板固定方式示意图

试验模型 II 实施方式：

试验模型 II 相对于试验模型 I 虽然结构形式有所简化，但具体实施方式及工序增加了很多，首先在砌筑好母岩及基座后将围护钢板按上文所述的方式进行固定 (此处不再详述)，固定好后逐渐施作软弱层，软弱层需分层填筑并夯实，待软弱层填筑到设计高度后进行危岩体的砌筑。在危岩体自重作用下，软弱基座会产生一定量的沉降变形，但由于有钢板的围护作用，软弱层不会产生破坏，在可进行试验时用切割机将固定的钢丝切断，外围钢板不再具有防护作用，软弱基座将产生失稳破坏，进一步引发上部危岩体产生失稳运动，从而用这种方法激发危岩体产生崩塌解体行为。

3) 试验模型比选及材料设计

A. 模型比选

前期进行探索性试验的目的除了探索甄子岩危岩崩塌破坏机制外，还有要找到最能反映甄子岩危岩崩塌实情的试验模型，进而基于该模型测量危岩体在下落冲击到下垫面时产生的冲击振动效应。

通过前期所做的探索性试验发现，试验模型Ⅰ在试验过程中只会出现座滑后仰和倾倒两种破坏形式，很难找到其理论上的临界值，试验结果与甄子岩危岩崩塌实情相差甚远。试验模型Ⅱ的试验过程中反映出的危岩崩塌解体特征则与甄子岩危岩破坏过程十分相似，基本呈现了软弱层被压裂 → 危岩体失稳 → 座落运动 → 冲击下垫面解体的全过程，所以本书选取试验模型Ⅱ作为测量危岩体下座冲击振动的试验模型。

B. 试验材料设计

在选定了试验模型后，理论上要进行模型试验则需按相似比控制指标方程中的要求进行试验材料的设计，但由于试验条件、材料获取途径及工作量的限制，无法完全保证试验材料的各项参数均能满足相似比控制指标方程，例如，对于选定的某种材料，当满足了容重相似，抗压强度相似，但抗拉强度、黏聚力、内摩擦角却不满足相似时，要让试验模型材料和原型材料满足所有几何、容重和强度参数相似是极其困难的，所以在本次试验中，我们只能根据试验条件尽可能地让相似比控制指标接近 1。

对于试验模型Ⅱ已经确定了几何相似比 $c_L = 100$，危岩体材料选用 M10 水泥砂浆砌筑的普通实心黏土砖，由对危岩体解体断裂力学的分析可知，主导危岩体解体的作用力为体内的拉应力和剪应力，所以本试验中重点就模型材料的抗拉强度值进行相似模拟。为测定砌体的容重以及不同养护时间下砌体的抗拉强度 $[\sigma_t]$，无垂直荷载作用下的抗剪强度 $[\tau]$(可等效视为黏聚力)，共制作了 30 个砌体试件，如图 3.44 所示，其中 1~6 号试件用来测量砌体容重，7~9 号和 10~12 号分别用来测量养护时间为 20h 下的抗拉强度和抗剪强度，13~15 号和 16~18 号分别用来测量养护时间为 27h 下的抗拉强度和抗剪强度，19~21 号和 22~24 号为 42h，25~27 号和 28~30 号为 50h。测得砌体危岩的容重见表 3.5。

图 3.44　砌体参数测试试件

表 3.5　砌体危岩容重测量数据

试件编号	体积/ cm³	质量/ kg	容重/(kN/m³)	平均容重/(kN/m³)
1	532	0.91	17.11	
2	501	0.84	16.77	
3	542	1.01	18.63	17.32
4	489	0.82	16.77	
5	511	0.88	17.22	
6	523	0.91	17.40	

不同养护时间下砌体的抗拉及抗剪强度测量数据值见表 3.6,拟合得到的强度值与养护时间的关系如图 3.45 和图 3.46 所示。

表 3.6　不同养护时间下砌体强度测量数据

试件编号	制作时间	试验时间	凝结时间/h	试验方式	接触面积/cm²	拉力值/kg	强度值/kPa	强度平均值/kPa
7	0+18	1+8	14	张拉	34.22	2.11	6.17	
8	0+18	1+8	14	张拉	32.56	2.01	6.17	5.92
9	0+18	1+8	14	张拉	35.33	1.92	5.43	
10	0+18	1+8	14	拉剪	31.23	2.52	8.07	
11	0+18	1+8	14	拉剪	30.25	2.43	8.03	8.29
12	0+18	1+8	14	拉剪	34.45	3.02	8.77	
13	0+18	1+21	27	张拉	30.25	3.00	9.92	
14	0+18	1+21	27	张拉	28.60	2.30	8.04	9.71
15	0+18	1+21	27	张拉	32.30	3.61	11.18	
16	0+18	1+21	27	拉剪	34.07	4.22	12.39	
17	0+18	1+21	27	拉剪	30.02	3.85	12.82	11.27
18	0+18	1+21	27	拉剪	29.90	2.57	8.60	
19	0+18	2+8	42	张拉	42.15	7.22	17.13	
20	0+18	2+8	42	张拉	34.26	6.23	18.18	15.79
21	0+18	2+8	42	张拉	42.28	5.10	12.06	
22	0+18	2+11	42	拉剪	30.55	8.90	29.13	
23	0+18	2+11	42	拉剪	31.15	6.70	21.51	26.45
24	0+18	2+11	42	拉剪	35.25	10.12	28.71	
25	0+18	2+16	50	张拉	26.09	10.30	39.48	
26	0+18	2+16	50	张拉	35.50	6.42	18.08	30.09
27	0+18	2+16	50	张拉	27.36	8.95	32.71	
28	0+18	2+16	50	拉剪	30.20	6.58	21.79	
29	0+18	2+16	50	拉剪	29.40	9.92	33.74	29.08
30	0+18	2+16	50	拉剪	26.20	8.31	31.72	

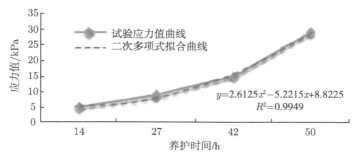

图 3.45　砌体抗拉强度随养护时间的关系

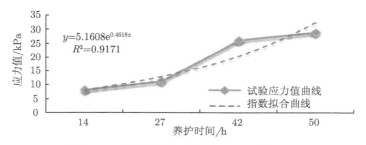

图 3.46　砌体抗剪强度随养护时间的关系

由表 3.5 和表 3.6，根据相似理论，可得容重相似比 c_γ 为 1.56，应力相似比 c_σ 为 156。根据应力相似比再结合表 3.6 中的岩体物理力学参数可得到模型试验中抗拉强度 $[\sigma_t]$ 和无垂直荷载作用下的抗剪强度 $[\tau]$（即黏聚力 c）分别取 $[\sigma_t]=1220/156=7.8\text{kPa}$ 和 $c=3714/156=23.8\text{kPa}$，根据中养护强度与养护时间的关系可得到其分别所需的养护时间约为 20h 和 40h，由于两类强度无法同时满足相似，用数理统计方法取其平均时间 30h 作为养护时间。而对于其他无量纲参量，比如内摩擦角 φ、泊松比 ν 等，由于试验装置有限，无法完成准确测量，只能考虑为近似。

对于模型中的软弱层，由于整个试验主要研究危岩体的崩塌解体问题，软弱层在试验中起到的作用是支撑危岩体，当拆除围护钢板后在危岩体的自重作用下会将其压裂破坏，其在整个试验过程中的主要作用即为激发危岩体产生崩塌破坏，不是模型试验中研究的重点，所以本试验中采用含有一定量碎石和黏土的河床粉砂土通过分层夯实来充当软弱层，经试验证明，该种材料能够起到支撑危岩体，激发危岩体产生崩塌的作用，且还具有自身压缩沉降量小的优点。

4) 试验模型

在试验模型正下方凿坑，坑内安设 DH311E 型压电式加速度传感器 (图 3.47)，并通过有线方式与 DH5922 型动态信号测试分析系统相连接。试验物理模型如图 3.48 所示。

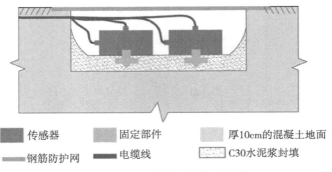

图 3.47　传感器安装示意图

图 3.48　甄子岩危岩破坏试验物理模型

2. 试验结果分析

采用切割机割断固定 2 的钢丝后，在危岩体自重作用下软弱层被压裂破坏，危岩体在失去下部软弱层支撑后沿两侧结构面发生了座溃崩塌解体，同时安放在地面上的加速度传感器全程记录了危岩体从接触地面开始到完全雪崩式解体的整个过程中地面受冲击振动的加速度响应谱，从危岩体座溃解体过程和地面激振特性两方面进行试验结果分析。

1) 危岩体破坏与解体

A. 软弱层压裂破坏

拆除围护结构后，在上部危岩自重压力下，软弱层临空面处首先产生了局部破坏，破坏形式表现为掉块和剥落。随着掉块和剥落面积的不断扩大，软弱层稳定性逐渐劣化，当其无法继续承受上部荷载时，将出现大面积破坏，表现为长、宽型裂纹的产生和滑裂面的贯通，如图 3.49 所示。

局部掉块、剥落

剥落范围扩大

表面出现裂纹

裂纹扩展及大范围破坏

图 3.49 甄子岩危岩模型试验软弱层破坏过程

B. 危岩体失稳

在下部软弱层发生压裂破坏后，上部危岩体随之失稳，如图 3.50 所示。试验发现，在阶段 (a) 和 (b)，危岩体出现了轻微外倾运动；到阶段 (c)，危岩体发生明显的左倾和座落运动。危岩体之所以会产生一定程度的向左侧倾斜运动，主要受控于软弱层的破坏方式，即由于软弱层为三棱柱体，其横截面为直角三角形，其中长直角边约为短直角边的 2 倍，所以在三角形锐角部位即图 3.50(d) 左侧存在一定范围的薄弱区，在受到上部危岩压力作用时，薄弱区首先产生破坏，至此，由于软弱层左右两侧破坏不同步，上部危岩体在失稳运动过程中会产生一定程度的向左侧倾斜运动。

甄子岩危岩崩塌过程现场观测发现，危岩体底脚右边处的软弱岩体最先产生压裂破坏，进而导致危岩体在崩塌过程中产生了向右侧倾斜的运动特征 (图 3.51)，其运动机理和本次试验中危岩体向左侧倾斜机制相同，危岩体底部存在一定范围的软弱层是整个危岩体产生崩塌的主要诱因。

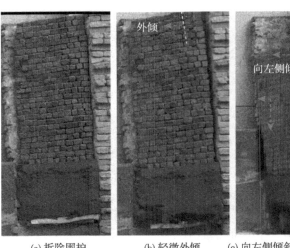

(a) 拆除围护　　　　(b) 轻微外倾　　　　(c) 向左侧倾斜和座落运动　　(d) 软弱层中的薄弱部位

图 3.50　甄子岩危岩模型试验危岩体失稳运动特征

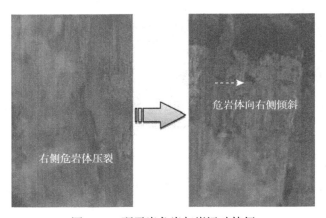

图 3.51　甄子岩危岩起崩运动特征

C. 危岩解体

在危岩基座软弱层破坏后, 上部危岩体失去支撑, 沿软弱基座内贯通的滑面垂直面座落, 当危岩体冲击到地面时对地面产生了一个类似于脉冲的激振作用, 危岩体自身也会受到脉冲振动的影响。从试验中获取的视频资料分析可发现, 当上部危岩体即将冲击到地面时, 将基座的软弱层压裂出了一条明显的纵向裂缝 (图 3.52), 随之在接触到地面时将软弱层压碎, 使得碎屑体往四周飞洒, 该过程与甄子岩危岩崩塌中底部软弱危岩体被压裂崩溅类似。

危岩体冲击到地面时, 在底部首先产生纵向裂缝, 但从视频资料中显示比较明显的裂缝数目较少，只在危岩体左下方产生了一条长约 25cm 的纵向裂缝，小型裂缝现场观测较为困难。在下部产生冲击纵向裂纹的同时，由于受向左侧倾斜运动的影响，危岩体左上角与母岩体产生摩擦，局部区域出现了解体，与实情相符。

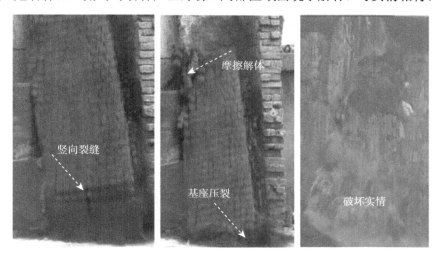

图 3.52　试验中危岩体和甄子岩危岩冲击地面过程

在危岩体冲击到地面时会产生一列脉冲冲击波，首先作用在危岩体底部，并迅速往顶部传播，该冲击波主要为纵波，纵波在传播的过程中主要使介质产生疏密不同的拉、压应力，根据巴西劈裂效应，介质中的压应力会产生与之正交的拉应力。视频资料显示，试验中在危岩体冲击地面后，在很短的时间内整个危岩体产生了大量明显的纵向裂缝 (图 3.53)，说明冲击波在危岩体内的传播速度快。竖向裂缝的开展，一方面使整个危岩体产生了扩容，特别是在危岩体底部表现最明显，另一方面使得左右两侧的危岩砌体产生剥落和掉块。危岩体冲击到地面后随即产生了崩解效应，但由于危岩体在受到冲击波作用的同时还受到外围相邻危岩体的"围箍"作用，所以试验中危岩体的崩解相对更显迟滞，即危岩体在冲击解体过程中主要表现为底部冲击压裂崩解，两侧扩容鼓胀剥落，从外往内逐渐完成崩塌解体全过程，在试验最后阶段可得到验证。

2) 危岩聚集体解体激振特性

危岩体崩塌解体对地面产生冲击振动作用，试验中运用 DH5922 通用型动态信号测试分析系统及其配套的 DH311E 压电式加速度传感器，测量了危岩体在下落冲击到地面开始直至完全解体全过程中对地面所产生的振动加速度。本次试验利用两个性能相同的加速度传感器来共同测量地面所受到的冲击振动特性，每个加速度传感器可测量 x, y 和 z 三个方向，每个方向占用一个测量通道，试验中通道的设定及相应的测量类型见表 3.7。

图 3.53　试验中甄子岩危岩体解体过程

表 3.7　甄子岩危岩破坏模型试验中通道的设定及相应的测量类型

通道编号	通道 1	通道 2	通道 3	通道 4	通道 5	通道 6
测量类型	1#传感器 x方向	1#传感器 y方向	1#传感器 z方向	2#传感器 x方向	2#传感器 y方向	2#传感器 z方向

　　试验中加速度采样频率 F_s 为 2000Hz，试验完成后所获得的各通道地面激振响应全过程加速度–时程曲线如图 3.54 所示，有如下特征：

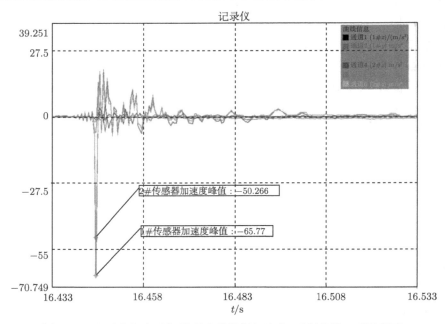

图 3.54　甄子岩危岩破坏模型试验激振加速度–时程曲线 (后附彩图)

(1) 1#传感器测量出的加速度峰值绝对值为 65.77m/s^2，2#传感器测量出的加速度峰值绝对值为 50.266m/s^2；

(2) 冲击振动加速度是一类典型的随机非稳定信号，具有脉冲信号峰值大、衰减快的特性；

(3) 不同传感器所测得的加速度峰值有所差异，但整个激振波形大致相似。

将主崩阶段中各通道的测量数据分栏显示可更加清晰地查看激振波形，如图 3.55 所示，具有如下特征：

(1) 各通道中测得的加速度峰值 (表 3.8)，除了 z 方向的加速度明显大于 x 和 y 方向外，1#传感器所测得的数据整体上较 2#传感器大，通过对比 1#和 2#传感器的安放位置可发现，2#传感器放置在左边靠近软弱层中薄弱部位一侧，此处的危岩体较薄，相反右侧危岩体较厚，所以在危岩体同时冲击到地面时，右侧的地面所承受的冲击力较大，进而导致放置在右侧的 1#传感器所测得的冲击振动响应值较大；

(2) x 和 y 方向的加速度振动响应整体上呈等幅值波动形态，脉冲信号特征不明显；

(3) 各测量方向中，z 方向的加速度波动性最为明显，y 方向波动性次之，x 方向波动性最小，同时 z 方向的加速度峰值绝对值明显大于 x，y 方向。

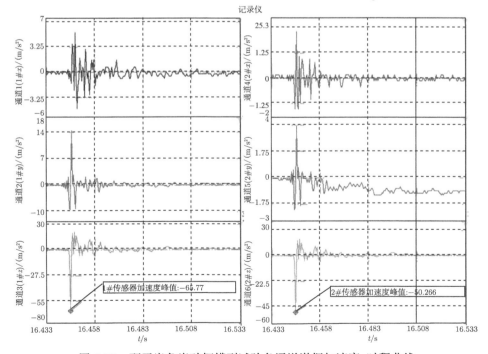

图 3.55 甄子岩危岩破坏模型试验各通道激振加速度–时程曲线

表 3.8   甑子岩危岩破坏模型试验各通道测得的加速度峰值

	通道 1(1#x)	通道 2(1#y)	通道 3(1#z)	通道 4(2#x)	通道 5(2#y)	通道 6(2#z)
最大值	5.082	14.292	18.176	2.313	3.419	14.410
最小值	−4.821	−6.597	−65.77	−1.544	−2.024	−50.266

激振效应与危岩解体过程紧密联系，不同的冲击应力波作用在危岩体上将产生不同的解体特征，试验中对危岩解体贡献最大的是沿 z 方向的激振作用，该方向产生强大的冲击纵向应力波使得危岩体内产生大量次生张拉应力，导致危岩体由表及里发生崩解。

从图 3.55 中可看出，通道 3 和通道 6 中 z 方向所测得的加速度激振波形大致相似，但通道 3(1#z) 方向的加速度峰值却明显大于通道 6(2#z)，说明通道 3 可能存在没有采集到真实峰值的测量误差，所以本书选取通道 3(1#z) 的测量数据进行分析。从测试系统中导出的原始加速度测量数据如图 3.56 所示，从图中可看出，在危岩体接触到地面后对地面产生了一个强大冲击力，使得地面质点产生了向下最大约 65.77m/s^2 的加速度，这个过程大约只经历了 1ms，接着加速度值出现了回弹和反向，但回弹反向后的峰值只有 18.18m/s^2，衰减了约 72.4%，最后加速度值围绕零点作小幅波动，直至衰减为零。

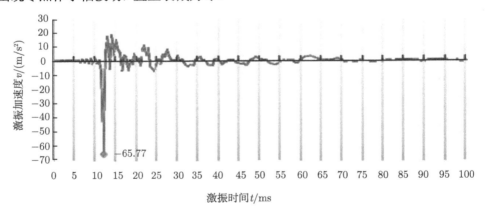

图 3.56   1#传感器 z 方向激振加速度–时程曲线

由于本次试验中危岩体高度仅有 1.4m，且冲击应力波在很短的时间 $t \approx 1.38$ms 便传到了危岩体顶部，所以从视频资料上很难定量解析危岩体解体过程，但分析所测量的数据图形可对其解体过程进行初步解析。从整个冲击振动波形图上看，该类激振荷载规律性较差，其有别于常规的冲击振动和结构振动波形，主要表现在质点加速度呈连续随机变化状态，常常尚未衰减到零时又开始增大，据此可知，危岩体在座溃崩解过程中存在断续冲击解体过程，即在危岩体最初接触地面时强大的冲击应力会使得底部某一区域的危岩体率先产生解体破坏,同时以鼓胀的形式向水平方向崩溅,为后续的危岩体提供冲击座溃空间,重复上述过程直至完成整个危岩体的崩塌解体动力行为。

将图 3.56 中的加速度数据进行一次积分可得质点的激振速度–时程曲线,如图 3.57 所示。可见,当危岩体触地瞬间,地面振动速度最大值达到 3.651cm/s,激振速度–时程曲线总体上呈先增大、后减小、再反向增大并随时间不断衰减的趋势,与考虑摩擦情况时的弹簧振子简谐振动速度类似。在激振 15~22ms,地面激振速度在零速度处呈锯齿状波动,无法顺利反向增加,况且该处位于速度振动的 1/2 周期处,所以通过此特征可推断出地面在该过程中受到了危岩体连续冲击作用。

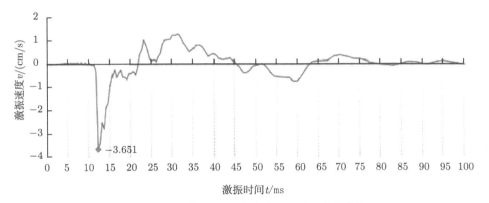

图 3.57 2# 监测点 z 方向激振速度–时程曲线

对图 3.57 中测试数据进一步通过对速度积分可得到地面激振位移–时程曲线,如图 3.58 所示。

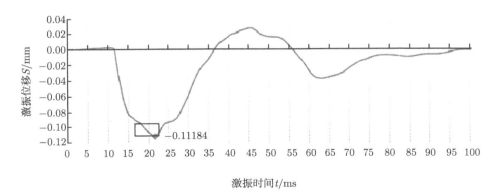

图 3.58 2# 监测点 z 方向激振位移–时程曲线

从图 3.58 可见，在危岩体冲击地面瞬间 ($t = 12 \sim 15\text{ms}$)，地面质点快速产生了 0.083mm 的位移量，之后 ($t=15\sim22\text{ms}$) 出现了位移持续增大的现象，此时对应于激振速度–时程曲线中速度锯齿波动的阶段，在地面位移接近最大处时速度的锯齿波动是地面受到连续强击的有利证明。分析表明，在达到最大位移量 0.11184mm 后地面质点速度开始反向，位移值逐渐变小，如图 3.58 中虚框位置所示，位移在减小的过程中出现了短暂停歇平台。由于地面介质更接近弹性体，根据弹性介质的简谐振动特征，在最强的冲击应力波作用在地面使之出现了最大位移变形量后，地面质点会以近于正弦曲线的形式回到平衡位置处。但通过激振位移–时程曲线发现其出现了短暂停歇平台，说明地面质点在回弹过程中又受到了某个冲击作用，冲击作用的效力远不如第一次冲击效力大，只是短暂地改变了地面质点的回弹行为，但这是地面受到危岩体连续冲击作用的有力表证。

综上可见，在危岩体接触地面的瞬间，危岩体受到强大的冲击力使得与地面接触部位的危岩体最先产生解体，下部危岩体解体后为上部未解体的危岩体提供了下座冲击空间，使得后续危岩体继续产生冲击解体行为。在试验中，由于危岩体高度有限，通过视频资料无法直观地获得危岩体连续冲击解体过程，但在测量到的激振速度–时程曲线和激振位移–时程曲线中表现明显。

3. 危岩下座激振信号时频分析

时频分析即时频联合域分析的简称，作为分析时变非平稳信号的有力工具，已成为现代信号处理研究的一个热点，它作为一种新兴的信号处理方法，近年来受到越来越多的重视。时频分析方法提供了时间域与频率域的联合分布信息，清楚地描述了信号频率随时间变化的关系。根据傅里叶变换概念，在有限时间段内的任何信号均可当作周期无穷大的周期信号处理，即任意信号通过傅里叶变换后即可将时域信号分解得到其频域分布特征。本次试验中，由于 1# 传感器和 2# 传感器所获得的采样波形基本一致，且 1# 传感器更接近危岩体冲击地面时的中心位置，所以选取 1# 传感器采样得到的 z 方向的激振加速度进行激振信号时频变换处理。

危岩冲击地面激振信号时变频谱如图 3.59 所示，图中不同颜色表示不同频率所对应的信号幅值，颜色越红表明幅值越大，从图中可看出，激振加速度信号时变频谱主要集中在 0~30ms，在约 $t=12\text{ms}$ 之前信号频带宽度随时间的增大而增大，在 $t=12\text{ms}$ 之后频带宽度逐渐减小，除了在 $t=12\text{ms}$ 时频带主要分布在 100~400Hz 外，其余时间则主要集中在 150Hz 左右，在 20~30ms 时这个特征表现最为明显，所以从时变频谱分析结果来看，在受到危岩体冲击振动后，地面质点激振加速度信号主频主要分布于 150Hz 附近，这与全局分析结果相近。

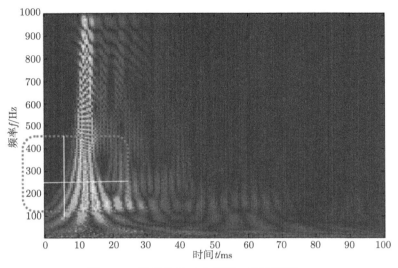

图 3.59　激振信号时变频谱 (后附彩图)

分别采用硬阈值法和软阈值法对原始信号进行消噪后的结果与原始信号的对比曲线如图 3.60 和图 3.61 所示, 相关各层次小波消噪前和消噪后的细节系数对比如图 3.62 所示。

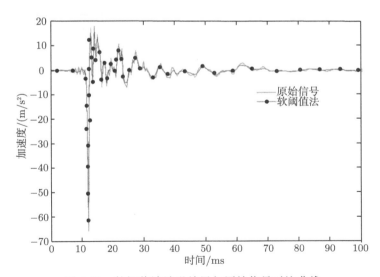

图 3.60　软阈值法消噪结果与原始信号对比曲线

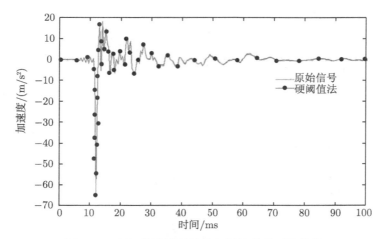

图 3.61   硬阈值法消噪结果与原始信号对比曲线

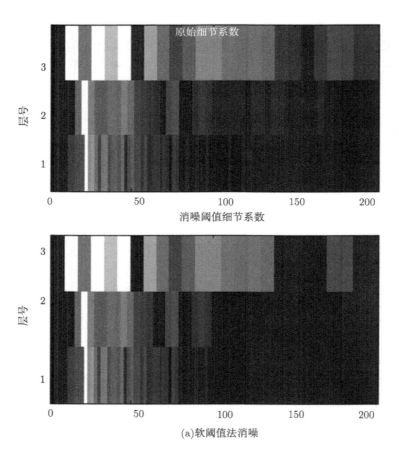

(a)软阈值法消噪

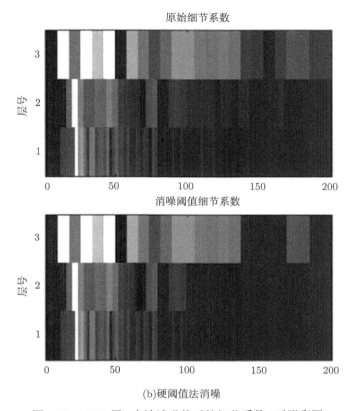

图 3.62 $d4$(3 层) 小波消噪前后的细节系数 (后附彩图)

消噪结果显示,原始信号在分别通过软阈值法和硬阈值法消噪后,消噪信号与原始信号具有很高的相似度,特别是硬阈值法消噪后的结果在 0~35ms 段几乎与原始信号重合,说明原信号中所包含的噪声信号较少,试验中所采集的信号受环境因素、人为因素以及测试仪器自身的影响较小。

从图 3.60 和图 3.61 可见,软阈值法消噪后的信号平滑度较好于硬阈值法消噪结果,其重点保留的是信号全貌概况,而硬阈值法消噪则重点保留的是信号转折点信息,最大程度保留了信号的原貌特征,由于危岩座落冲击信号为脉冲信号,其转折点是信号所载信息的重点,在进行消噪处理时通常应予以保留,所以适用于采用硬阈值法进行消噪。

3.4.3 危岩崩落解体力学机制

当有效支撑面上的危岩体被压裂失稳后,危岩体失去支撑便开始往基座坠落,在冲击基座下垫面过程中危岩体底部率先触地,触地瞬间便会产生强大的冲击荷载,该冲击荷载以应力波的形式先作用于危岩体底部,然后再往危岩体中上部传播。在冲击震动荷载传播过程中，由于危岩体介质具有波阻抗特性而使能量不断衰减，当波能量衰减到岩体临界强度时，再继续往上传播将不会导致后继危岩体解体。本书将该过程定义为初始冲击解体阶段 t_1，并将初始冲击解体阶段危岩体解体高度定义为 h_{c1}。

由于 t_1 阶段高度 h_{c1} 范围内的危岩体发生了扩容解体，为中上部未解体的危岩体提供了高度约为 h_{c1} 的二次冲击距离，致使中上部未解体的危岩聚集体继续冲击到岩腔底面，产生二次解体效应，将该过程定义为第二冲击解体阶段 t_2，t_2 阶段解体高度定义为 h_{c2}，每个阶段重复上述过程，直至整个危岩体全部解体，完成整个危岩座溃崩塌解体全过程，如图 3.63 所示。

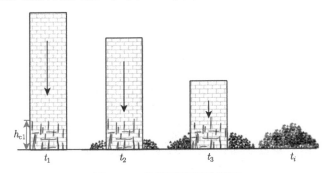

图 3.63　危岩下座解体图示

1) 座溃冲击荷载

危岩破坏后座落到下垫面时产生强大的冲击荷载，其大小直接关系到危岩体底部是否会解体，所以为研究座溃型危岩的解体机制，下座时危岩对岩腔底面的冲击力的计算是极其重要的。

目前，相关学者对危岩落石的冲击力计算研究较多，提出了多个计算方法和经验公式，常用方法有《铁路工程设计技术手册 · 隧道 (修订版)》推荐方法、杨其新教授方法、日本道路公团方法和瑞士方法 [129]。由于影响冲击力的因素包括落石质量、冲击速度、碰撞接触面性质、接触面附近岩体有无破坏以及下垫面属性等一系列复杂且不确定性因子，前述各类方法均是将落石碰撞过程进行了一定简化，并基于动量定理 (试验) 所得到的一类冲击力计算方法 (经验公式)，相同情况运用不同的计算方法所得到的计算结果可能会存在数量级差异。目前关于触地冲击荷载的计的算模型主要有三类:

A. Hertz 碰撞理论

Hertz 碰撞理论是早期经典的弹性接触力学理论，其计算模型是基于两球体间相互作用的结果，通常需三个假定:

(1) 接触面只存在法向力，且充分光滑，无摩擦;

(2) 两接触体在接触部位只产生弹性变形，即小变形假定；

(3) 两接触体之间只有沿接触面的法向运动，无沿接触面间的切向运动。

实用中，需要对前述三个基本假定作进一步简化处理，即将碰撞作用区内所产生的塑性变形简化为线弹性变形，于是可得最大碰撞冲击荷载计算式：

$$P_{\max} = K^{0.4} \left(0.4 v_0^2 \frac{m_1 m_2}{m_1 + m_2} \right)^{0.6} \tag{3.96}$$

式中，$P_{\max}$ 为最大碰撞冲击荷载 (kN)；m_1 和 m_2 分别为两弹性球的质量 (kg)；v_0 为临碰撞前的速度 (m/s)；K 为碰撞系数，可由下式确定：

$$K = \frac{4}{3\pi} \sqrt{\frac{r_1 r_2}{r_1 + r_2}} \frac{E_1 E_2}{E_1 + E_2 - E_1 \nu_2^2 - E_2 \nu_1^2} \tag{3.97}$$

其中，r_1 和 r_2 分别为两弹性球的半径 (m)；E_1 和 E_2 分别为两弹性球的弹性模量 (kPa)；ν_1 和 ν_2 分别为两弹性球的泊松比。

B. 弹性地基理论

将物体冲击到的地面假定为线弹性地基，且在相互作用过程中所有变形均处于线弹性范围，当危岩座落冲击到地面时，速度会在 Δt 时间内从 v_0 减小到 0，根据弹簧振子简谐运动规律，在单个冲击过程中，当物体速度由 v_0 变为 0 时，地面所受到的冲击力达到最大值，此过程只占整个冲击振动周期的 1/4，则振动频率可表示为

$$f = \frac{1}{4\Delta t} \tag{3.98}$$

由于危岩体下落冲击过程为线弹性变形过程，则地面质点加速度从 0 快速增加到最大值 $a_{\max}$，并假定加速度随时间呈正弦函数变化，即

$$a = a_{\max} \sin \left(\frac{\pi}{2\Delta t} t \right) \tag{3.99}$$

以危岩座落体为研究对象，任意时刻 t，下落速度 v 的计算式为

$$v = v_0 - \int_0^{\Delta t} a \mathrm{d}t \tag{3.100}$$

结合式 (3.98)∼ 式 (3.100)，当 $v = 0$ 时，可求得危岩座落最大加速度为

$$a_{\max} = \frac{\pi}{2\Delta t} v_0 \tag{3.101}$$

据牛顿第二定律，可求得最大冲击力为

$$F_{\max} = m a_{\max} = \frac{m\pi}{2\Delta t} v_0 \tag{3.102}$$

　　在试验中可通过测得的振动频率 f 以及危岩座落碰撞速度 v_0 初步估算出最大冲击力。

　　C. 动量定理

　　根据动量定理,在不发生能量损失的情况下,物体所受合外力的冲量与物体动量的改变量相等,即

$$I = F_{合}t = \Delta P \tag{3.103}$$

假设合外力 $F_{合}$ 随时间呈正弦函数变化,则有

$$\int_0^{\Delta t} F_{\max} \sin(2\pi f t)\mathrm{d}t = 0 - mv_0 \tag{3.104}$$

整理得危岩座落冲击力计算式,与式 (3.102) 相同。

　　2) 冲击应力波传播特性

　　据波动理论,应力波在岩体中传播是由近及远逐渐衰减的,衰减过程应力波可表现为冲击波、塑性波、黏弹性波和弹性波等。冲击波具有陡峭的波峰,携带的能量较多,在穿越岩体过程中易使岩体破碎且能量逐渐衰减,发展为波幅明显减小的塑性波,塑性波作用下岩体性质裂化,强度参数有所下降,塑性波继续传播即发展为弹性波,弹性波对岩体变形破坏无实质性影响,主要表现为岩体质点的弹性振动。类砌体型危岩由于开裂产生的激振波在危岩体中传播的应力波,初期表现为冲击波,随后逐渐衰减成弹性波,如图 3.64 所示。

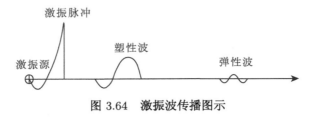

图 3.64　激振波传播图示

　　危岩聚集体,如灰岩地区的大型特大型危岩基本都属于类砌体结构,内含丰富的节理裂隙等结构面,冲击应力波在传播到结构面处会发生反射和透射,如图 3.65 所示。

　　图 3.65 所示应力波传播属普适情况,然而在灰岩地区危岩体座落冲击解体过程中,由于危岩体主要由薄层状的石灰岩组成,且层面多为水平层状产出,层面是主要结构面。本书将危岩体简化为层状介质组合岩体,冲击应力波从危岩体底部向上传播过程中与层面成正交关系,可利用工程波动理论中的成层介质垂直入射波动理论来进行研究。

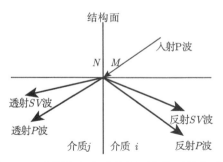

图 3.65 弹性波在介质分界面上的反射和透射

研究冲击应力波在危岩体内的传播特性，首先应建立应力波传播模型，从单一层面开始研究波在结构面间的传播特性。构建单一层面垂直入射情况下的应力波传播模型，如图 3.66 所示。

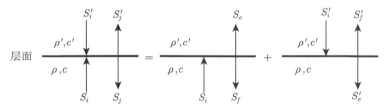

图 3.66 单一层面垂直入射情况下的应力波传播模型

设某一层面上下部分别有入射波 S_i 和 S_i'，经层面作用后分别返回有波 S_j 和 S_j'，将 S_i 和 S_i' 波独立开来研究，即对上述过程进行分解，下部传入的波 S_i 在遇到层面时会产生透射波 S_e 和反射波 S_f，上部传入的波 S_i' 在遇到层面时会产生透射波 S_e' 和反射波 S_f'。采用线性叠加可得到

$$\begin{cases} S_j' = S_e + S_f' \\ S_j = S_f + S_e' \end{cases} \tag{3.105}$$

根据波在分界面上的反射及透射规律，针对 S_i 波有

$$\begin{cases} S_f = \dfrac{1-\alpha}{1+\alpha} S_i \\ S_e = \dfrac{2}{1+\alpha} S_i \end{cases} \tag{3.106}$$

针对 S_i' 波有

$$\begin{cases} S_f' = \dfrac{1-\alpha'}{1+\alpha'} S_i' \\ S_e' = \dfrac{2}{1+\alpha'} S_i' \end{cases} \tag{3.107}$$

式中，α 和 α' 分别为界面上下介质波阻抗之比，$\alpha = \rho' c' / (\rho c)$，$\alpha \alpha' = 1$；$\rho$ 为介质密度 (kg/m^3)；c 为应力波在介质中的传播速度 (m/s)。

联合式 (3.104) 和式 (3.107)，可得单一层面上下部各波之间的转换关系：

$$
\begin{bmatrix} S_j \\ S_j' \end{bmatrix} = \begin{bmatrix} \dfrac{1+\alpha}{2} & \dfrac{1-\alpha}{2} \\ \dfrac{1-\alpha}{2} & \dfrac{1+\alpha}{2} \end{bmatrix} \begin{bmatrix} S_i \\ S_i' \end{bmatrix} \tag{3.108}
$$

对于多层面组合介质，第 n 层和第 $n+1$ 层波的传播可利用式 (3.108) 得到普适的转换系数递推关系：

$$
S_{n+1} = T_n S_n \tag{3.109}
$$

式中，相邻层间的转换矩阵 T_n 可表示为

$$
T_n = \begin{bmatrix} \dfrac{1+\alpha_n}{2} \exp(\mathrm{i}k_n h_n) & \dfrac{1-\alpha_n}{2} \exp(-\mathrm{i}k_n h_n) \\ \dfrac{1-\alpha_n}{2} \exp(\mathrm{i}k_n h_n) & \dfrac{1+\alpha_n}{2} \exp(-\mathrm{i}k_n h_n) \end{bmatrix} \tag{3.110}
$$

且

$$
\alpha_n = \frac{\rho_n c_n}{\rho_{n+1} c_{n+1}} \tag{3.111}
$$

$$
k_n = \frac{\omega}{c_n} \tag{3.112}
$$

式中，h_n 为每层介质的层高 (m)；α_n 为相邻层的阻尼比；ω 为波的振动频率。

3) 冲击作用下危岩体内部质点运动特征

危岩体下座产生的冲击荷载作用到下垫面时将对下垫面产生冲击激振效应，反作用到危岩体底部时则将使危岩体底部产生解体效应。类砌体型危岩解体的本质是荷载应力波强度超过了岩体强度，而危岩体解体过程即荷载应力波在危岩体内的传播过程。

从宏观上分析，将危岩体简化为细长圆柱体，在危岩体底部受到冲击荷载作用。沿危岩体轴向取为 x 轴，横向分别为 y 轴和 z 轴，假定危岩体只产生弹性变形，且满足平截面假定，取其中一微段 $\mathrm{d}x$ 进行受力分析，如图 3.67 所示。

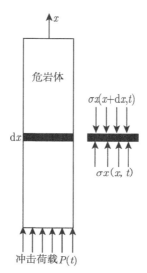

图 3.67 危岩座落冲击力学模型

当冲击波在危岩体内传播时, 危岩体沿 x 方向的应变为

$$\varepsilon_x(x,t) = \frac{\sigma(x,t)}{E} = \frac{\partial u_x}{\partial x} \tag{3.113}$$

根据泊松比效应, 当介质在受到纵向变形的同时会沿横向变形, 横向应变与纵向应变的比值即为泊松比 ν, 则有

$$\begin{cases} \varepsilon_y = \dfrac{\partial u_y}{\partial y} = -\nu \varepsilon_x(x,t) \\ \varepsilon_z = \dfrac{\partial u_z}{\partial z} = -\nu \varepsilon_x(x,t) \end{cases} \tag{3.114}$$

式中, u_x, u_y, u_z 分别为质点在 x, y, z 方向的位移量; ε_x, ε_y, ε_z 分别为单元体沿 x, y, z 方向的应变值。

由于危岩体轴向应变只是关于 x 和 t 的函数, 根据式 (3.113) 和式 (3.114) 可通过积分得到质点沿横向 y, z 方向的速度和加速度。

设沿 y 和 z 方向的速度分别为 v_y 和 v_z, 有

$$\begin{cases} v_y = \dfrac{\partial u_y}{\partial t} = -v_y \dfrac{\partial^2 u_x}{\partial x \partial t} \\ v_z = \dfrac{\partial u_z}{\partial t} = -v_z \dfrac{\partial^2 u_x}{\partial x \partial t} \end{cases} \tag{3.115}$$

设沿 y 和 z 方向的加速度分别为 a_y 和 a_z，有

$$
\begin{cases}
a_y = \dfrac{\partial^2 u_y}{\partial t^2} = -v_y \dfrac{\partial^2 v_x}{\partial x \partial t} \\[3mm]
a_z = \dfrac{\partial^2 u_z}{\partial t^2} = -v_z \dfrac{\partial^2 v_x}{\partial x \partial t}
\end{cases}
\tag{3.116}
$$

　　根据式 (3.115) 和式 (3.116)，可得危岩体内各质点的横向运动特征。从图 3.67 可见，微单元体在应力波作用下，上下表面的力是不平衡的，通过将其分解可得到一对平衡力 $A_0\sigma_x(x,t)$ 和附加不平衡力 $A_0[\partial\sigma_x(x,t)/\partial x]\mathrm{d}x$。不平衡力所做的功主要转化为危岩体内部质点沿纵向的动能，该能量不直接贡献于危岩体的破坏行为，只是为质点提供一定的加速度，使能量逐渐往危岩体顶部传递，直至被危岩体所消耗。对于平衡力而言，不仅会使微元体应变能增加，还会转变为质点的横向运动，在危岩体内部产生拉张应力。当危岩体中的横向应变能增加到一定极限，即拉应力达到某一极限值时，将促使危岩体内部裂纹产生扩展，形成一系列平行的纵向裂缝，最后产生横向扩容解体破坏。

　　前述分析表明，对于类砌体型危岩体座落冲击到地面过程中，危岩体内部产生的横向作用力是危岩体解体的关键作用力，有必要分析危岩体在横向力作用下的断裂解体力学机制。

　　4) 类砌体型危岩断裂解体力学描述

　　类砌体结构型危岩可将其概化为由各类小块岩体按砌体形式所构成，根据波动理论，当冲击应力波在上下相邻岩块接触面间发生反射时，产生的应力强度接近正常传播的应力波强度的 2 倍时，危岩体便在上下结构面 (层面) 处易产生张拉破坏或剪切破坏。同时，由于泊松效应产生的横向应力 (张拉应力) 对竖向裂纹的扩展贡献率最大。本书的目的是将建立的类砌体结构型危岩断裂力学模型用于分析冲击波竖直向上和次生横向作用力正入射类砌体型危岩砌块间裂纹面的受力特征，计算考虑冲击振动效应下砌块间裂纹尖端应力强度因子，量化冲击振动效应对类砌体结构型危岩断裂影响程度，探索类砌体型危岩解体断裂力学解答。

　　类砌体型危岩发生开裂的起始位置通常集中在尖端应力强度因子超过类砌体型危岩结构面断裂韧度值的地方，危岩断裂解体细观模型如图 3.68 所示。

　　假定砌块 $Q_{i,j}$ 边界上的裂纹首先扩展，扩展的裂纹会影响其上边和左边的裂纹。冲击波在传播至上边和右边裂纹时，由于裂纹面前后两种介质的波阻抗不同，在界面处激振波将发生反射和透射。以波的局部场特征定理为基础，把任意形状波入射在弯曲界面上的透反射问题看成是平面波在界面上的透反射问题以展开研究。行进中的弹性波碰到裂纹面将产生反射和透射现象，形成反射波和折射波，假设裂纹面右侧介质为 i，左侧介质为 j，相应的波阻抗分别为 $(\rho c_\mathrm{p})_i$ 和 $(\rho c_\mathrm{p})_j$。

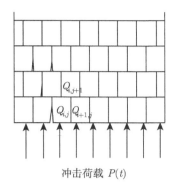

冲击荷载 $P(t)$

图 3.68 类砌体型危岩断裂解体细观模型

由于纵波和横波交织在一起处理起来难度太大, 本书仅考虑激振波的垂直入射情况, 即只研究纵波在危岩体中的透反射问题。根据裂纹面左右两侧质点位移连续条件和应力连续条件, 可得反射波强度和透射波强度计算式如下:

$$\sigma_{\mathrm{f}} = \frac{(\rho c)_j - (\rho c)_i}{(\rho c)_i + (\rho c)_j} \sigma_{\mathrm{r}} \tag{3.117}$$

$$\sigma_{\mathrm{e}} = \frac{2(\rho c)_j}{(\rho c)_i + (\rho c)_j} \sigma_{\mathrm{r}} \tag{3.118}$$

式中, σ_{f} 为反射波强度 (kPa); σ_{e} 为透射波强度 (kPa); σ_{r} 为入射波强度 (kPa)。

据波动理论, 波强度与介质质点的振动速度、弹性模量和振动频率有关, 并满足下式:

$$\sigma = \frac{aE}{2\pi f c} \tag{3.119}$$

式中, σ 为波强度 (kPa); a 为介质质点振动加速度 (m/s^2); E 为弹性模量 (kPa); f 为介质质点振动频率 (s^{-1}); c 为弹性波波速 (m/s)。

反射波强度和透射波强度计算式可分别改写为

$$\sigma_{\mathrm{f}} = \frac{(\rho c)_j - (\rho c)_i}{(\rho c)_i + (\rho c)_j} \times \frac{aE}{2\pi f c_i} \tag{3.120}$$

$$\sigma_{\mathrm{e}} = \frac{2(\rho c)_j}{(\rho c)_i + (\rho c)_j} \times \frac{aE}{2\pi f c_i} \tag{3.121}$$

由砌块 $Q_{i,j}$ 边界裂纹扩展产生的激振波在砌块 $Q_{i,j+1}$ 内向上传播至其边界裂纹时将发生反射, 并在裂纹面上形成反射拉张应力, 其计算公式为

$$\sigma_{\mathrm{R}} = \frac{(\rho c)_{Q_{i,j+2}} - (\rho c)_{Q_{i,j+1}}}{(\rho c)_{Q_{i,j+1}} + (\rho c)_{Q_{i,j+2}}} \times \frac{aE}{2\pi f c_{Q_{i,j+2}}} \tag{3.122}$$

式中，σ_R 为拉张应力 (kPa)；其余变量物理意义同前。

沿该裂纹面取出单元体作力学分析，如图 3.69 所示。

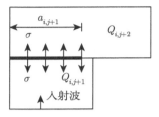

图 3.69　冲击振动波在介质分界面上产生的拉张作用力学模型

当激振波沿砌块 $Q_{i,j}$ 水平方向向右传播即向类砌体型危岩的外表面传播至砌块 $Q_{i+1,j}$ 的边界裂纹时，在此裂纹面将产生剪切应力，剪切应力的计算按式 (3.123)，沿该裂纹面取出单元体作力学分析，如图 3.70 所示。

$$\tau_R = \frac{2(\rho c)_{Q_{i+1,j}}}{(\rho c)_{Q_{i,j}} + (\rho c)_{Q_{i+1,j}}} \times \frac{aE}{2\pi f c_{Q_{i,j}}} \tag{3.123}$$

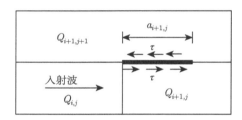

图 3.70　冲击振动波在介质分界面上产生的剪切作用力学模型

至此，砌块 $Q_{i,j+1}$ 所对应裂纹面的拉张应力和砌块 $Q_{i+1,j}$ 所对应裂纹面的剪切应力均已求解完毕，而这两种作用力产生的主要原因就是，砌块 $Q_{i,j}$ 所对应的裂纹断裂扩展主要是冲击应力波反射造成的。

针对冲击波传播过程中产生的激振拉张应力和激振剪切应力，式 (3.122) 和式 (3.123) 已给出计算方法，不论是激振拉张应力还是激振剪切应力都能加剧裂纹的扩展，因此，在作断裂分析时，必须考虑激振拉 (剪) 应力贡献的应力强度因子：

(1) 激振拉张应力强度因子。

砌块 $Q_{i,j}$ 所对应的裂纹断裂扩展将在砌块 $Q_{i,j+1}$ 所对应的裂纹面上产生激振拉张应力，裂纹尖端应力强度因子可表示为

$$K_{IR} = 1.12\sigma_R\sqrt{\pi a_{i,j+1}} \tag{3.124}$$

将式 (3.122) 代入式 (3.124) 得

$$K_{\mathrm{I R}} = 1.12 \frac{(\rho c)_{Q_{i,j+2}} - (\rho c)_{Q_{i,j+1}}}{(\rho c)_{Q_{i,j+1}} + (\rho c)_{Q_{i,j+2}}} \frac{aE}{2\pi f_{\mathrm{p}}(c)_{Q_{i,j+1}}} \sqrt{\pi a_{i,j+1}} \qquad (3.125)$$

(2) 激振剪切应力强度因子。

砌块 $Q_{i,j}$ 所对应的裂纹断裂扩展将在砌块 $Q_{i+1,j}$ 所对应的裂纹面上产生激振剪切应力，裂纹尖端应力强度因子可表示为

$$K_{\mathrm{II R}} = 1.12 \tau_{\mathrm{R}} \sqrt{\pi a_{i+1,j}} \qquad (3.126)$$

将式 (3.123) 代入式 (3.126) 得

$$K_{\mathrm{II R}} = 1.12 \frac{2(\rho c)_{Q_{i+1,j}}}{(\rho c)_{Q_{i,j}} + (\rho c)_{Q_{i+1,j}}} \frac{aE}{2\pi f_{\mathrm{p}}(c)_{Q_{i,j}}} \sqrt{\pi a_{i+1,j}} \qquad (3.127)$$

第4章　边坡地貌演化危岩分析法

4.1　危岩链式崩塌演化模式

4.1.1　陡坡地貌形迹

边坡或自然斜坡在外力地质作用下的动力演化过程可以分为缓变地貌过程和灾害 (或突变) 地貌过程，前者如地表侵蚀，后者如危岩、滑坡、泥石流。对于岩性均质的边坡或自然斜坡，地表过程通常具有连续性，而对于非均质各向异性的岩体边坡，地表过程则具有宏观连续、微观突变的特点。陡崖或陡坡均是地表过程的阶段性地貌形迹，三峡库区内云阳至江津段的地层主要为中生代侏罗系砂岩和泥岩互层组合，岩层倾角较小，一般在 15° 以内；砂岩厚度较大，一般为 30~150m，泥岩厚度较小，一般为 5~10m。砂岩岩层层面比较清晰、平直，整体性较好的块状岩体厚度 10~15m，砂岩出露的地段表现为陡崖或陡坡，而泥岩出露地段则表现为斜坡或平台。

4.1.2　链式崩塌演化机制

边坡链式崩塌演化机制包括三种，即岩腔形成机制、基座压裂破坏机制和危岩体坠落机制。

1. 岩腔形成机制

由于砂岩、泥岩等软硬相间的地层组合易于产生显著的差异风化，砂岩、灰岩等硬质岩石因抗风化能力较强而形成陡崖，泥岩、页岩等软质岩石则因抗风化能力较差而在软、硬岩交界部位形成向山体内凹的空腔，称为岩腔，岩腔顶部的危岩体 (属于微观链) 易于失稳、崩落。岩腔是边坡链式崩塌演绎的原动力和触发器。以四面山国家级风景名胜区红岩山陡崖之间的斜坡泥岩为例，岩腔内泥岩黏土含量较高，可达 86%，含水量 12%~17%，基本处于干燥状态，地貌台阶表面裸露泥岩风化速度为 1.1~2.5cm/a (图 4.1)。而仅在自然气候条件下，中国西部相关地区岩腔内的泥岩在上部危岩体尚未形成时的风化速度曲线见图 4.2，风化速度大于 0.75cm/a，远大于自然状态下砂岩的平均风化速度 (0.02~0.03cm/a)[141]。因此，分析岩腔形成机制时可不考虑砂岩的风化速度。

随着岩腔深度不断增长，顶部岩石块体后部逐渐处于拉应力状态，尤其是当陡崖岩体内存在与陡崖走向近于平行的断续贯通的陡倾角结构面时，结构面顶端逐渐拉裂张开，使危岩体底部基座泥岩处于应力风化状态，加速岩腔发育。当初始岩腔不断扩大时，大量拉张裂隙形成并出现在上部砂岩层内，形成初始危岩体，并进入临界稳定状态；当处于临界稳定状态的危岩体突然失稳时，形成新的陡崖，同时新的危岩又逐渐开始孕育，重复进行，这是岩腔发育导致的陡崖岩体卸荷效应对危岩连锁性发育的贡献 (图 4.3)。

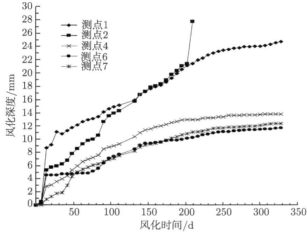

图 4.1 红岩山天然状态下泥岩风化观测曲线

(从 2007 年 4 月 30 日至 2008 年 3 月 15 日)

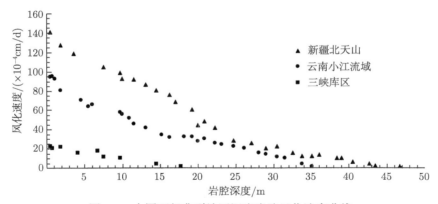

图 4.2 中国西部典型地区泥岩岩腔风化速度曲线

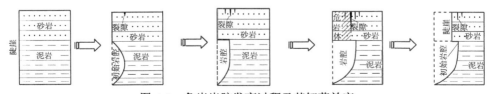

图 4.3 危岩岩腔发育过程及其卸荷效应

2. 基座压裂破坏机制 [47]

岩腔泥岩处于应力风化状态时，风化速度显著加快。如红岩山第四级陡崖北端的岩腔，从 1982 年迄今平行后退 1.3m 左右，则其平均后退速度为 5.2cm/a，泥岩应力风化速度是自然风化速度的 3~6 倍，岩腔内处于压裂阶段的软质泥岩宏观上表现为岩腔深度的快速增长，岩腔后部侧壁加速平行后退 (图 4.4)，壁面泥岩处于压裂崩解阶段，纵向压张裂隙发育 (图 4.5)。危岩基座压裂破坏机制分析模型见图 4.6，基于极限平衡理论建立了主控结构面顶端开度随岩腔深度变化的量化关系式：

$$\delta = \frac{1}{40(0.5b - a)(3 - a)} \tag{4.1}$$

式中，δ 为危岩体主控结构面顶部开裂宽度 (m)；a 为岩腔深度 (m)；b 为危岩体宽度 (m)，一般为 6m 左右。

图 4.4　危岩岩腔压裂崩落平行后退

图 4.5　岩腔后壁泥岩压裂崩解

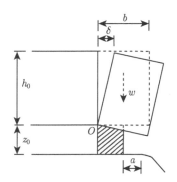

图 4.6　危岩基座压裂破坏机制分析模型

式 (4.1) 的变化曲线见图 4.7，可见，主控结构面顶端开度随岩腔深度的延长呈现加速增加的趋势，当 $a \geqslant 0.5b$ 时，$\delta \to \infty$，即危岩体倾倒破坏。

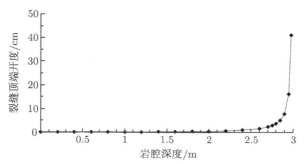

图 4.7　危岩主控结构面顶端开度与岩腔深度的关系

由于基底压裂破坏机制主要针对岩腔顶部的第一个危岩体，即仅符合宏观链的第一个微观链情况，危岩体形成及崩塌演化机制如图 4.8 所示，可分为四个阶段：(a) 岩腔气候风化形成阶段；(b) 基座压裂破坏阶段；(c) 危岩体倾倒阶段；(d) 危岩体崩落阶段。第一个微观链以上的危岩体逐个崩落的过程属于群发性崩塌的链式规律 [145]。

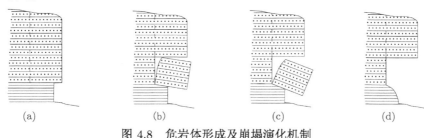

(a)　　　　　　　(b)　　　　　　　(c)　　　　　　　(d)

图 4.8　危岩体形成及崩塌演化机制

3. 危岩体坠落机制

陡崖坡脚的第一个微观链完成以后，其上的危岩体在自重、地震等荷载作用下断续贯通的主控结构面逐渐贯通坠落。图 4.9 显示了单体危岩崩落后的地貌形迹，图 4.10 则显示群体危岩的崩落形迹。

图 4.9　单体危岩崩落后的地貌形迹　　　图 4.10　群体危岩的崩落形迹

4.1.3　危岩崩塌演绎模式 [142]

缓倾角层状岩体边坡群发性崩塌演化过程可浓缩为五个阶段，即河流下切阶段、差异风化阶段、危岩体形成阶段、单一危岩体崩落阶段和多个危岩块形成及崩落阶段 (图 4.11)。陡崖或陡坡坡脚岩腔形成以后，把岩腔顶部危岩体逐渐形成、崩落的程序定义为群发性崩塌演化微观链，即为危岩块；而从陡崖或陡坡向其后部山体的阶段性后退程序定义为群发性崩塌演化宏观链，如 A→B→C→···。宏观链和微观链的组合即为缓倾角层状岩体边坡群发性崩塌链式演化规律，可提炼为简单模式 (图 4.12) 和复合嵌套模式 (图 4.13)。

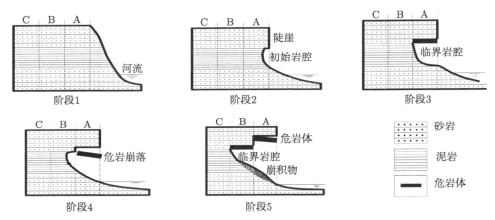

图 4.11　层状岩体边坡群发性崩塌演化过程

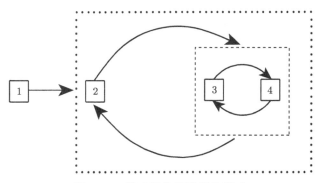

图 4.12　链式演化规律简单模式

链式演化规律简单模式是指在陡崖高度较小 (三峡库区内 20m 以下) 时，在岩腔形成以后，仅表现为一个宏观链 (如 A)，该宏观链内的微观链逐渐发育 (图 4.14)，直到所有微观链接束后进入下一个宏观链；而当陡崖高度较大 (三峡库区内超过 20m) 时，链式演化规律便体现为复合嵌套模式，即表现为两个以上的宏观链同时发育, 陡崖高度越大, 发育的宏观链数量越多, 但在三峡库区尚未发现五个以上宏观链共存的情况。边坡链式演化规律的宏观链与陡崖高度和硬质岩性有关, 高度较大、岩性为砂岩时, 宏观链数量较少、微观链块体高度较大; 而在高度较小、岩性为灰岩时, 宏观链数量较多, 但微观链块体的高度较小。如红岩山第四级陡崖发育有 15~20 个微观链, 目前第一个宏观链已经进入后期, 2004 年 12 月 21 日发生的危岩崩落事件属于 2# 堆积扇源头第四级陡崖顶部的第 19 个和第 20 个微观链同时崩落的情况, 但该级陡崖更多处于第 15~17 个微观链发育阶段 (图 4.15 和图 4.16)。

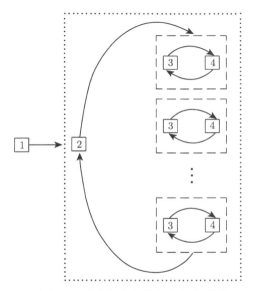

图 4.13　链式演化规律复合嵌套模式

图 4.14　处于临界状态的危岩

图 4.15　红岩山链式演化复合嵌套模式

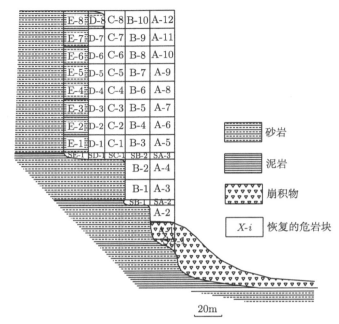

图 4.16　红岩山危岩链式崩塌规律

4.2　危岩崩塌力学

根据岩质边坡链式演化规律[48]，三峡库区高度在 20m 以上的岩质陡坡多数存在多个宏观链 (图 4.17)，如 A，B，C 三条宏观链，危岩块体崩落遵循单一宏观链崩落模式。此类岩质陡坡后退的力学分析可以忽略各宏观链之间的相互作用，仅考虑单一宏观链中各危岩体之间的相互作用。量化相邻危岩块体之间的相互作

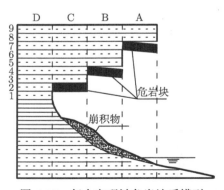

图 4.17　复合宏观链危岩地质模型

用后便可计算危岩体主控结构面端部的等效弯矩 M'，据此采用断裂力学方法获得危岩崩塌的力学机制，当应力强度因子 $K_{\mathrm{I}} > K_{\mathrm{IC}}$ 时危岩体破坏。

将危岩主控结构面模拟为 I 型裂隙，其端部应力强度因子计算式为

$$K_{\mathrm{I}} = F\sigma\sqrt{\pi a} \tag{4.2}$$

$$\sigma = \frac{6M'}{H^2} \tag{4.3}$$

$$F = 1.122 - 1.40\frac{a}{H} + 7.33\left(\frac{a}{H}\right)^2 - 13.08\left(\frac{a}{H}\right)^3 + 14.0\left(\frac{a}{H}\right)^4 \tag{4.4}$$

式中，K_{I} 为应力强度因子 $(\mathrm{MPa \cdot m^{1/2}})$；$M'$ 为危岩体的等效弯矩 $(\mathrm{kN \cdot m})$；H 为危岩体高度 (m)；a 为危岩主控结构面长度 (m)。

考虑岩石蠕变效应，则危岩主控结构面端部的蠕变断裂应力强度因子计算式为

$$K_{\mathrm{I}}(t) = K_{\mathrm{I}0}\sqrt{f(t)} \tag{4.5}$$

式中，$K_{\mathrm{I}}(t)$ 为 t 时刻危岩体的应力强度因子 $(\mathrm{MPa \cdot m^{1/2}})$；$K_{\mathrm{I}0}$ 为初始应力强度因子 $(\mathrm{MPa \cdot m^{1/2}})$；$f(t)$ 为能量释放率时间因子。

引入广义 Kelvin 模型，则危岩体蠕变能量释放率时间因子[143]为

$$f(t) = 1 + EC\left(1 - \mathrm{e}^{-\lambda t}\right) \tag{4.6}$$

式中，E 为弹性模量 (MPa)；C 为蠕变柔量 $(\mathrm{MPa^{-1}})$；$\lambda = \eta_2/G_2$，η_2 为牛顿黏性系数，G_2 为弹性系数。

4.2.1 岩质陡坡危岩块之间的作用力 [50]

三峡库区内高度超过 20m 的岩质陡坡多数呈现多个宏观链并行发育模式，称为复合宏观链 (图 4.17)[129]，如 A，B，C，D 四条宏观链，从岩腔到坡顶共存在 9 个微观链 (危岩体)。此类岩质陡坡后退的力学分析不仅要考虑每条宏观链内危岩体之间的相互作用，而且应考虑宏观链之间的相互作用，难点是确定作用在危岩体上的荷载大小。

基本假定：

(1) 每个危岩体为均质刚性体，将处于临空位置的危岩体视为悬臂梁；

(2) 同一宏观链内相邻两个危岩体仅存在面或点接触时才传递荷载，荷载大小与相邻危岩体的挠度差成正比；

(3) 据调查，三峡库区内危岩块体厚度为 1~3m，垂直于边坡的长度为 3~6m，在主控结构面贯通至危岩块体厚度的 2/3 左右时，相邻危岩块脱离接触，此时可忽略危岩块之间的剪应力；

(4) 忽略危岩崩落瞬间产生的振动对未崩落危岩体的影响, 即不考虑危岩块崩落产生的连锁激增效应。

若岩质陡坡存在 m 个宏观链, 每个宏观链包括 n 个微观链 (危岩体), 将宏观链概化为以岩腔后壁与坡面平行的主控结构面为固定端的多层悬臂梁, 其力学模型如图 4.18 所示。取第 i 层危岩体为研究对象, 在自重和外力作用下受力模型见图 4.19。图 4.19 中 P_{i+1} 和 P_{i-1} 分别为第 $i+1$ 层和第 $i-1$ 层危岩体对第 i 层危岩体的作用, 第 1 层和顶层危岩体的 P_{i-1} 均为零; l_i 和 l_{i-1} 分别为第 i 层和第 $i-1$ 层危岩体的长度 (地质模型中为危岩体的宽度, 下同)。A, C 点分别表示悬臂梁的两个端点, B 点表示下层危岩体的 C 点在该梁上的投影点, 即 $l_{iB} = l_{i-1}$, l_{iB} 为梁 AB 段的长度。

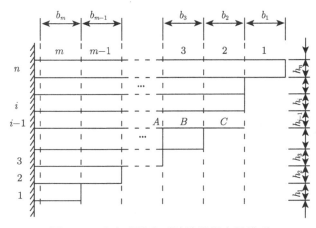

图 4.18 多宏观链岩质陡坡崩塌力学模型

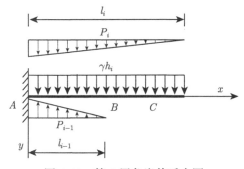

图 4.19 第 i 层危岩体受力图

图 4.19 中, 第 i 层危岩体的挠度由三部分组成, 即危岩体自重作用产生的挠度、上部危岩体压力作用产生的挠度和下部危岩体支撑作用产生的挠度, 计算方法分述如下。

4.2.2 荷载作用下危岩块挠度 [50]

1. 自重作用产生的挠度

运用工程力学方法，推导危岩块体自重作用产生的挠度计算公式为

$$y_{iG} = \frac{\gamma h_i x^2 \left(x^2 + 6l_i - 4lx\right)}{24EI_{i\min}} \tag{4.7}$$

$$I_{i\min} = \frac{b_i H_{i\min}^3}{12} \tag{4.8}$$

式中，γ 为危岩体容重 (kN/m^3)；h_i 为第 i 层危岩体的高度 (m)；l_i 为第 i 层危岩体的长度 (m)；E 为危岩体的弹性模量 (kPa)；$I_{i\min}$ 为危岩梁的计算刚度 (m^4)；b_i 为危岩体的厚度 (m)；$H_{i\min}$ 为梁中主控结构面未贯通段的最小高度 (m)。

进一步，可得自重作用下上部危岩体的挠度为

$$y_{(i+1)G} = \frac{\gamma h_{i+1} x^2 \left(x^2 + 6l_{i+1} - 4l_{i+1}x\right)}{24EI_{(i+1)\min}} \tag{4.9}$$

2. 上部危岩体压力作用产生的挠度

根据假定 (2)，第 i 层危岩体与其上部第 $i+1$ 层危岩体之间的接触压力为

$$P_i = k_i \left(y_{(i+1)G} - y_{iG}\right) \tag{4.10}$$

式中，P_i 为第 $i+1$ 层危岩体对第 i 层危岩体的作用力 (kN)；k_i 为比例系数；其余物理量同前。

根据图 4.19，悬臂梁中任意截面在接触压力作用下的弯矩为

$$M(x) = \int_x^{l_i} P_i(t-x)\mathrm{d}t \tag{4.11}$$

则挠度与转角计算公式分别为

$$y_{is} = -\frac{1}{EI_i} \int_0^{l_i} \left[\int_0^{l_i} M(x)\mathrm{d}x\right]\mathrm{d}x + C_1 x + C_2 \tag{4.12}$$

$$\theta = y_i' = -\int_0^{l_i} M(x)\mathrm{d}x + C_1 \tag{4.13}$$

根据悬臂梁的边界条件，在固定端 A 处挠度和转角为零，即

$$y_A = 0 \tag{4.14}$$

$$\theta_A = 0 \tag{4.15}$$

联立式 (4.12)~式 (4.15) 可以求解出积分常数 C_1 和 C_2，然后将 C_1 和 C_2 代入式 (4.12) 就能得到在接触压力作用下危岩体的挠度方程。

3. 下部危岩体支撑作用产生的挠度

由于第 i 层危岩体与其下部第 $i-1$ 层危岩体之间的接触压力为

$$P_{i-1} = k\left(y_{iG} + y_{is} - y_{(i-1)G}\right) \tag{4.16}$$

将式 (4.16) 代入式 (4.11)~式 (4.15) 可得下部危岩体的支撑作用对第 i 层危岩体挠度的改变值为 y_{ix}。

综上可得第 i 层危岩体的总挠度为

$$y_i = y_{iG} + y_{is} - y_{ix} \tag{4.17}$$

宏观链悬臂梁中，如果每层危岩体都存在相互作用，根据挠度相等可得

$$\begin{cases} y_{1C} = y_{2B} \\ y_{2C} = y_{3B} \\ \quad\cdots\cdots \\ y_{(n-1)C} = y_{nB} \end{cases} \tag{4.18}$$

式中，$y_{1C}, y_{2C}, \cdots, y_{(n-1)C}$ 为第 $1 \sim (n-1)$ 层危岩体的梁端 C 处的挠度 (m)；y_{2B}, $y_{3B}, \cdots, y_{nB}$ 为下层危岩体的 C 点在该梁上的投影点。

式 (4.18) 包含 $n-1$ 个方程和 $n-1$ 个未知数，即 $k_1, k_2, \cdots, k_{n-2}$ 和 k_{n-1}，方程存在唯一解。

在这 n 层危岩体中可能全部危岩体也可能只有部分危岩体之间存在相互挤压作用，因此，确定各层危岩体所受挤压荷载时需要逐层判断。计算出各层危岩体所受荷载 $P_1, P_2, \cdots, P_{n-1}$ 后，便可计算作用在危岩块主控结构面端部的弯矩。

B 点的挠度为

$$y_{iB} = y_{iGB} + y_{isB} - y_{ixB} \tag{4.19}$$

式中，y_{iB} 为 B 点的挠度 (m)；y_{iGB} 为自重作用下 B 点的挠度 (m)；y_{isB} 为上部危岩体压力作用下第 i 层危岩体 B 点的挠度 (m)；y_{ixB} 为下部危岩体支撑作用下第 i 层危岩体 B 点的挠度 (m)。

上下相邻两层危岩体取较短一层的长度为其接触长度，即较长危岩体的 B 截面与较短危岩体的 C 截面在同一平面，且上部危岩体长度不小于下部危岩体长度。当下层危岩体端点 C 的竖向位移小于上层危岩体 B 点的竖向位移，即 $y_{(i-1)C\,\mathrm{max}} < y_{ixB\,\mathrm{max}}$ 时，存在上下危岩体之间的相互作用，最终在 $y_{(i-1)C\,\mathrm{max}} = y_{ixB\,\mathrm{max}}$ 时保持平衡。

4.2.3 危岩块崩落判据 [50]

研究表明，陡坡上每个危岩体可能存在三种荷载作用，即危岩体自重、上部危岩体压力作用和下部危岩体支撑作用，作用在危岩主控结构面端部的弯矩为

$$M' = M_G + M_s + M_x = \gamma H_i \frac{s^2}{2} + \int_{1-s}^{1} (P_i - P_{i-1})(x + s - l) \, \mathrm{d}x \qquad (4.20)$$

式中，M_G 为自重作用产生的弯矩 (kN·m)；M_s 为上部危岩体压力作用产生的弯矩 (kN·m)；M_x 为下部危岩体支撑作用产生的弯矩 (kN·m)；x 为梁微段的坐标 (m)；s 为危岩主控结构面至坡面的距离 (m)；其余变量物理意义同前。

将式 (4.20) 代入式 (4.3)，再根据式 (4.5) 和式 (4.6) 计算出危岩蠕变断裂应力强度因子。危岩应力强度因子在荷载作用下随荷载作用时间增长而逐渐增大，直至危岩体破坏崩落，定义危岩体破坏判别因子 F_k 为

$$F_k = \frac{K_{IC}}{K_I(t)} \qquad (4.21)$$

式中，K_{IC} 为岩石断裂韧度 (MPa·m$^{1/2}$)。

当 $F_k > 1.0$ 时，危岩体处于稳定安全状态；当 $F_k = 1.0$ 时，危岩体处于临界破坏状态；当 $F_k < 1.0$ 时，危岩体处于失稳破坏状态。

算例分析

以重庆綦江羊叉河危岩为例 (图 4.20(a))，危岩体由灰岩组成，完整性好，天然容重 23.7kN/m³，断裂韧度为 0.62MPa·m$^{1/2}$。危岩地质模型见图 4.20(b)，包括 15 个危岩块体。根据多年观测结果，陡崖底部泥岩风化速度为 5.2cm/a。灰岩蠕变参数取自文献 [146]。应用前述建立的危岩崩塌力学方法，计算得到各危岩体的应力强度因子 (表 4.1)。结果表明，3# 和 10# 危岩体的 F_k 分别为 0.97 和 0.98，据此

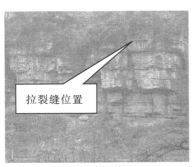

(a) 危岩地貌形态

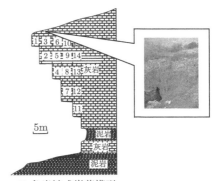

(b) 危岩链式崩落模型

图 4.20　重庆綦江羊叉河危岩

表 4.1　危岩应力强度因子计算

编号	高度 h/m	宽度 b/m	贯通长度 a/m	弹性模量 E/MPa	蠕变柔量 C/MPa^{-1}	黏性系数 $\eta/(\text{MPa·d})$	弹性系数 G/MPa	容重 $\gamma/(\text{kN/m}^3)$	应力强度因子 $K/(\text{MPa·m}^{1/2})$
1	3.30	2.80	0.66	5744	2.01×10^{-4}	7.00×10^{4}	3.00×10^{4}	23.7	0.365
2	5.80	4.40	1.16	5744	2.01×10^{-4}	7.00×10^{4}	3.00×10^{4}	23.7	0.543
3	3.30	4.40	0.33	5744	2.01×10^{-4}	7.00×10^{4}	3.00×10^{4}	23.7	0.613
4	4.90	3.10	0.98	5744	2.01×10^{-4}	7.00×10^{4}	3.00×10^{4}	23.7	0.358
5	5.80	3.10	1.16	5744	2.01×10^{-4}	7.00×10^{4}	3.00×10^{4}	23.7	0.309
6	3.30	3.10	0.66	5744	2.01×10^{-4}	7.00×10^{4}	3.00×10^{4}	23.7	0.457
7	7.40	4.00	1.48	5744	2.01×10^{-4}	7.00×10^{4}	3.00×10^{4}	23.7	0.482
8	4.90	4.00	0.98	5744	2.01×10^{-4}	7.00×10^{4}	3.00×10^{4}	23.7	0.589
9	5.80	4.00	1.16	5744	2.01×10^{-4}	7.00×10^{4}	3.00×10^{4}	23.7	0.520
10	3.30	4.00	0.49	5744	2.01×10^{-4}	7.00×10^{4}	3.00×10^{4}	23.7	0.607
11	4.90	2.90	0.98	5744	2.01×10^{-4}	7.00×10^{4}	3.00×10^{4}	23.7	0.357
12	7.40	2.90	1.48	5744	2.01×10^{-4}	7.00×10^{4}	3.00×10^{4}	23.7	0.210
13	4.90	2.90	0.98	5744	2.01×10^{-4}	7.00×10^{4}	3.00×10^{4}	23.7	0.356
14	5.80	2.90	1.16	5744	2.01×10^{-4}	7.00×10^{4}	3.00×10^{4}	23.7	0.215
15	3.30	2.90	0.66	5744	2.01×10^{-4}	7.00×10^{4}	3.00×10^{4}	23.7	0.343

推断这两个危岩体后部的主控结构面可能会最先贯通，从而使得 2# 危岩体和 9# 危岩体所受的荷载迅速增大，最终 2# 危岩体随 1# 和 3# 危岩体一起崩落，至此最外侧的两条宏观链就会消失，使得岩质陡坡坡面向山体后退 7.2m。这一规律与现场情况基本一致，2005~2007 年，在 3# 危岩体顶部已经出现沿边坡走向长度为 40m 左右、开度为 10~14cm 的拉张裂隙。

4.3　灰岩边坡危岩座裂演化模式

边坡 (cutting slope) 或自然斜坡 (natural slope) 是地貌演化的基本单元。20 世纪初，科学家们便对坡地的地貌发育作了广泛而深入的研究，例如，Davis (1909 年)、Penck (1925 年) 和 King (1950 年) 分别提出了坡地发育的演化模式；Chorly 等科学地梳理出，湿润地区风化作用导致坡地倾角逐渐变缓，而干旱地区由于顶部硬质岩层的限制作用而使坡地保持平行后退 [144]。三峡库区砂岩地区和灰岩地区的边坡地貌演化存在显著差异，郑度和申元村将砂岩地区的山坡划分成 4 个坡段 [145]，崇婧等发现三峡库区大部分边坡为剥蚀陡坡而少部分为崩塌滑坡陡坡 [146]。三峡库区灰岩地区岩质边坡的地貌演化具有特殊性，其中危岩座裂演化模式占 60% 左右。本书以重庆金佛山甄子岩为例，分析三峡库区灰岩地区岩质边坡危岩座裂演化问题，对科学揭示三峡库区边坡地貌演化规律有积极意义，并为防治灰岩地区的危岩崩塌提供借鉴。

4.3.1 甄子岩地质地貌条件

甄子岩位于北东–南西向的金佛山向斜内，由两级陡崖组成，其中第一级陡崖由二叠纪栖霞组灰岩组成，崖高 80~105m，崖顶海拔 1400~1545m；第二级陡崖由茅口组石灰岩组成，崖高 200~215m，崖顶海拔 1800m 左右；两级陡崖之间的斜坡坡角为 30°~52°，宽度为 70~80m，由二叠纪茅口组碳质页岩组成。边坡岩体内主要发育两组结构面，走向分别是 30°~40°（第 1 组）和 320°~330°（第 2 组），其中第 1 组为边坡北东–南西向的卸荷裂隙，第 2 组为边坡北西–南东向的卸荷裂隙。W12#危岩位于第二级陡崖，危岩崩塌前后地貌景观如图 4.21 所示，危岩所在部位的地质地貌剖面如图 4.22 所示。W12#危岩体高约 180m，平均宽度 35m，沿陡崖走向的长度为 40m 左右，体积约 $25.1 \times 10^4 \mathrm{m}^3$，危岩体由大量小尺度灰岩块组成，危岩主控结构面近于直立，贯通段长 159m，危岩体底部的非贯通段处于压剪状态，长 38.2m，压剪段出口隐藏在危岩体基座碳质页岩内。危岩体容重 $26.3 \mathrm{kN/m}^3$，自重 $6.6 \times 10^6 \mathrm{kN}$。

崩塌前　　　　崩塌后

图 4.21　甄子岩 W12#危岩崩塌前后地貌景观

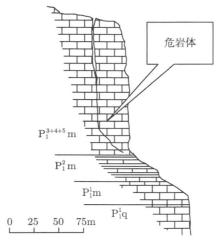

图 4.22　甄子岩 W12#危岩地质地貌剖面

4.3.2　灰岩地区危岩座裂破坏机制

1. 甄子岩变形监测

2000 年，任幼蓉等在危岩体顶部安设了 1#，2#，3#和 4#监测点，对甄子岩 W12#危岩变形进行连续监测。2001~2002 年，危岩体顶部的水平位移变化量均小于 0.1mm/d；2003 年 1 月~2004 年 3 月，危岩体顶部的水平位移变化量在 0.2~1.0mm/d；2004 年 4~8 月初，危岩体顶部的水平位移变化量线性增大 (图 4.23)，最大可达 300mm，日变形量超过 2.5mm/d；到 2004 年 8 月 10 日，危岩体顶部的水平位移量 1#测点可达 41mm，2#测点可达 168mm，3#测点可达 70mm，4#测点可达 166mm，截至 11 日，4#测点的累计水平变形量达到 658mm；到 8 月 12 日 12 时 53 分，甄子岩 W12#危岩体发生突发性座裂破坏。

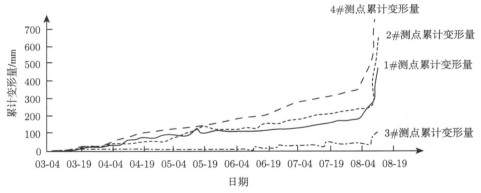

图 4.23　2004 年甄子岩 W12#危岩体顶部水平位移变化曲线

2. 危岩基座岩土体压裂喷射

危岩体下座变形过程中，具有向后倾倒的趋势，危岩体表现出轻度座滑特征，危岩体与后壁母岩之间产生强烈的摩擦作用，出现白色尘雾 (图 4.24)。根据功能平衡原理，若 W12#危岩体下座 1m，危岩体底部的平均冲击速度约为 4.4m/s，足可以使碳质页岩颗粒高速喷出，喷出距离约为 4.9m；当 W12#危岩体整体下座 50m 时，碳质页岩颗粒喷出距离可达 260m，而下座 90m 时，碳质页岩颗粒喷出距离可达 458m，与现场观测结果相近 (图 4.25)。碳质页岩在危岩下座压裂作用下的高速喷射示意图如图 4.26 所示，加速了危岩体底部岩腔的发育过程，促进了危岩体下座破坏过程。

图 4.24　甑子岩 W12#危岩下座过程中与母岩摩擦成雾

图 4.25　甑子岩 W12#危岩临崩前基座碳质页岩压裂喷射过程

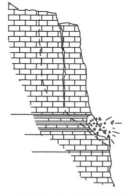

图 4.26　甑子岩 W12#危岩临崩前基座碳质页岩压裂喷射示意图

3. 危岩下座解体

现场观测发现,当危岩体下座 30m 左右时,危岩体底部出现座裂解体破坏。根据功能原理，当 W12#危岩体下座 30m 时，由 Hertz 碰撞理论估算其产生的冲击力约为 5.9×10^7kN，等效为 42.33MPa，而危岩体的单轴抗压强度为 33~40MPa。显然，危岩体下座 30m 左右时，危岩类砌体结构底部易出现碎裂解体，实际发生的危岩下座解体过程如图 4.27 所示。

图 4.27　甄子岩 W12#危岩下座破坏解体过程

4.3.3　灰岩边坡座裂演化模式 [147]

1. 甄子岩地貌演化过程

按照甄子岩危岩第 1 组结构面间距 35~40m 推算，截至目前，甄子岩二级陡崖的地貌演化过程初步可划分为三个演化阶段，即 A，B，C 三个危岩块相继形成与崩塌过程，属于三个地貌小循环 (图 4.28)，其中图 4.28(a) 为第二级陡崖的初始地貌形态，图 4.28(b)~(d) 为危岩块 A 形成、破坏与崩塌过程，图 4.28(e)~(g) 为危岩块 B 形成、破坏与崩塌过程，图 4.28(h)~(j) 为危岩块 C 形成、破坏与崩塌过程。每个危岩块的形成均以危岩体底部碳质页岩的快速风化孕育岩腔为诱发因素，如图 4.28(b)，(e)，(h) 所示；当岩腔深度增大到一定值时，危岩主控结构面端部区域的碳质页岩出现压裂喷射，如图 4.28(c)，(f)，(i) 所示；随后危岩块体呈现突发性崩塌破坏，如图 4.28(d)，(g)，(j) 所示。图 4.28(j) 的地貌景观与甄子岩 W12#危岩崩塌后的地貌形迹相同。

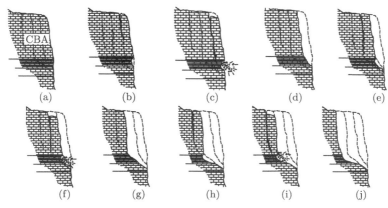

图 4.28　甄子岩二级陡崖地貌演化过程

2. 灰岩地区岩质边坡演化模式

现场调查发现，三峡库区灰岩地区的岩质边坡演化模式如图 4.29 所示，遵循危岩座裂演化机制。该类边坡地貌演化过程中，危岩体由大量小尺寸灰岩块组成并被多组陡倾角岩体结构面切割，呈现类砌体结构特征，落水洞、漏斗、溶蚀洼地等喀斯特作用加速了陡倾岩体结构面张开度和贯通度的发育过程；而危岩基座泥岩、泥页岩、碳质页岩等软质岩体与危岩体之间的差异风化，在软质岩体内形成岩腔，成为诱发灰岩边坡后退演化的起搏器。可见，着眼于危岩底部岩腔的发育过程探索灰岩地区岩质边坡的地貌演化问题是可行的，这与 Regmi 等从岩体风化角度探讨喜马拉雅山中段尼泊尔境内灰岩、白云岩地区的滑坡灾害发育问题思路相似[147]。

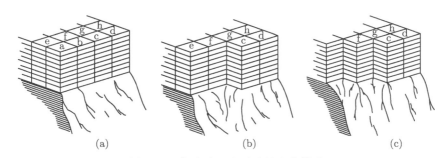

图 4.29　灰岩地区岩质边坡演化模式

　　地貌演化是地貌学的经典科学问题，尤其是进入 21 世纪后边坡地貌演化过程的量化问题一直是国内外地貌学者研究的热点问题，例如，de Lange 和 Moon 估算出新西兰 Auckland 海蚀崖后退速率在 11~75mm/a[148]，Barlow 等提出了一种负指数幂函数方法用于模拟几十年尺度范围内陡崖地貌的后退问题 [149]。本书作者于 2010 年 2 月 15 日~2012 年 2 月 25 日在甄子岩二级陡崖坡脚的碳质页岩表面布置了 10 个监测点，累计 731 天，记录了碳质页岩在自然条件下的风化过程 (图 4.30)，表明碳质页岩在自然条件下风化速度与气候条件关系密切，第 100~250 天为 2010 年雨季、第 450~680 天为 2011 年雨季，碳质页岩风化速度较大，可达 18mm/d，平均约 38mm/a，据此估算，形成 10m 深的岩腔只需要 260 余年！如甄子岩，危岩体平均宽度 35m，根据陈洪凯等的研究，岩腔深度为危岩体宽度的 2/3 左右时，危岩体将突发性失稳，据此推算，甄子岩边坡一个地貌演化旋回所需时间在 600 年左右，这个时间历时与当地县志记录比较接近。

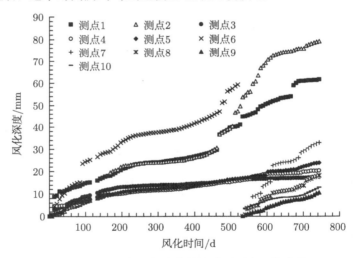

图 4.30　甄子岩二级陡崖坡脚碳质页岩风化曲线

　　图 4.29 所示的灰岩地区岩质边坡演化模式中，图 4.29(a) 比较理想地给出了 a，b，···，h 八个危岩体，临空面的 a，b，c，d 四个危岩块失稳破坏通常具有随机性，如图 4.29(b) 表示危岩块 a 和 b 已经破坏崩落，其后部的危岩块 e 和 f 暴露临空，图 4.29(c) 表示危岩块 e 已经破坏崩落。可见，灰岩地区岩质边坡地貌演化在较短时间尺度上具有局部后退特征，即危岩座裂破坏 (sinking-disintegration rupture of perilous rock)，但在较长时间尺度上则表现为平行后退。

　　目前，应拓展地貌过程研究思维，积极引入损伤力学、断裂力学等工程力学方法，将传统的定性和逻辑推理研究方法与工程力学相结合，例如，Imposa 等采用构造地质学方法分析了碳酸盐岩陡崖的稳定性问题 [150]。

4.4 危岩链式崩塌实例解译

4.4.1 巫峡岸坡危岩崩塌

三峡地区属亚热带季风气候,降水丰富且集中在夏季。灰岩为主的河谷边坡岩层在风化作用下裂隙发育。近水平层产状为灰岩、泥质灰岩等较硬岩层和页岩、泥岩等软弱岩层组合分布于临空陡崖上,为河谷谷肩应力释放区,也是危岩发育重点区域。

1. 巫峡岸坡地质模型

在地质历史过程中,三峡地区受到多次构造运动作用,区域地质构造情况较复杂,现代形态主要受川东褶皱带、大巴山断褶带、川鄂湘黔隆起褶皱带控制。七曜山基底断裂南部,地貌受构造线向 NEE 偏转影响形成了窄岭宽谷形态,表现为多条平行分布的向斜谷、背斜山格局,符合川东平行岭谷地貌特征。奉节–巴东河谷边坡主要为二叠系和三叠系地层,岩性包括灰岩、泥灰岩、泥质粉砂岩、泥质页岩、黏土岩和煤层,是典型的近水平软硬互层层状结构边坡。长江贯通后沿地质构造线在巫山向斜中向东流动,向斜核部地层主要由砂岩、页岩组成的上三叠沙溪庙组与泥质灰岩、泥岩组成的中三叠巴东组构成;当长江流经望霞时转向切穿由二叠系灰岩、泥岩和泥质灰岩构成的横石溪背斜,从而形成了巫峡 (图 4.31)。背斜谷顶发育

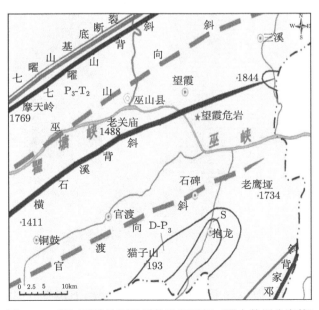

图 4.31 长江巫峡地区地质构造纲要图 (图中数据为海拔)

大量与轴面平行的张裂隙，逐步与主控结构面切割岩体，形成危岩体。巫峡左岸望霞危岩岸坡如图 4.32 所示。

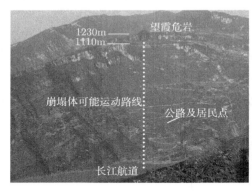

图 4.32　巫峡左岸望霞危岩岸坡

巫峡河谷岸坡望霞危岩体下部由灰色碳质页岩、泥岩与煤线夹层构成软弱基座；上半部分硬质岩体由灰色薄–中厚层状灰岩、薄层泥灰岩构成，为二叠系上统吴家坪组 (P$_2$w)。岩体后缘沿岩溶漏斗扩展贯通，与母岩分离，仅岩体底部与基座锁固 (图 4.33)。

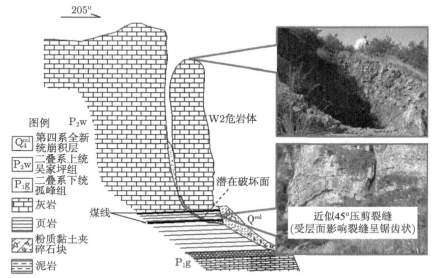

图 4.33　望霞座滑式危岩地质剖面图

2. 望霞岸坡地貌过程

长江河谷至山地顶面呈现出岩溶区阶梯层状地貌面特点，包括三个地貌学层次：一是谷间高地夷平面，二是谷坡侵蚀面，三是谷底阶地。在 45km 长的巫峡峡谷灰岩岸坡顶面中，在距离河谷较远的分水岭地区，存在海拔 1700~2000m 的鄂西期夷平面，该夷平面属老第三纪准平原抬升侵蚀后的残余，年龄在三峡地区最老；巫峡内低于鄂西期夷平面，海拔在 1200~1500m 的夷平面被称为山原期，主要在上新世后期形成，属新第三纪准平原抬升侵蚀后残体，横石溪背斜顶部可见该夷平面；较山原期夷平面更低一级的侵蚀面，位于巫峡岸坡背斜谷肩顶部陡崖 (图 4.34)，是现阶段危岩崩塌多发区和重点区域。

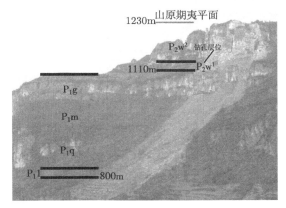

图 4.34 望霞陡崖地质层位概况图

从巫峡层状灰岩河谷被长江深切的地质动力过程来看，现代河谷谷肩顶部由层状燧石灰岩、晶质灰岩构成的二叠系上统的吴家坪组岩层 (P_2w^2)，经长期风化作用发育大量垂直与水平节理，特别是在交切面上溶蚀作用强烈，节理多进一步发展切割岩体成为裂隙，控制着岩体稳定性。在自然条件下，为减小张剪作用维持坡地稳定，谷肩的地貌将自我调节为较长弧度形态，这促使大棱角交切面以崩塌后退的形式进行"自我修剪"。当河谷下切横石溪背斜至现代海拔 1100m 左右时，由深灰色泥岩、灰色碳质页岩和煤层构成的二叠系上统的吴家坪组下段 (P_2w^1) 岩层出露，形成上硬下软岩性组合，使崩塌更易发生，加速了边坡卸荷。这一组岩层相对高差为 120m 左右，海拔在 1100m 至坡顶。

海拔 1100m 以下发育了第二组软硬互层岩石，硬质岩层属二叠系下统的孤峰组 (P_1g)、茅口组 (P_1m) 和栖霞组 (P_1q)，岩性主要为灰色中–厚层灰岩，以及少量薄层状泥灰岩；软质岩层属二叠系下统梁山组 (P_1l)，由 10~30m 厚的铝土质泥岩、碳质泥岩和黏土层组成。与第一级陡崖发育过程相似，该层软硬岩层也将发生崩塌，不断平行后退，并将崩塌岩块大量堆积于坡脚。

将上述两级软硬互层陡崖纳入三峡岩溶地区层状地貌对比可知，巫峡边坡坡顶海拔约为 1230m，与山原期夷平面吻合。岩层出露后伴随长江强烈下切的构造运动，特别是喜马拉雅第Ⅲ幕运动后又进入相对稳定时期，该稳定时期在海拔 800m 左右广泛发育剥夷面。所以，这两套软硬互层岩体发育开始时间可考虑为 3.0～3.4Ma B.P. 山原期夷平面，结束时间以现代巫峡峡谷南侧同海拔的大庙"巫山人"化石年龄 1.80～2.04Ma B.P. 为参考。所以，该阶段形成陡崖时长江平均下切速率约为 (3.5±0.8)cm/100a。

长江河谷发育至 800m 以下为深切峡谷云梦期、三峡期。该时期志留系纱帽组砂岩被切穿，大量碎屑经风化、侵蚀被降水冲刷流失，部分堆积物在坡脚发生次生风化沉积下来，成为现代滑坡体物源。参考巫峡 91m 河床海拔，推算该阶段长江下切速率约为 (3.7±0.2)cm/100a。

3. 危岩发育模式演绎

根据巫峡岸坡形态与高程，以及长江三峡岩溶层状地貌综合分析，可将巫峡河谷边坡崩塌与地貌侵蚀过程概括为五个阶段：上层陡崖发育阶段、上层危岩发育阶段、下层陡崖发育阶段、双层危岩发育阶段和危岩链式发育阶段，如图 4.35 所示，主要特征简述如下。

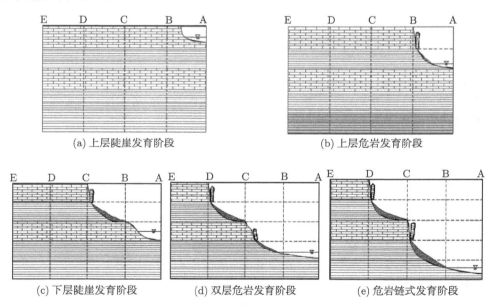

(a) 上层陡崖发育阶段　　　　　　　　　　(b) 上层危岩发育阶段

(c) 下层陡崖发育阶段　　　(d) 双层危岩发育阶段　　　(e) 危岩链式发育阶段

图 4.35　巫峡望霞岸坡危岩发育模式

(1) 上层陡崖发育阶段：长江在巫峡段贯通后，随着长江三峡地区新构造间歇性隆升，河流从现代河谷峰顶面开始下切，灰岩逐渐出露，上层陡崖发育，岸坡内应力状态逐渐调整，尤其是拉应力逐渐增大。

(2) 上层危岩发育阶段：长江河谷切穿上层灰岩进入下覆泥页岩后，河谷下蚀速度快速增加，上部灰岩陡崖内拉应力量值快速增大，陡崖表层卸荷裂隙快速发育；并且由于灰岩和泥页岩差异风化作用，灰岩下部泥页岩快速风化而使岩腔逐渐发育，岩腔顶部优势卸荷裂隙外部岩体逐渐孕育成危岩体，危岩体崩落，在陡崖坡脚泥页岩风化平台逐渐堆积。

(3) 下层陡崖发育阶段：在长江河谷切穿上部泥页岩而进入下层灰岩后，灰岩抗风化能力较强而逐渐形成陡崖，并且随着陡崖高度增大，陡崖表层岩体卸荷作用逐渐增强。其间，上层陡崖表层危岩遵循链式崩塌原理持续发育，陡崖下部泥页岩强烈风化而使斜坡宽度继续增大，斜坡平台表层崩塌堆积物持续增厚。

(4) 双层危岩发育阶段：长江河谷切穿下层灰岩进入下层泥页岩后，河谷岸坡上下两个陡崖并存，上层陡崖表层危岩遵循链式崩塌原理持续发育，下层陡崖表层危岩开始发育，河谷地貌进入双层危岩发育阶段。

(5) 危岩链式发育阶段：长江河谷进入双层危岩发育阶段后，两层陡崖的危岩均遵循链式崩塌规律予以发育，陡崖坡脚泥页岩缓倾平台表层崩塌堆积物厚度增加、范围扩大，并易诱发对基层滑坡。

新构造运动时期长江以不同速度下切，使陡崖阶段性后退，就是危岩崩塌发育、发生过程，如 A→B→C→D。由于河谷岩性以灰岩、泥质灰岩为主，岩体裂隙较为发育，在风化作用下裂隙贯通形成结构面，主控结构面扩展最终造成岩体断裂破坏形成危岩崩塌。特别是当软弱岩体露出地表后，自身抗剪强度劣化强烈，在上部灰岩的重力作用下易形成软弱基座，表现出软硬互层危岩座滑和座倾破坏形式，加速了崩塌的发生，陡崖后退的速度较单一灰岩岩性快。受多个水平岩层分布的影响，巫峡河谷边坡表现为多级陡崖形态，大量灰岩、泥质灰岩、泥岩崩积物堆积在陡崖底部，受次生风化作用后向下运移，使低海拔陡崖坡度降低，当沉积较为深厚时甚至可将下部陡崖掩盖起来，边坡整体坡度减缓，仅在顶部表现为高坡度陡崖。三峡水库运营期存在高水位和低水位周期性变化特性，使岸坡地下水饱水带垂向变化频繁，降低了岸坡稳定性，易诱发塌岸或滑坡。所以，巫峡望霞大斜坡顶部发育形成望霞危岩，其底部向家湾滑坡和猴子包滑坡均属崩积–残坡积滑坡，形成了完整的崩、滑地质灾害链，这种现象是陡崖平行后退的地貌长期发育过程和库岸短期再造共同作用的结果。

4.4.2 四面山危岩崩塌 [51]

红岩山坐落在四面山国家级风景名胜区北部边缘，处于头道河和黄连坝河交汇处的分水岭部位，坡脚海拔 750m，坡顶海拔 1250m，发育四级陡崖，从下到上，陡崖高差分别为 60m，72m，80m 和 160m（图 4.36 和图 4.37）。陡崖上存在 62 个大型及特大型危岩体，单体体积 1000～1600m³。坡脚存在两个由崩塌体堆积而成的堆积扇, 其中 1#堆积扇前缘宽 420m、纵向长 460m、体积 $3.57 \times 10^6 \text{m}^3$, 前缘巨型粒径块石广布, 直径可达 29m, 主要发生在清朝末年, 距今 130 年左右, 后期零星崩落堆积。2#堆积扇前缘宽 240m、纵向长 270m、体积 $1.82 \times 10^6 \text{m}^3$, 前缘堆积块石最大粒径 23m 左右, 从 20 世纪初以来由十余次崩塌堆积而成, 最近一次发生在 2004 年 12 月 21 日凌晨 5 时左右, 一次性崩塌体体积约 4000m³ (图 4.38)。红岩山地层属于白垩纪晚期的砂岩、泥岩交互湖相沉积, 硬质砂岩出露形成陡崖, 软质泥岩出露形成陡崖坡脚的斜坡, 斜坡表面堆积丰富的崩坡积物, 厚度 5～30m, 局部大粒径块石顶部出露地表 4～8m。第二级陡崖主要由湖相砾石组成, 粒径 3～7cm, 为硅质胶结和铁质胶结。砂岩内发育三组典型的地质构造面。

第一组: 与陡崖近于垂直, 产状 251°～260°∠80°～85°, 间距 9～13m, 贯通率较好, 可达 83%。

第二组: 与陡崖走向一致, 为 NW85°, 直立, 间距 6～10m, 贯通率好, 可达 90%。

第三组: 岩层层面, 倾角 5°～8°, 厚层状, 厚度 3～8m。

三组地质构造面相互切割, 产生了大量的危岩体。

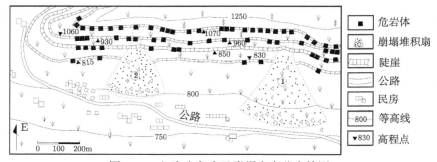

图 4.36　红岩山危岩及崩塌灾害分布简图

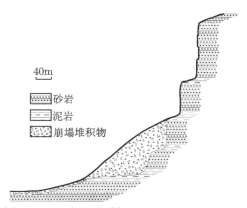

图 4.37　红岩山地质剖面图 (2#崩塌体位置)

图 4.38 红岩山 2#崩塌体轮廓

1. 有限元数值模型建立

根据危岩发育链式规律，将红岩山危岩的发育历史进行合理恢复 (图 4.39)，从恢复后的红岩山地貌可以看出，自第四纪中期以来，红岩山共发育了五个宏观链，其中 A，B，C 宏观链已经完成，分别包括 12 个，10 个和 8 个微观链，D 宏观链的最后一个微观链 (D-8) 已经于 2004 年 11 月 27 日完成，体积约 $500m^3$，E 宏观链正处于岩腔形成时期。本次模拟以根据危岩发育的链式规律恢复后的红岩山为物理模型，选取恰当的物理力学参数和边界条件，建立有限元数学模型，对红岩山危岩发育链式规律进行模拟。

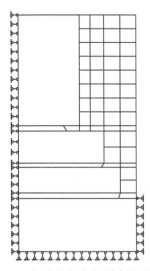

图 4.39 红岩山危岩复原有限元模型

红岩山危岩主要由泥岩和砂岩组成，若取基于理想塑性的平面应变弹塑性模型和 Drucker-Prager 屈服准则，则计算所需要的参数主要包括泥岩的弹性模量、泊松比、黏结力、内摩擦角、膨胀角和密度以及砂岩的弹性模量、泊松比、黏结力、内摩擦角、膨胀角和密度，本计算模型选取的参数见表 4.2，参数的选取主要根据同类岩石的室内实验结果并且经过工程地质模拟而确定。

表 4.2　红岩山危岩计算模型物理力学参数

岩性 \ 参数	弹性模量 E/Pa	泊松比 μ	黏结力 c/Pa	内摩擦角 φ/(°)	膨胀角 φ_f/(°)	密度 ρ/(kg/m³)
泥岩	3.57×10^9	0.35	7.47×10^5	32.81	0	2358.6
砂岩	4.83×10^9	0.21	1.31×10^6	38.40	0	2450.3

通过分析建立了如图 4.39 所示的有限元分计算模型后，对各部分的材料参数进行赋值，并且在材料模型中设定材料的屈服准则，然后在模型中施加结构所受到的荷载并且对边界的位移进行约束，采用平面四节点四边形单元 PLAN42 对计算模型进行单元划分，对危岩发育的链式规律进行二维有限元模拟，划分单元后的有限元模型如图 4.40 所示。

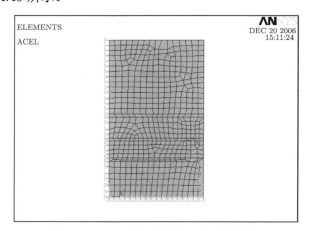

图 4.40　红岩山复原有限元模型网格图

选取了合适的参数与边界条件，建立了如图 4.40 所示的有限元分析模型，下面通过单元的启动与杀死来对危岩的失稳崩落进行建模。采用有限元计算程序 AN-SYS 对危岩发育链式规律进行模拟。

2. 有限元模拟结果分析

1) 初始应力场

根据危岩发育的链式规律恢复后的红岩山危岩，其初始应力场是地质运动历史过程中，随着头道河河床不断下切而逐渐形成的。数值模拟得到头道河红岩山危岩大主应力图和小主应力图 (图 4.41)，具有如下特征：

(1) 数值分析结果符合山体内应力场分布总体规律, 即越靠近临空面, 大主应力越接近平行于临空面, 小主应力则与临空面正交。在初始应力状态, 小主应力处于压应力状态, 且在山顶压应力最小, 在山底压应力达到最大值 6.0MPa, 与实际情况相符。

(2) 在最下部的一层泥岩靠近临空面的位置, 大主应力与小主应力均出现明显应力集中梯度带, 此应力集中区与危岩初始岩腔形成位置完全吻合。

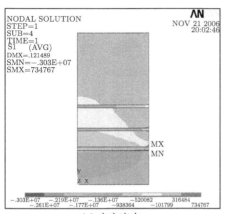

图 4.41　复原后红岩山陡崖应力状态 (后附彩图)

2) 第一个宏观链的临界岩腔形成过程应力场分析

(1) 由图 4.42 可以看出, 初始岩腔的形成改变了红岩山体内的应力状态, 在初始岩腔顶部出现大主应力和小主应力最大值, 大主应力出现拉应力峰值 813.72kPa。在岩腔的深部顶端出现应力集中区域, 使初始岩腔在压裂风化作用下易于进一步发育, 形成临界岩腔。

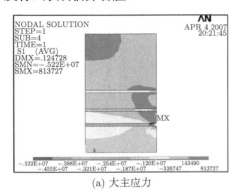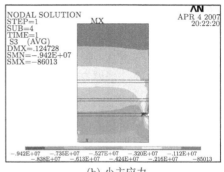

图 4.42　第一个宏观链初始岩腔形成时红岩山应力场 (后附彩图)

(2) 由图 4.43 可以看出，随着差异性风化形成临界岩腔，危岩体内的应力状态继续发生改变，临空面附近的主应力迹线均明显偏转，表现为小主应力与临空面近于平行，而大主应力与临空面近于正交，大小主应力均存在受拉情况，拉应力峰值分别为 1.7MPa 和 96.48kPa。

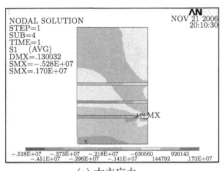 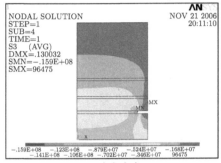

(a) 大主应力　　　　　　　　　　　　　　　(b) 小主应力

图 4.43　第一个宏观链临界岩腔形成时红岩山应力场 (后附彩图)

(3) 比较图 4.42 和图 4.43 发现，在岩腔顶部附近，平行于临空面的切向应力增大，而垂直于临空面的径向应力则减小。由于应力差增大，于是就形成了最大剪应力增高带，易于发生剪切破坏。并且岩腔顶部小主应力由压应力状态转变为拉应力状态，因而在岩腔顶部的砂岩中极易形成并出现大量的拉张裂隙，加速初始危岩体形成过程。

3) 第一个宏观链发育过程中的应力场

初始危岩形成以后，随着危岩体内部裂隙不断发育，主控结构面逐渐形成与贯通，危岩呈现链式演化，模拟得到的红岩山危岩完成第一个宏观链过程中的大主应力场和小主应力场见图 4.44~图 4.49。

(1) 第一个宏观链发育时的应力场。

第一个宏观链微观链 1~微观链 3 完成时红岩山应力场分别见图 4.44~图 4.46，第一个宏观链进一步发育过程中红岩山应力场见图 4.47 和图 4.48。

从图 4.44~图 4.46 可见，陡崖第一个宏观链按照简单模式发育时，山体内的应力分布基本保持不变。山体内应力随着微观链发育，平行于临空面的切向应力增大，而垂直于临空面的径向应力则减小。由于应力差增大，形成了最大剪应力增高带，易发生剪切破坏；而且岩腔顶部危岩体内的小主应力全部转变为拉应力，微观链 2 发育时最大拉应力可达 284.92kPa，易孕育下一个微观链。

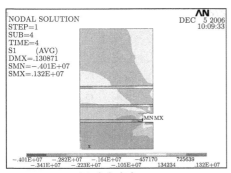 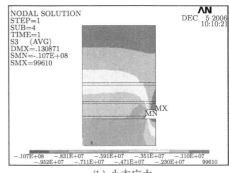

(a) 大主应力   (b) 小主应力

图 4.44　第一个宏观链微观链 1 完成时红岩山应力场 (后附彩图)

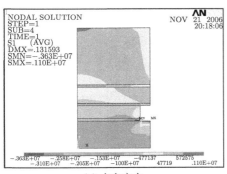 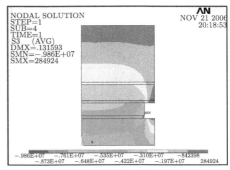

(a) 大主应力   (b) 小主应力

图 4.45　第一个宏观链微观链 2 完成时红岩山应力场 (后附彩图)

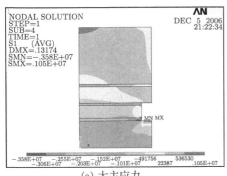 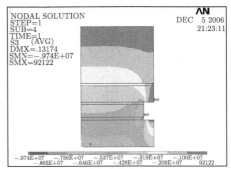

(a) 大主应力   (b) 小主应力

图 4.46　第一个宏观链微观链 3 完成时红岩山应力场 (后附彩图)

(2) 第一、二个宏观链共同发育的应力场。

当陡崖高度较大时 (超过 20m)，危岩链式规律表现为两个以上的宏观链同时发育的复合嵌套模式 [48]。红岩山危岩便表现为这种发育模式,当第一个宏观链中的微观链发育到一定程度时,第二个宏观链中的微观链便开始发育。在复合嵌套模式开始到第一个宏观链发育完成这一过程中,山体内的大主应力与小主应力见图 4.47~图 4.49,其中,第一个宏观链继续发育、第二个宏观链岩腔形成时陡崖的应力场见图 4.47 和图 4.48;第一个宏观链和第二个宏观链共同发育时陡崖的应力场见图 4.49。此时,红岩山体应力变化特征如下:

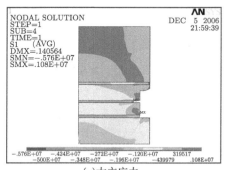

(a)大主应力

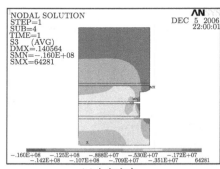

(b)小主应力

图 4.47　第二个宏观链初始岩腔完成时红岩山应力场 (后附彩图)

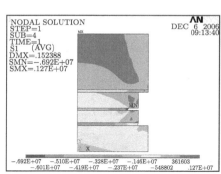

(a)大主应力

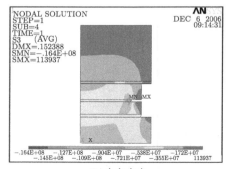

(b)小主应力

图 4.48　第二个宏观链临界岩腔完成时红岩山应力场 (后附彩图)

从图 4.47 可见,第二个宏观链初始岩腔形成时,岩腔上部岩体内大主应力为拉应力,最大值为 1.08MPa,小主应力处于压应力状态向拉应力状态过渡阶段,在岩体中局部区域表现为拉应力。第一个宏观链中危岩体小主应力为拉应力,小主应力值为 64.28kPa,易引发张拉裂隙。从图 4.48 可以看出,在第二个宏观链临界岩腔形成时,陡崖内的应力状态与初始岩腔形成时基本一致。

从图 4.49 可以看出,当第一个宏观链和第二个宏观链遵循危岩发育链式规律复合嵌套模式发育时,随着微观链的发育,危岩体内的大主应力分布情况发生改变，两个宏观链中危岩体所在区域的大主应力都是处于由压应力状态向拉应力转化的过渡状态，而小主应力则都是处于拉应力状态；随着微观链发育，岩腔顶部危岩体内小主应力的值在 147~207kPa 变化，危岩体处于受拉状态，易产生拉裂破坏。在第一个宏观链完成以后，第二个宏观链中的微观链持续发育，岩腔顶部的危

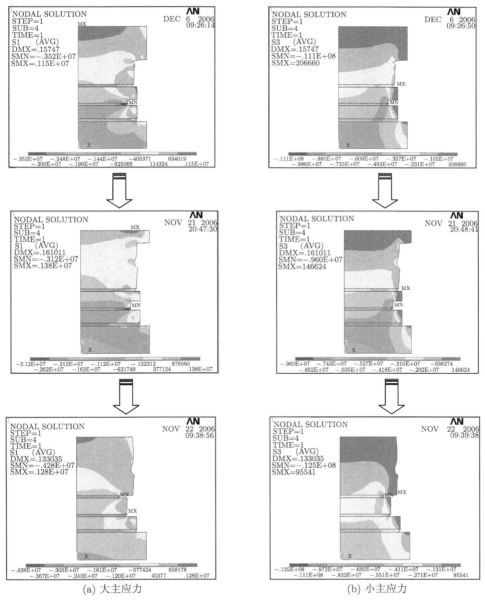

(a) 大主应力 (b) 小主应力

图 4.49 第一、二个宏观链共同发育时红岩山应力场 (后附彩图)

岩体内的大主应力为拉应力，主应力变化范围在 403~658kPa，小主应力为拉应力，并且在岩腔顶部的岩体中小主应力为最大，其值为 95.4kPa。在拉应力的作用下，危岩容易发生拉裂破坏，形成拉裂坠落破坏。

　　4) 第二、三宏观链复合嵌套发育过程中的应力场

　　危岩第一个宏观链发育完成以后，第二个宏观链中的微观链已经开始发育，第三个宏观链的危岩岩腔也已经形成。第二个宏观链在已经完成的微观链基础上和第三个宏观链按照复合嵌套模式继续发育，发育过程的大主应力与小主应力场如图 4.50 和图 4.51 所示。

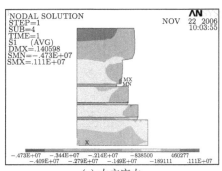
(a) 大主应力

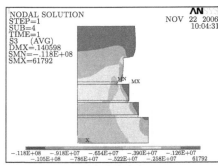
(b) 小主应力

图 4.50　第二、三个宏观链共同发育时红岩山应力场 (后附彩图)

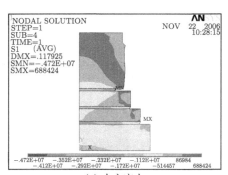
(a) 大主应力

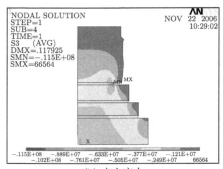
(b) 小主应力

图 4.51　第三个宏观链完成时红岩山应力场 (后附彩图)

　　在第二个宏观链和第三个宏观链复合嵌套发育过程中危岩体的大主应力和小主应力均处于拉应力状态，陡崖内大主应力的变化范围在 460~688kPa，小主应力的变化范围在 61.79~66.56kPa，危岩体处于受拉状态，极易发生破坏；并且在第三个宏观链完成、第四个宏观链的临界岩腔形成时，在岩腔顶部局部区域出现应力集中，易于诱发下一个宏观链中的微观链。

5) 第四个宏观链发育过程中的应力场分析

2004 年 11 月 27 日凌晨, 红岩山危岩第四个宏观链中的最后一个微观链完成, 同时第五个宏观链的岩腔也正处于发育形成时期。在第四个宏观链发育过程中陡崖内大主应力与小主应力场如图 4.52 和图 4.53 所示。第四宏观链发育过程中, 陡崖内的大主应力处于压应力向拉应力过渡状态, 小主应力处于拉应力状态, 危岩体处于受拉状态, 易引发危岩拉裂破坏。在第四个宏观链完成时, 岩腔顶部危岩体内的大主应力为拉应力并且达到最大值, 为 925.57kPa; 小主应力在岩腔附近产生应力集中, 岩腔顶部危岩体内小主应力为拉应力, 最大值为 20.49kPa, 容易引发危岩破坏, 孕育下一个宏观链中的微观链。

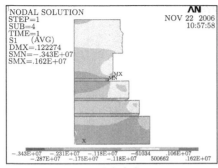
(a) 大主应力

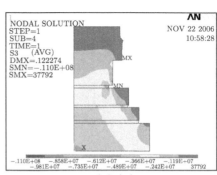
(b) 小主应力

图 4.52　第四个宏观链发育时红岩山应力场 (后附彩图)

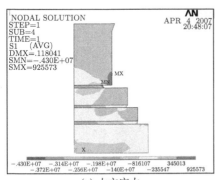

(a) 大主应力

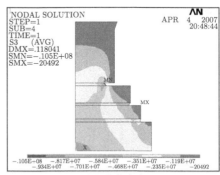
(b) 小主应力

图 4.53　第四个宏观链完成时红岩山应力场 (后附彩图)

4.4.3　羊叉河危岩崩塌

三峡水库綦江河一级支流羊叉河流域中段, 岸坡陡崖高差 34~36m (图 4.54), 岩层由近于水平的灰岩和泥岩交互沉积, 灰岩出露处为陡崖, 下部泥岩厚 20m 左右，其间夹 4.3m 灰岩，夹层灰岩上部泥岩出露处发育高约 5m、深约 3m 的岩腔，夹层灰岩下部泥岩出露处为宽缓的侵蚀平台，宽约 25m，松藻矿区铁路从该平台通过。上部陡崖发育有 5 级台阶微地貌，台阶宽 2.2~3.2m、高 3.4~5.6m (图 4.55)。

图 4.54　羊叉河陡崖地貌形态

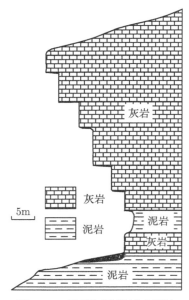

图 4.55　羊叉河陡崖链式形迹

1. 有限元数值模型

基于对羊叉河危岩崩落地貌形迹的现场调查和量测，遵循危岩链式发育规律，将图 4.56 所示纵断面的危岩组合结构恢复成 A，B，C 三个宏观链，其中，宏观链 A 包括 A-1，A-2，…，A-7 等 7 个微观链，宏观链 B 包括 6 个微观链，宏观链 C 包括 4 个微观链，据此构建羊叉河危岩链式崩落数值模型，如图 4.57 所示，施加边界约束，陡崖上灰岩危岩块和基座泥岩的主要岩石力学参数见表 4.3。

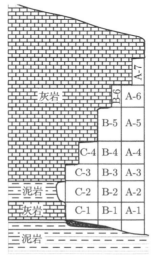

图 4.56 羊叉河岸坡陡崖危岩块组合模式恢复

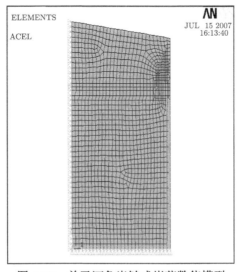

图 4.57 羊叉河危岩链式崩落数值模型

表 4.3　羊叉河危岩的主要岩石力学参数

	弹性模量 E/MPa	泊松比 μ	黏结力 c/kPa	内摩擦角 φ/(°)	膨胀角 φ_f/(°)	密度 ρ/(kg/m³)
泥岩	4980	0.23	5780	43.77	0	2490
灰岩	5744	0.12	4800	45.84	0	2672

2. 数值模拟结果

1) 羊叉河岸坡初始应力场

根据危岩发育链式规律恢复后的羊叉河岸坡危岩, 进行有限元数值模拟, 得到羊叉河岸坡初始应力场 (图 4.58), 其主要特征如下:

(1) 越靠近岸坡陡崖临空面, 大主应力越接近与临空面平行, 小主应力则与临空面正交。初始应力状态下小主应力处于压应力状态, 且在陡崖顶端压应力最小, 在陡崖底端压应力达到最大值, 与实情相符。

(2) 在最下部一层泥岩靠近临空面的位置, 大主应力与小主应力均出现应力集中, 与危岩初始岩腔形成部位吻合良好。

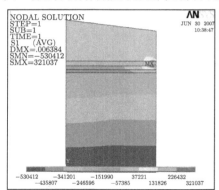
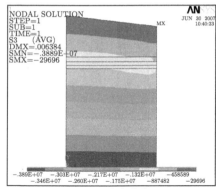

(a) 大主应力　　　　　　　　　　　　　　　(b) 小主应力

图 4.58　羊叉河岸坡初始应力场 (后附彩图)

2) 第一个宏观链临界岩腔形成过程应力场

羊叉河危岩的地层是由泥岩和灰岩组成的软硬相间岩层组合, 在羊叉河危岩发育过程中, 第一个宏观链初始岩腔和临界岩腔形成过程中, 陡崖大主应力与小主应力分别如图 4.59 和图 4.60 所示, 其主要特征如下:

(1) 初始岩腔改变了岸坡的应力状态, 在初始岩腔顶部出现大主应力和小主应力最大值, 并在岩腔端部出现应力集中, 使初始岩腔在风化作用下易于进一步发育, 形成临界岩腔。

(2) 随着差异风化进一步发展, 初始岩腔演变成临界岩腔后, 岸坡应力状态继续发生改变, 临空面附近的主应力迹线均明显偏转, 表现为小主应力与临空面近于平行, 而大主应力与临空面近于正交。

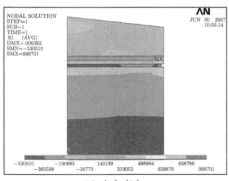

(a) 大主应力

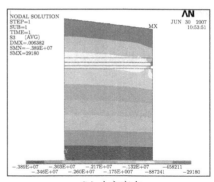

(b) 小主应力

图 4.59　初始岩腔形成时羊叉河岸坡应力场 (后附彩图)

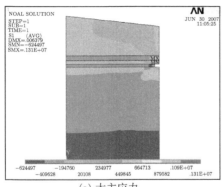

(a) 大主应力

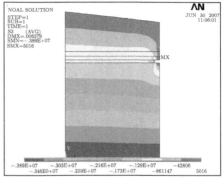

(b) 小主应力

图 4.60　第一个宏观链临界岩腔形成时羊叉河岸坡应力场 (后附彩图)

(3) 在岩腔顶部，平行于陡崖临空面的切向应力升高，而垂直于临空面的径向应力则降低，且由于应力差增大，出现最大剪应力增高带，危岩易发生剪切破坏。由于岩腔顶部小主应力从压应力状态转变为拉应力状态，因而在岩腔顶部的灰岩中易形成并出现大量拉张裂隙，孕育初始危岩体。

(4) 在临界岩腔形成过程中，岩腔上部危岩体顶部的大主应力表现为拉应力，而底部的大主应力表现为压应力，这种应力状态易于在岩腔上部灰岩中形成拉张裂隙，进一步发育成危岩主控结构面。

(5) 在初始状态下，羊叉河危岩岩体处于受压状态，泥岩上部灰岩受到的压应力为 1.32MPa。由于差异风化作用，泥岩的风化速度比灰岩快，在泥岩中形成初始岩腔，此时岩腔顶部灰岩处于受压状态，压应力为 0.46MPa。随着差异风化的进一步发展，危岩底部岩腔逐渐扩大并形成临界岩腔，此时小主应力如图 4.60 所示，岩腔顶部灰岩处于受拉状态，拉应力为 5.02kPa。由图 4.59 和图 4.60 可以看出，在临界岩腔形成过程中，软岩顶部的硬质岩层逐渐由受压状态转为受拉状态，从而在岩体中形成拉张裂隙，裂隙进一步发育形成危岩主控结构面，进而形成危岩体。

3) 第一个宏观链发育过程应力场

初始危岩体形成以后，随着岸坡裂隙的不断发育，主控结构面形成及贯通，危岩便遵循链式规律发育。图 4.61 为羊叉河危岩第一个宏观链发育过程中的岸坡应力

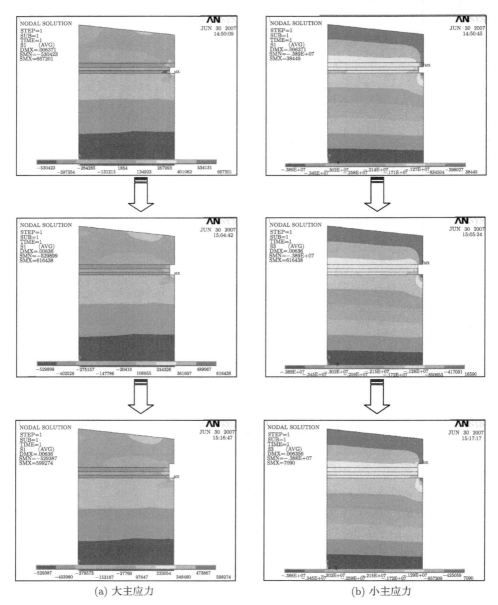

(a) 大主应力　　　　　　　　　　　　　　　　(b) 小主应力

图 4.61　第一个宏观链发育过程中羊叉河岸坡应力场 (后附彩图)

场，其主要特征如下：

羊叉河危岩第一个宏观链发育时，山体内应力状态基本保持不变，随着微观链发育，平行于陡崖临空面的切向应力升高，而垂直于临空面的径向应力则降低，并且由于应力差增大，陡崖内出现最大剪应力集中带，易于发生剪切破坏；此外，岩腔顶部小主应力全部转变为拉应力，极易引起下一个微观链发育。

4) 第一个宏观链和第二个宏观链同时发育时的应力场

第一个宏观链和第二个宏观链同时发育时羊叉河岸坡应力场如图 4.62~图 4.64 所示，其主要特征如下：

(1) 在第二个宏观链初始岩腔形成时，岩腔上部岩体大主应力为拉应力，最大值约为 1.05MPa，小主应力处于压应力向拉应力状态过渡阶段，局部区域表现为拉应力，小主应力值变化范围为 $-0.854 \sim 9.59$kPa；此时，第一个宏观链危岩体小主应力为拉应力，约为 9.59kPa。第二个宏观链岩腔达到临界状态时，陡崖内的应力状态与初始岩腔形成时基本一致。

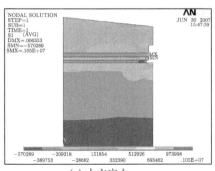

(a) 大主应力

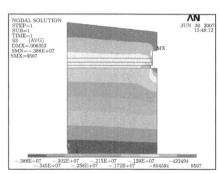

(b) 小主应力

图 4.62 第二个宏观链初始岩腔形成时羊叉河岸坡应力场 (后附彩图)

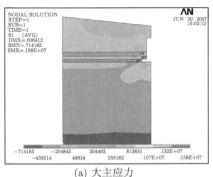

(a) 大主应力

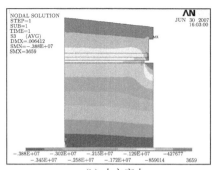

(b) 小主应力

图 4.63 第二个宏观链临界岩腔形成时羊叉河岸坡应力场 (后附彩图)

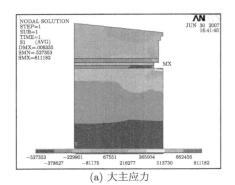
(a) 大主应力

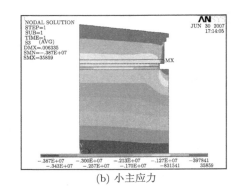
(b) 小主应力

图 4.64　第一、二个宏观链同时发育时羊叉河岸坡应力场 (后附彩图)

(2) 第一个宏观链和第二个宏观链微观链同时发育时，随着微观链发育，陡崖内小主应力分布发生明显变化，小主应力最大值出现在第二个宏观链岩腔顶部，约 363kPa，危岩体处于受拉状态，易产生拉裂破坏。

5) 第二、三个宏观链同时发育时羊叉河岸坡应力场

第二、三个宏观链同时发育时陡崖内的应力场如图 4.65～图 4.67 所示，其主要特征如下：

(1) 羊叉河危岩第三个宏观链初始岩腔形成及临界岩腔形成时的岸坡应力场 (图 4.65) 与第二个宏观链发育的规律基本一致 (图 4.63)，只是危岩体内拉应力范围明显变大，小主应力最大值为 32.51kPa。

(2) 第二、三个宏观链的微观链发育过程中，陡崖内主应力调整明显，岩腔顶部拉应力区变化十分敏感 (图 4.67)，第二个微观链发育时，小主应力最大值为 123.34kPa。据此推断，羊叉河岸坡下一个即将发生崩塌的危岩体如图 4.68 所示。

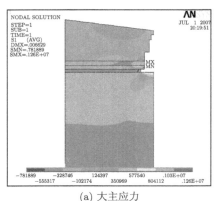
(a) 大主应力

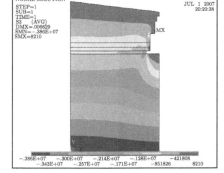
(b) 小主应力

图 4.65　第三个宏观链初始岩腔发育时羊叉河岸坡应力场 (后附彩图)

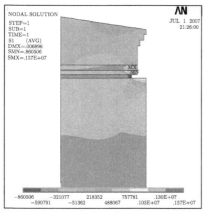
(a) 大主应力

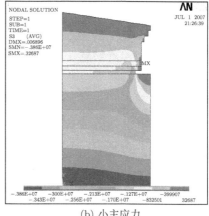
(b) 小主应力

图 4.66 第三个宏观链临界岩腔发育时羊叉河岸坡应力场 (后附彩图)

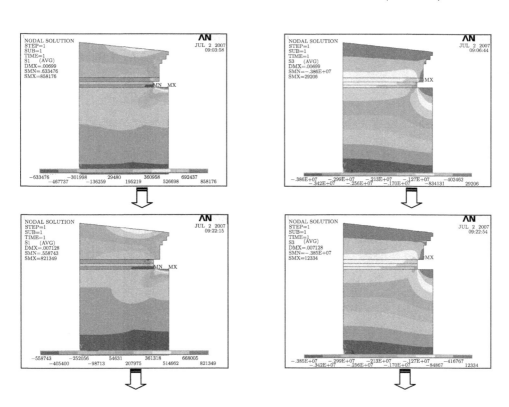

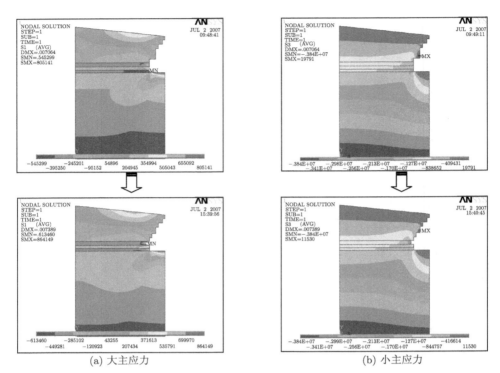

(a) 大主应力　　　　　　　　　　　　　　(b) 小主应力

图 4.67　第三个宏观链发育过程中羊叉河岸坡应力场 (后附彩图)

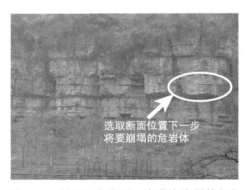

图 4.68　羊叉河危岩下一步发生崩塌的部位

第5章 落石运动力学

5.1 落石运动路径

5.1.1 落石运动路径典型案例

1. 万州天生城危岩崩落

位于三峡库区腹心的重庆市万州区东南郊的天生城 (图 5.1),于 2000 年 7 月发生危岩失稳崩落事件,崩塌体 (落石) 直径 3.0~6.0m,从陡崖运动冲入坡脚水泥路,撞击路面后弹跳 3.2m 高后冲入福建小学操场,崩塌体与操场中央混凝土地面相碰一破为三,其中一块弹跳 4.5m 高后将操场边教学大楼 32cm 厚的砖墙洞穿后进入楼道 (图 5.2 和图 5.3),使近 2000 人的福建小学关闭转移。2000 年 10 月 19 日,天生城名亨小区后部危岩再次发生崩落,运动路径如图 5.4 所示。

2. 江津四面山危岩崩落

重庆市江津区四面山地处川、渝、黔三省市交界区域,属于国家级风景名胜区。2004 年 11 月 27 日凌晨 5 时 30 分,在燕子村红岩山发生危岩崩塌事件 (图 5.5),崩塌体沿陡崖及陡坡弹跳 (图 5.6),崩塌体直径 2~5m,冲断直径约 2.0m、高 20m 左右的大片树木,并毁损了数间居民房屋,威胁七百余人及一条简易乡村公路。

图 5.1 三峡库区万州天生城陡崖景观

图 5.2 万州天生城福建小学危岩崩落运动
路径形迹

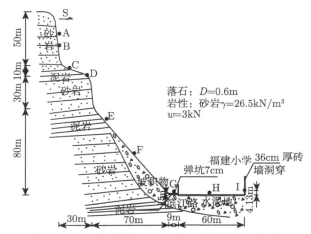

图 5.3 万州天生城福建小学危岩崩落运动路径

图中"●"为崩塌体在坡地表面的冲击弹跳点

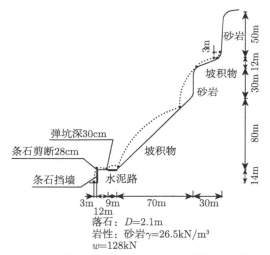

图 5.4 万州天生城名亨小区危岩崩落运动路径

图 5.5 三峡库区江津四面山危岩崩落形迹

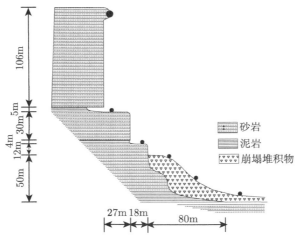

图 5.6 江津四面山危岩崩落运动形迹
图中"●"为崩塌体在坡地表面的冲击弹跳点

3. 云阳五峰山危岩崩落

位于三峡库区腹心重庆市云阳县老县城西部后山的五峰山,于 2001 年 1 月 17 日发生危岩崩落事件,落石直径 1.0~2.8m。落石沿着近 40° 的斜坡运动穿过一片茂密的森林后进入县城后部居民房内 (图 5.7)。其中一块直径约 1.0m 的落石冲出森林,拦腰斩断了 3 棵直径 23cm 的树木后冲击到一块耕地,反弹 2.8m 高度后将一根直径 28cm 的钢筋混凝土电杆冲断,随后运动 12m 进入居民房内。直接威胁了近 2 万居民的生命安全和数百万元的财产安全。

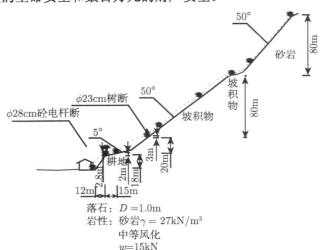

图 5.7 三峡库区云阳五峰山危岩崩落运动路径
图中"●"为崩塌体在坡地表面的冲击弹跳点

5.1.2　落石运动路径计算方法

　　危岩失稳后发生崩塌, 崩塌体 (落石) 在斜坡表面的运动过程可划分为自由坠落、初始碰撞、空中飞行和后继碰撞等四个阶段 (图 5.8), 其中初始碰撞和后继碰撞均可能出现弹跳、滑动、滚动运动形态。初始碰撞的落石入射方向竖直向下, 而后继碰撞的落石入射方向存在入射角, 可正可负。落石在斜坡表面的运动过程是"空中飞行"与"后继碰撞"的非原位重复性运动叠加, 每一种运动形式的转换均存在相应的判别准则。

图 5.8　落石运动阶段

　　为了建立落石运动路径计算方法, 给出基本假定:

(1) 将落石简化为具有一定质量的球体, 直径为 d;

(2) 落石在自由坠落和空中飞行阶段, 不考虑落石受到的空气阻力。

1. 落石运动速度计算方法

1) 自由坠落阶段

　　危岩失稳崩塌形成的落石脱离母岩后, 在自重作用下自由坠落。危岩起崩阶段属于自由坠落问题, 计算模型见图 5.9。以落石与地面的碰撞点为第 i 碰撞点, 则自由坠落阶段, 第 i 碰撞点的速度 v_i 计算式如下:

$$v_i = \sqrt{2gh} \tag{5.1}$$

所需时间为

$$t = \sqrt{\frac{2h}{g}} \tag{5.2}$$

式中, h 为危岩起崩点至陡崖坡脚的垂直距离 (m), 在后继坠落中则为相应陡崖的高度 (m); g 为重力加速度, 取 9.8m/s^2。

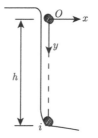

图 5.9　落石自由坠落计算模型

2) 初始碰撞阶段

落石自由坠落与下垫面发生的碰撞称为初始碰撞,其入碰速度为 v_i。在初始碰撞点,地形条件及下垫面岩土条件均会对碰撞后速度及落石运动方向起到控制作用。碰撞后效可分为两种情况,即弹跳和滑滚。

(1) 落石弹跳。

计算模型见图 5.10,弹跳方向与坡面法线方向 n 之间的角度和局地下垫面坡脚相同,均为 β,落石弹跳速度为 v_r。落石入碰时的动能 E_i 为

$$E_i = \frac{1}{2}mv_r^2 \tag{5.3}$$

则考虑下垫面落石的碰撞消能后,碰余能量 E_0 为

$$E_0 = \frac{1}{2}emv_i^2 \tag{5.4}$$

式中,e 为碰撞点下垫面的动力恢复系数,按表 5.1 取值。

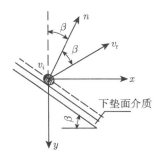

图 5.10 落石初始碰撞弹跳计算模型

表 5.1 不同下垫面的恢复系数

坡面特征	动力恢复系数
光滑硬岩面、铺砌面、喷射混凝土表面、圬工表面	0.25~0.98
软岩面、强风化硬岩表面	0.15~0.95
块石堆积坡面	0.15~0.95
密实碎石堆积、硬土坡面,植被发育,以灌木为主	0.12~0.95
密实碎石堆积坡面、硬土坡面,无植被或少量杂草	0.12~0.95
松散碎石坡面、软土坡面,植被发育以灌木为主	0.14~0.80
软土坡面,无植被或少量杂草	0.10~0.80

注: 表中硬岩和软岩区别以锤击反应为界,锤击现白点、声清脆和有反弹定为硬岩;反之,锤击凹坑、声沉闷和不反弹则为软岩。碎石土坡表密实和疏松可通过标准贯入试验判别,硬土以拇指难以压入,软土以拇指可压出凹坑或可贯入为判别标准

E_0 是落石弹跳的源动力,根据能量平衡原理,则落石的弹跳速度 v_r 为

$$v_{\rm r} = \sqrt{e}v_i \tag{5.5}$$

显然，落石弹跳后的运动属于空中飞行阶段。

(2) 落石滑滚。

计算模型见图 5.11，落石在重力作用下沿下垫面最大坡度方向运动。该情况是在下垫面岩土介质对落石入碰动能消耗过大或斜坡坡度较大时出现，根据能量平行原理，碰后初始滑动速度为 $v_{\rm s}$，仍由式 (5.5) 计算。

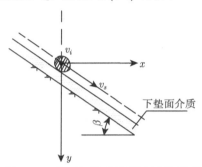

图 5.11　落石初始碰撞滑滚计算模型

处于滑动状态的落石具有初速度 $v_{\rm s}$，在重力和下垫面摩擦阻力共同作用下运动，其任一时刻的速度 v_t 为

$$v_t = v_{\rm s} + at \tag{5.6}$$

运动加速度 a 由下式计算：

$$a = g\sin\beta - \frac{F_{\rm t}}{m} \tag{5.7}$$

式中，$F_{\rm t}$ 为落石受到下垫面的摩阻力 (kN)，属于滚动摩阻力，由下式计算：

$$F_{\rm t} = mg\cos\beta\tan\varphi_{\rm s} \tag{5.8}$$

式中，$\varphi_{\rm s}$ 为滚动摩擦角 (°)；$\tan\varphi_{\rm s}$ 为滚动摩擦系数，在无实测数据时，可按照表 5.2 参考取值。

表 5.2　滚动摩擦系数建议取值

坡面特征	滚动摩擦系数
光滑硬岩面、铺砌面、喷射混凝土表面、圬工表面	0.30~0.60
软岩面、强风化硬岩表面	0.40~0.60
块石堆积坡面	0.55~0.70
密实碎石堆积、硬土坡面，植被发育，以灌木为主	0.55~0.85
密实碎石堆积坡面、硬土坡面，无植被或少量杂草	0.50~0.75
松散碎石坡面、软土坡面，植被发育以灌木为主	0.50~0.85
软土坡面，无植被或少量杂草	0.50~0.85

将式 (5.8) 代入式 (5.7) 得

$$a = \frac{g}{\cos \beta}(\tan \beta - \tan \varphi_s) \tag{5.9}$$

落石在斜坡表面运动距离主要取决于斜坡的几何长度和坡角。当斜坡坡角较小且坡长足够长时，落石可能因摩阻力而在斜坡表面停止，否则不能在斜坡表面下一级陡崖顶端进入空中飞行阶段。

落石在斜坡表面的滑滚距离为

$$s = v_s t + \frac{1}{2}at^2 \tag{5.10}$$

当斜坡长度 S 已知时，从碰撞点至下一级陡崖顶端所需时间可由式 (5.2) 确定，即

$$t = \frac{-v_s + \sqrt{v_s^2 + 2as}}{a} \tag{5.11}$$

则由式 (5.6) 可获得下一级陡崖顶端的运动速度，方向为斜坡切线方向。

3) 空中飞行阶段

落石与下垫面碰撞后沿下垫面滑滚至下一级陡崖顶端及弹跳后的运动过程属于空中飞行阶段，分为向下斜抛运动和向上斜抛运动。

(1) 向下斜抛运动。

计算模型见图 5.12。落石在飞行过程中，任一时刻 t 的运动速度为

$$v_x = v_0 \cos \beta_1 \tag{5.12}$$

$$v_y = v_0 \sin \beta + gt \tag{5.13}$$

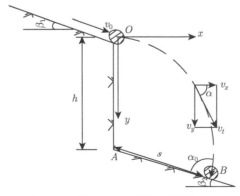

图 5.12 落石向下斜抛运动计算模型

同时，任一时刻的位移为

$$x = v_x t = v_0 t \cos \beta_1 \tag{5.14}$$

$$y = v_0 t \sin \beta_1 + \frac{1}{2} g t^2 \tag{5.15}$$

由于陡崖高度 h、陡崖坡脚斜坡倾角 β_2 均为已知，则落石与下垫面的碰撞点 B 距离陡崖坡脚 A 点的水平距离由式 (5.14) 计算，记为 x_B，则 AB 坡长 s 与 x_B 的关系为

$$s = \frac{v_0 t \cos \beta_1}{\cos \beta_2} \tag{5.16}$$

A，B 两点的高度 Δh 为

$$\Delta h = x_B \tan \beta_2 \tag{5.17}$$

则滑滚脱离点 O 距离 B 点的竖向距离为

$$h + x_B \tan \beta_2 = v_0 t \sin \beta_1 + \frac{1}{2} g t^2 \tag{5.18}$$

联合式 (5.14) 和式 (5.17)，得落石飞行时间 t_{f} 为

$$t_{\mathrm{f}} = \frac{1}{g} (A + B) \tag{5.19}$$

式中，$A = v_0 \cos \beta_1 (\tan \beta_2 - \tan \beta_1)$；$B = \sqrt{2gh + v_0^2 \cos^2 \beta_1 (\tan \beta_1 - \tan \beta_2)^2}$。则把落石飞行时间 t_{f} 代入式 (5.18) 可确定落石的碰撞点位置，并由下式确定落石与下垫面碰撞时入碰速度与水平面的夹角 α：

$$\tan \alpha_0 = \frac{v_y}{v_x} = \frac{v_0 \sin \beta_1 + g t_{\mathrm{f}}}{v_0 \cos \beta_1} = \tan \beta_1 + \frac{g t_{\mathrm{f}}}{v_0 \cos \beta_1} \tag{5.20}$$

(2) 向上斜抛运动。

根据落石飞行段下垫面几何特性，落石向上斜抛运动可分为两种情况 (图 5.13 和图 5.14)。

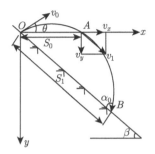

图 5.13　落石向上斜抛计算模型 (1)

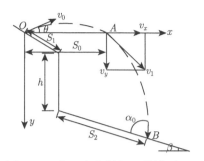

图 5.14 落石向上斜抛计算模型 (2)

运用动力学方法, 落石在 A 点的速度计算式为

$$v_x = v_0 \cos \theta \tag{5.21}$$

$$v_y = v_0 \sin \theta \tag{5.22}$$

则落石在 AB 段的飞行时间为

$$t = \frac{2v_0}{g} \sin \theta \tag{5.23}$$

式中, v_0 为落石与下垫面碰撞后的反弹速度 (m/s); θ 为抛射角 (°)。

落石在 A 点的运动合速度 v_1 及方向 α 分别为

$$v_1 = v_0 \tag{5.24}$$

$$\alpha = \theta \tag{5.25}$$

落石在水平面上的抛程 S_0 为

$$S_0 = \frac{v_0^2}{g} \sin 2\theta \tag{5.26}$$

对于计算模型 (1) (图 5.13)。落石飞行阶段在下垫面表面的距离 S_1 为

$$S_1 = \frac{S_0}{\cos \beta} + \frac{v_1 t \cos \alpha}{\cos \beta} \tag{5.27}$$

式中, t 为落石从 A 点飞行到 B 点所需时间 (s), 由下式计算:

$$t = \frac{1}{g}(-v_1 \sin \alpha + \sqrt{v_1^2 \sin^2 \alpha + 2gS_0 \tan \beta}) \tag{5.28}$$

对于计算模型 (2) (图 5.14), 落石飞行阶段在陡崖坡脚下垫面表面的距离 S_2 由下式计算:

$$S_2 = \frac{S_0 - S_1 \cos \beta}{\cos \beta_2} + \frac{v_1 t_2 \cos \alpha}{\cos \beta_2} \tag{5.29}$$

式中, t_2 为落石从 A 点飞行到 B 点所需时间 (s), 由下式计算:

$$t_2 = \frac{1}{g}\left(-v_1\sin\alpha + \sqrt{v_1^2\sin^2\alpha + 2gs_0\tan\beta_2}\right) \qquad (5.30)$$

计算模型 (1) 中落石冲击到下垫面 B 点的速度可以由式 (5.12) 和式 (5.13) 求得, 方向如下:

$$\tan\alpha_0 = \frac{v_y}{v_x} \qquad (5.31)$$

计算模型 (2) 中落石冲击到下垫面 B 点的水平速度由式 (5.12) 计算, 竖向速度及方向分别由式 (5.13) 和式 (5.31) 计算。

4) 后继碰撞阶段

落石在运动过程中经历了任何空中飞行阶段以后与下垫面的碰撞称为后继碰撞。与初始碰撞相比, 处于后继碰撞阶段的落石不是垂直入碰, 而是与水平面成锐交角。碰撞后效仍然可分为落石弹跳和落石滑滚两种情况。

(1) 落石弹跳。

计算模型见图 5.15。落石弹跳方向沿坡向下, 与水平面的夹角 θ 为 $2\beta - \alpha$, 其中 α 为落石后继入碰角。碰撞弹跳速度由式 (5.6) 计算。

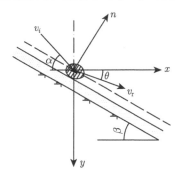

图 5.15　落石后继碰撞弹跳计算模型

(2) 落石滑滚。

该阶段落石滑滚速度、加速度及摩阻力等参数均可由式 (5.7)~式 (5.11) 计算。

2. 落石运动阶段判别方法

落石运动阶段判别可分为两个层次, 均是针对碰撞后效。落石与下垫面碰撞后可能会出现停止、弹跳或滑滚三种状态, 其判别方法属于落石运动状态的顶层判别。滑滚运动和弹跳运动的碰撞后效判别属于底层判别, 滑滚运动可能会出现坠落或停止状态, 弹跳运动可能会出现向下斜抛或向上斜抛两种状态。

1) 碰撞后效顶层判别

落石与下垫面碰撞后是停止、弹跳或滑滚，主要决定于下垫面岩土介质吸收的能量及下垫面的地形坡度。

根据能量平衡原理，落石不发生弹跳的关系式为 $\frac{1}{2}mv_r^2 \leqslant gmd\sin(\pi/2 - 2\beta)$，而

$$v_r \leqslant \sqrt{2gd\cos 2\beta} \tag{5.32}$$

落石在满足式 (5.32) 且

$$F = \frac{\pi}{4}d^2c + mg\cos\beta\tan\varphi_0 - mg\sin\beta \geqslant 0 \tag{5.33}$$

时，落石沿下垫面不发生滑滚运动。

反之，若 $v_r > \sqrt{2gd\cos 2\beta}$，则落石将发生弹跳。处于弹跳运动阶段的落石可不进行式 (5.33) 验算。

式 (5.32) 和式 (5.33) 中，d 为落石直径 (m)；m 为落石质量 (kg)；β 为斜坡坡角 (°)；c 为落石与下垫面介质的有效黏结力 (kPa)；φ_0 为落石与下垫面介质的有效摩擦角 (°)；v_r 为落石反弹速度 (m/s)。

2) 碰撞后效底层判别

关于落石向上斜抛和向下斜抛的判别：

(1) 初始碰撞弹跳均属于向上斜抛问题；

(2) 落石滑滚运动超出陡崖边缘后的运动均属于向下斜抛问题；

(3) 后继碰撞阶段和落石处于弹跳状态的运动方向与水平面的夹角 $\theta = 2\beta - \alpha \leqslant 0$ 时，落石处于向上斜抛阶段，否则处于向下斜抛状态。

关于落石滑滚运动处于坠落或停止状态的判别：

若 $\tan\beta < \tan\varphi_d$，落石在下垫面表面做减速滚动。当坡面足够长时，落石将最终在滚动摩擦作用下停止，停止时的距离 S 为

$$S = \frac{v_s^2}{2Bg\cos(\tan\beta - \tan\varphi_d)} \tag{5.34}$$

式中，B 为落石形态与质量系数，建议取值范围为 $0.2\sim0.5$；$\tan\varphi_d$ 为落石与下垫面的滚动摩擦系数，按表 5.2 取值。

当计算的 S 小于坡长时，落石在斜坡表面停止；当计算的 S 大于坡长时，落石将经过该级斜坡进入下级陡崖，而呈现向下斜抛运动。

5.2 落石冲击力地貌形迹法

崩塌落石运动在沿坡或坡脚相应部位必然会存在可于事后鉴别的冲击坑、冲

击槽等冲击形迹，基于冲击形迹建立反求落石冲击力也是确定落石冲击力的有效方法。

5.2.1 法 (正) 向冲击力计算

基于前述危岩冲击过程中能量转化的分析，用法向回弹系数考虑冲击过程中的塑性变形引起的能量损失，那么冲击过程中法 (正) 向上就是动能与完全弹性应变能之间的一个转化。可将其冲击过程 (考虑了能量损失后) 等价为弹簧振动过程 (图 5.16)，则冲击过程中法 (正) 向上的最大弹性应变能为

$$T_{n\,\mathrm{max}} = \frac{1}{2} m e_n^2 v_n^2 \tag{5.35}$$

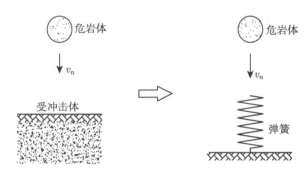

图 5.16 落石冲击等效

假定受冲击体为线弹性体，当冲击时，危岩体的动能可转变为受冲击体的弹性形变能，由下式计算：

$$W_{\mathrm{e}} = \frac{1}{2} k_{\mathrm{s}} \delta_{\mathrm{s}}^2 \tag{5.36}$$

式中，W_{e} 为受冲击体的弹性形变能 (J)；k_{s} 为受冲击体的刚度 (N/m)；δ_{s} 为受冲击体的最大压缩量 (m)。k_{s} 可按下式计算：

$$k_{\mathrm{s}} = c_{\mathrm{u}} A \quad \text{或} \quad k_{\mathrm{s}} = \frac{4 G r_0}{1 - \mu} \tag{5.37}$$

式中，A 为落石冲击时与受冲击体的接触面积 (m²)；r_0 为接触面积的等效半径 ($r_0 = \sqrt{A/\pi}$)(m)；G 为受冲击体剪切模量 (Pa)；μ 为受冲击体泊松比；c_{u} 为受冲击体的均匀压缩系数 (N/m³)，松散性软土 $c_{\mathrm{u}} < 30 \times 10^6 \mathrm{N/m^3}$，中等强度土 $c_{\mathrm{u}} = (30 \sim 50) \times 10^6 \mathrm{N/m^3}$，强度较高的坚硬性土体 $c_{\mathrm{u}} = (50 \sim 100) \times 10^6 \mathrm{N/m^3}$，岩石及混凝土结构 $c_{\mathrm{u}} > 100 \times 10^6 \mathrm{N/m^3}$。

当落石冲击动能全部转化为受冲击体的变形能时，受冲击体产生最大压缩量

δ_s(m)。由能量守恒定律，令式 (5.35) 和式 (5.36) 相等，得

$$\delta_s = \sqrt{\frac{me_n^2 v_n^2}{k_s}} \tag{5.38}$$

当受冲击体产生最大压缩量 δ_s 时，落石与受冲击体之间作用力最大，此时最大冲击力 $P_{\max}$ 为

$$P_{\max} = k_s \delta_s = \sqrt{k_s m e_n^2 v_n^2} \tag{5.39}$$

则危岩体与受冲击体的接触面积 A 为球冠表面积 (图 5.17)：

$$A = 2\pi RH \tag{5.40}$$

式中，R 为落石半径 (m)；H 为危岩体的球冠高 ($H = \delta_s$) (m)，则

$$P_{\max} = k_s \delta_s = (2\pi c_u R)^{\frac{1}{3}} (me_n^2 v_n^2)^{\frac{2}{3}} \tag{5.41}$$

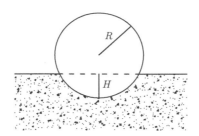

图 5.17　落石冲击接触面积计算模型

5.2.2　切向冲击力计算

用切向回弹系数考虑落石与下垫面瞬间摩擦造成的能量损失，则切向上的能量损失可以全部看作是切向冲击力做功 (图 5.18)。由图 5.18 表征的落石冲击形迹可见，切向冲击力在冲击过程中是不断变化的，但由于冲击过程持续时间极短，可将切向冲击力近似看作是一定值 (相当于切向冲击力的平均值)，由能量守恒定律得

$$Fl = \frac{1}{2}mv_t^2(1 - e_t^2) \tag{5.42}$$

则落石切向冲击力计算式为

$$F = \frac{1}{2l}mv_t^2(1 - e_t^2) \tag{5.43}$$

式中，l 为冲击弹坑拖曳长度 (m)；其余变量物理意义同前。

图 5.18　落石切向冲击形迹

5.3　滚石坡面法向冲击力

5.3.1　滚石坡面冲击特性 [151]

进行滚石对坡面土体法向冲击分析时，基本假定：① 滚石为球体，质量均匀分布；② 坡面土体为理想弹塑性土体；③ 滚石的刚度比坡面土体刚度大得多，可以近似假设滚石为刚体。

将滚石对坡面的法向冲击问题简化为一个刚性球体自由落体对半无限弹塑性体的冲击，假设滚石从某高度自由落体冲击坡面土体。

1) 基于完全弹性接触理论的滚石冲击响应

如果在滚石对坡面的法向冲击过程中土体均处于完全弹性接触状态，则可采用 Hertz 接触理论进行分析。

球形滚石与半无限体静力弹性接触条件下，接触力与接触变形量之间满足如下关系 [152]：

$$P_{\mathrm{e}} = \frac{32\sqrt{3}}{27} E\sqrt{R}\delta^{1.5} \tag{5.44}$$

式中，P_{e} 为接触压力 (kN)；R 为滚石半径 (m)；E 为有效弹性模量 (kPa)；δ 为接触变形量 (m)。

假设质量为 m 的滚石以速度 v 法向冲击坡面土体，如果在整个冲击过程中坡面土体均处于完全弹性状态，则根据能量守恒定律：

$$\frac{1}{2}mv^2 = \int_0^{\delta_{\max}} P_{\mathrm{e}}(\delta)\mathrm{d}\delta \tag{5.45}$$

式中，$\delta_{\max}$ 为最大接触变形量 (m)。

$$\delta_{\max} = \left[\frac{45\sqrt{3}mv^2}{128\sqrt{R}E}\right]^{\frac{2}{5}} \tag{5.46}$$

对应的滚石最大冲击力为

$$P_{\max} = \frac{32\sqrt{3}}{27} E\sqrt{R}\left[\frac{45\sqrt{3}mv^2}{128\sqrt{R}E}\right]^{\frac{3}{5}} \tag{5.47}$$

2) 基于弹塑性接触理论的滚石冲击响应分析

事实上，坡面土体是弹塑性材料，当最大接触应力超过坡面土体的屈服强度时，就会在接触处产生塑性变形区。当最大接触应力超过材料的屈服强度时，就会在接触处产生塑性变形区，坡面土体屈服应力与初始屈服接触半径之间满足如下关系：

$$P_y = \frac{2Ea_y}{\pi R} \tag{5.48}$$

式中，P_y 为土体屈服应力 (kPa)；a_y 为初始屈服对应的接触面半径 (m)；其余变量物理意义同前。

坡面土体屈服应力可按下式计算：

$$P_y = Kq \tag{5.49}$$

式中，q 为坡面土体极限承载力 (kPa)；修正系数 $K = 3 \sim 5$。

采用 Thornton 假设 [153]，坡面土体为理想弹塑性材料，初始屈服后，塑性区内的接触压应力始终保持为 P_y (图 5.19)。

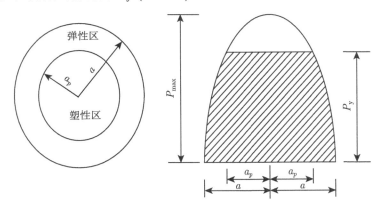

图 5.19　理想弹塑性体接触应力分布

根据力平衡关系有 [154]

$$P = P_e - 2\pi \int_0^{a_p} [P(r) - P_y]r\,\mathrm{d}r \tag{5.50}$$

式中，P 为弹塑性条件下实际接触应力 (kPa)；a 为接触半径 (m)；P_y 初始屈服应力 (kPa)；其他变量物理意义同前。

弹塑性冲击条件下，法向应力与接触半径的关系为

$$P = P_y + \pi P_y(a^2 - a_y^2) \tag{5.51}$$

式中，a 为接触半径 (m)；a_y 为初始屈服接触半径 (m)；P_y 为初始应力 (kPa)。

　　理论计算结果表明：很小的滚石冲击速度力就可以导致坡面土体产生塑性变形，滚石的实际冲击压力应考虑塑性区的影响。在弹塑性冲击荷载下，滚石冲击能量主要用于坡面土体塑性变形，根据能量守恒定律有

$$mgh = \frac{1}{2}mv^2 = \int_0^{\delta_y} P_e(\delta)\mathrm{d}\delta + \int_{\delta_y}^{\delta_{\max}} P_{ep}(\delta)\mathrm{d}\delta \tag{5.52}$$

式中，m 分别为滚石质量 (kg)；h 为落石高度 (m)；δ_y 为土体初始屈服压缩量 (m)；$P_e(\delta)$ 为完全弹性条件下的 P-δ 关系，见式 (5.44)；$P_{ep}(\delta)$ 为弹塑性条件下的 P-δ 关系；$\delta_{\max}$ 为最大冲击压缩量。

　　(1) 当 $\delta < R$ 时，滚石最大接触半径、冲击压力分别为

$$a_{\max}^2 = 2R\delta_{\max} - \delta_{\max}^2 \tag{5.53}$$

$$P_{\max} = P_y + \pi P_y(a_{\max}^2 - a_y^2) \tag{5.54}$$

　　(2) 当 $\delta \geqslant R$ 时，可以计算出滚石的极限冲击压力：

$$a_{\max} = R \tag{5.55}$$

$$P_{\lim} = p_y + \pi P_y(R^2 - a_y^2) \tag{5.56}$$

5.3.2　滚石对坡面法向冲击的数值模拟 [154]

　　将滚石对坡面土体的法向冲击问题简化为球体自由落体冲击半无限大体，并建立如图 5.20 所示的数值模拟模型，相关参数简述如下。

　　滚石设置：在滚石刚体中心建一个参考点，在参考点建立一个 Inertias，添加质量和转动惯量。

　　接触设置：滚石下表面区域和垫层中间 1.6m×1.6m 方形区域设置面面接触。

　　边界约束：垫层底部节点约束三个方向平动自由度。

　　分析步设置：设一个动态显式 (dynamic explicit) 分析步 Step-1。Step-1 分析步的时间设为 0.04m，时间增量类型为自适应，限定最大值为 $1e^{-5}$。

　　输出设置：在时间历程输出中，除默认的能量输出外，添加接触力、接触面积输出，即将 Domain 选为 Interaction，选择 Contact 中的 CFN 和 CAREA，再将 Domain 选为 Set，先前将滚石中心设为 Set-1，选择 Displacement 里的 $U2$。将场输出和时间历程输出的间隔时间都设为 0.0002m。

　　加载设置：在 Initial 分析步中，给滚石参考点一个初速度。

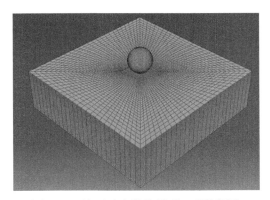

图 5.20 滚石冲击数值模型 (后附彩图)

设有一半径为 0.5m 的滚石从 20m 高垂直冲击坡面土体，采用以上模型研究滚石冲击压入深度以及冲击应力。相关计算参数见表 5.3。

表 5.3 滚石冲击模拟计算参数

坡面土体				滚石			
容重/(kN/m³)	弹性模量/MPa	泊松比	屈服压强/kPa	半径/m	容重/(kN/m³)	弹性模量/GPa	下落高度/m
20.5	46	0.3	400	0.5	25	28	20

图 5.21 给出了半径为 0.5m 的滚石从 20m 高自由落体冲击坡面土体情况下的应力云图。图 5.22 给出了滚石冲击弹坑的形状，从计算结果看，弹坑最大深度达 0.28m，形状对称，弹坑周边产生隆起。滚石冲击深度随接触时间的变化曲线见图 5.23，在开始接触阶段，冲击深度随接触时间的增加急剧增大，在 0.026s 时达到最大，随后开始发生回弹，最后形成永久变形，深度为 0.24m 左右。从图中可以看出，滚石的大部分能量主要用于坡面的塑性变形，弹性变形 (回弹部分) 所占比例很有限，大约在 5%。

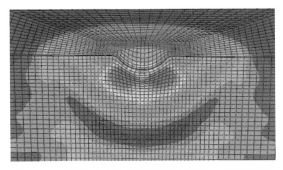

图 5.21 滚石冲击数值模拟应力云图 (后附彩图)

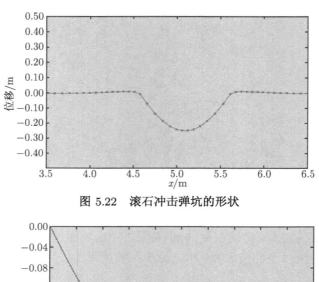

图 5.22   滚石冲击弹坑的形状

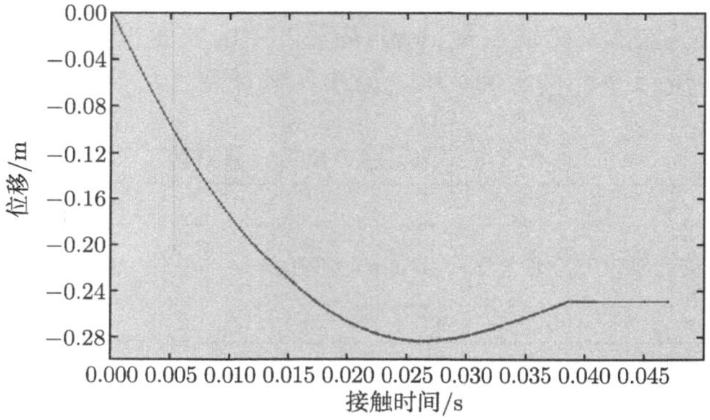

图 5.23   滚石冲击深度与接触时间的关系

在滚石法向冲击过程中, 冲击压力随接触时间发生剧烈变化 (图 5.24), 最大冲击力在很短的时间 (0.008s) 内达到了最大值, 其后随着接触时间的进一步增加而逐渐减小, 虽然曲线出现震荡现象, 但主体趋势是一致的。

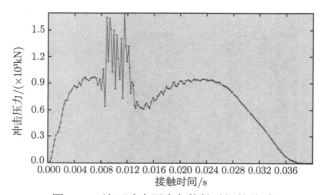

图 5.24   滚石冲击压力与接触时间的关系

从接触面上冲击压力分布曲线 (图 5.25) 看，接触面大部分都处于塑性接触状态，只在边缘位置部分处于弹性接触，且塑性区上的接触应力几乎相同，这与我们的弹塑性理论解 (图 5.19) 基本一致。

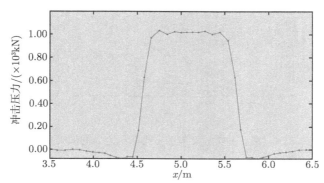

图 5.25 滚石与下垫面接触面上冲击压力分布曲线

表 5.4 给出了三种方法的计算结果，完全弹性冲击 (Hertz 模型) 获得的冲击压力较弹塑性理论模型、数值模拟结果有较大的出入，冲击深度也小于后两者近乎一半。而弹塑性理论模型计算结果与数值模拟结果较为接近。

表 5.4 滚石冲击计算结果

模型	冲击压力 P/kN	冲击深度/m	接触半径/m
Hertz 模型	4322.793	0.151400	0.3177
弹塑性理论模型	645.179	0.298360	0.4535
数值模拟	880.870	0.283114	0.5364

5.3.3 计算结果与敏感度的对比分析

1) 冲击速度对滚石冲击特性的影响

计算滚石半径 R 为 0.5m，冲击速度 v 分别为 4m/s, 6m/s, 8m/s, 10m/s, 12m/s, 16m/s, 20m/s 及 24m/s 条件下，冲击压力 P、最大冲击深度 $\delta_{\max}$ 以及最大冲击接触半径 $a_{\max}$ 与冲击速度 v 之间的关系，同时分别比较冲击压力 P 和冲击深度 δ，冲击接触压力 P 和冲击接触半径 a 间的关系。

滚石冲击速度与冲击接触压力之间的关系曲线如图 5.26 所示，随着冲击速度的增加，冲击接触压力均呈上升趋势，其中完全弹性理论模型 (Hertz 模型) 增长较快。完全弹性理论模型不考虑坡面土体弹塑性变形，计算所得的冲击压力远远超过了数值计算模型以及弹塑性理论模型的计算结果。而且，伴随冲击速度的增加，滚石冲击接触压力呈指数大趋势。在初始速度为 24m/s 时，完全弹性理论模型计算的接触压力分别是弹塑性理论模型以及数值模拟模型的 7.95 倍和 6.06 倍。而弹塑性理论计算结果与数值模拟模型相差甚小，如果按照完全弹性接触理论进行设计，无疑将导致巨大的浪费。

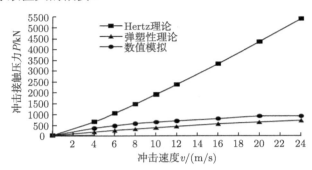

图 5.26　滚石冲击速度与冲击接触压力之间的关系曲线

滚石冲击速度与冲击深度之间的关系曲线如图 5.27 所示，随着冲击速度的增加，冲击深度均呈上升趋势，其中弹塑性理论模型以及数值模拟模型增长较快，但上升的趋势基本上一致，而完全弹性理论模型则增长较缓。同样的速度冲击下，完全弹性理论模型的冲击深度最小，与弹塑性理论模型以及数值模拟模型相差高达16cm，这样计算的结果无疑不能用于实际工程。

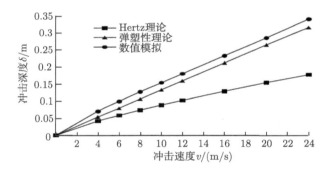

图 5.27　滚石冲击速度与冲击深度之间的关系曲线

滚石冲击速度与接触半径之间的关系曲线如图 5.28 所示，随着冲击速度的增加，接触半径总体上呈上升趋势。完全弹性理论模型计算结果较其他两种模型的接触半径小，而由数值模拟计算结果可以看出，随着冲击速度的增加，接触半径均高于其他两种模型，原因主要在于，数值模拟模型模拟了垫层材料破坏隆起对接触半径的影响，而理论模型是不能做到的。

滚石冲击深度与接触压力之间的关系曲线以及接触半径与接触压力之间的关系曲线分别如图 5.29 和图 5.30 所示，在考虑了坡面土体弹塑性特性之后，接触压力与冲击深度并不是 Hertz 理论模型那样维持指数为 1.5 的增长关系，相反，根据曲线走势可以发现，随着速度的进一步增大，冲击接触压力走势趋于平缓，这一结论

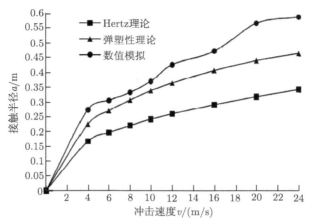

图 5.28 滚石冲击速度与接触半径之间的关系曲线

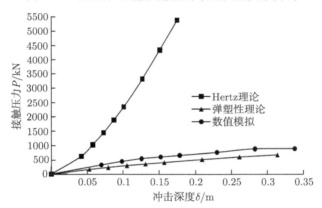

图 5.29 滚石冲击深度与接触压力之间的关系曲线

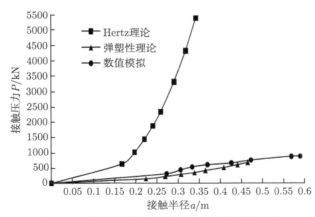

图 5.30 接触半径与接触压力之间的关系曲线

与弹塑性材料假设有关。而接触压力和接触半径之间也并不是抛物线关系。两者之间的关系增长较为平稳，近似为线性关系。

2) 滚石半径对冲击特性的影响

假定滚石初始冲击速度为 20m/s，滚石半径分别为 0.2m，0.3m，0.4m，0.5m，0.6m，0.7m 及 0.8m 情形下，计算冲击压力 P、最大冲击深度 δ_{max} 以及最大冲击接触半径 a_{max} 与滚石半径 R 之间的关系。

滚石半径与接触压力之间的关系曲线如图 5.31 所示，随着滚石半径的增加，接触压力呈指数曲线上升，而完全弹性理论模型上升较快，主要是因为考虑坡面土体的弹塑性特性；弹塑性理论模型与数值模拟结果较为接近，说明本书计算模型受滚石半径的影响较小。

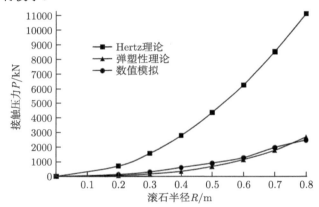

图 5.31 滚石半径与接触压力之间的关系曲线

滚石半径与冲击深度之间的关系曲线如图 5.32 所示，三条线均呈直线上升，其中完全弹性理论模型的计算结果与其他两者的计算差别较大，半径为 0.8m 时，相差近乎一倍，弹塑性接触模型与数值模拟结果较为接近，可用于工程实际。

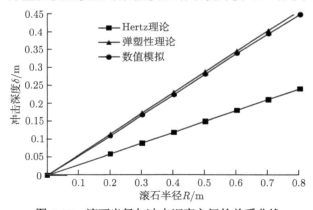

图 5.32 滚石半径与冲击深度之间的关系曲线

滚石半径与接触半径的关系曲线见图 5.33。随着滚石半径的增加，接触半径总体上呈上升趋势。和冲击速度对接触半径的影响一样，随着冲击速度的增加，数值模拟计算结果均高于其他两种模型，原因主要在于，数值模拟模型模拟了地面土体破坏隆起对接触半径的影响。

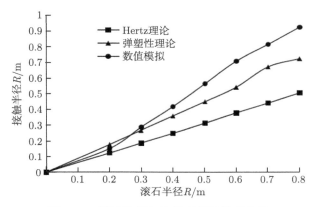

图 5.33 滚石半径与接触半径的关系曲线

第 6 章　危岩稳定性分析

6.1　荷载类型及其组合

为了能够科学地判别危岩所处的稳定状态，首先需要合理地确定作用在危岩体上的荷载类型、大小及其作用点，然后进行稳定性分析。作用在危岩体上的荷载主要包括危岩体自重、地震力及存在于危岩体主控结构面内的裂隙水产生的裂隙水压力。

6.1.1　重力及地震力

对于一个具体的危岩而言，通过现场勘察可以确定其几何尺寸 (图 6.1)，即

长：沿着陡崖或陡坡走向方向的长度，用 l 表示 (m)。

宽：沿着陡崖或陡坡倾向方向的长度，通常与临空面垂直，可简化为梯形，顶部宽度用 b 表示 (m)，底部宽度用 a 表示 (m)。

高：危岩体顶部至底部的高差，用 H 表示 (m)。

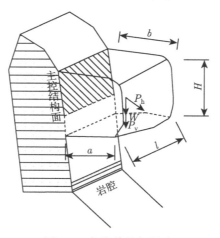

图 6.1　危岩体几何尺寸

通过几何分析，可以确定危岩体重心 (几何形心) 位置，并假定危岩体自重产生的重力和由于地震及人工振动产生的地震力均作为集中力作用在危岩体重心上，分别由下列公式计算：

$$W = \frac{1}{2}(a+b)lH\gamma \tag{6.1}$$

$$P_{\mathrm{h}} = \mu_{\mathrm{h}} W \qquad\qquad (6.2)$$

$$P_{\mathrm{v}} = \mu_{\mathrm{v}} W \qquad\qquad (6.3)$$

式中，W 为危岩体自重 (kN)；γ 为危岩体容重 (kN/m³)；P_{h} 和 P_{v} 分别为作用在危岩体上的水平地震力和竖向地震力 (kN)；μ_{h} 和 μ_{v} 分别为水平地震系数和竖向地震系数，可从中国地震区划图查取。

6.1.2 裂隙水压力

目前，在边坡稳定性分析中，常将裂隙分为垂直于地表的张开裂隙和倾斜的潜滑裂隙两部分，张开裂隙及潜滑裂隙中的水压力均按线性分布的静水压力考虑，按下式计算：

$$Q = \frac{1}{2}\gamma_{\mathrm{w}} l e_1^2 \qquad\qquad (6.4)$$

式中，Q 为作用在危岩体上的裂隙水压力 (kN)，垂直于主控结构面，作用在从主控结构面尖端以上 1/3 充水高度处；γ_{w} 为裂隙水的容重 (kN/m³)；e_1 为主控结构面内尖端以上的充水高度 (m)，重庆市地方标准《地质灾害防治工程设计规范》(DB 50/5029—2004) 建议，天然状态取主控结构面贯通段的 1/3 长度，暴雨状态取 2/3 长度。

然而，对重庆境内近百个危岩裂隙水压力的现场观测表明，危岩主控结构面内的裂隙水压力观测值与理论计算值之间存在较大误差，测试值普遍小于理论值，引发了"静水压力公式究竟能否直接用于确定危岩裂隙水压力"或者"利用静水压力公式计算裂隙水压力的具体误差究竟多大"等问题，鉴于此，陈洪凯等进行了裂隙水压力模型试验，引入折减系数 ξ，建立危岩裂隙水压力修正计算公式 [155]。

1) 裂隙水压力模型试验

为了真实模拟危岩裂隙水体入渗状况，测定裂隙水分布规律及压力值，自行研制了裂隙水压力试验模型，由混凝土预制，槽高 2m，长 1m，槽板上钻孔安置测压管，槽板底部钻设两个孔隙水压力计测试孔，混凝土槽板表面光滑，前部为相同尺寸的玻璃板，混凝土槽板与玻璃板之间为模拟的危岩主控结构面，裂隙宽度可调，变化于 0.2~1.4cm (图 6.2，图 6.3)。

2) 试验步骤

(1) 调整玻璃板与混凝土槽板之间的距离，使之达到设计裂隙的开度，调整定位后，左右两侧盒底边用玻璃胶密封，裂隙充水速度设计工况见表 6.1。

(2) 将孔隙水压力计连接到 XP05 型振弦频率仪上，读取初始读数。

(3) 控制从裂隙顶部的灌水速度，测定裂隙充水速度、各不同部位的水压力 (频率仪读数)，并观察裂隙水在裂隙内的运动情况。

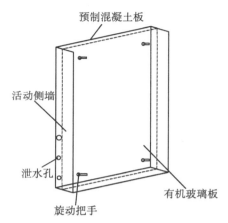

图 6.2　裂隙水压力试验模型立面图

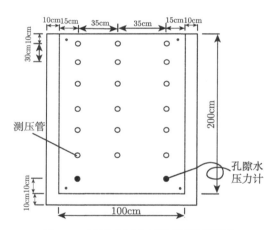

图 6.3　裂隙水压力试验模型正面图

表 6.1　裂隙不同开度下的充水速度设计

裂隙开度/cm	1.4	1.0	0.6	0.2
充水速度/(cm/s)	1.00	1.50	2.00	1.25

　　共进行了 72 组试验，因裂隙侧面水体密封不严报废 12 组，其余 60 组试验结果见表 6.2 和图 6.4~图 6.7，其中静水压力公式计算值是根据裂隙内测压管的读数用静水压力公式计算的结果。可以看出，当裂隙开度为 1.4cm 时，压力计读出的裂隙水压力值与静水压力公式计算值的比值为 50.85%；裂隙开度为 1.0cm 时，该比值为 63.57%；裂隙开度为 0.6cm 时，该比值为 74.21%，裂隙开度为 0.2cm 时，比值为 63.95%，即该比值具有一定非线性关系。图 6.4~图 6.7 反映裂隙水压力的压

力计读数随着裂隙充水深度的增大近似呈线性增加，与静水压力公式计算值的变化趋势相似，但曲线的斜率，除裂隙开度为 0.6cm 时比较相近以外，其余裂隙开度情况下显著变小。压力计读数值与静水压力公式计算值之间的偏差随着充水深度增大而增加。

表 6.2 压力计读数与静水压力公式计算值的比值 （单位：%）

裂隙开度/cm	1.4	1.0	0.6	0.2
1~20 组试验平均值	48.98	64.388	74.49	63.84
21~40 组试验平均值	48.98	66.837	78.888	62.91
41~60 组试验平均值	54.6	59.49	69.25	56.11
平均值	50.85	63.57	74.21	63.95

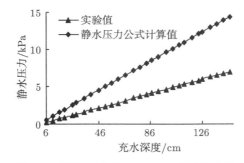

图 6.4 裂隙开度为 1.4cm 时的试验结果

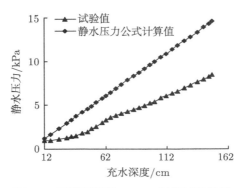

图 6.5 裂隙开度为 1.0cm 时的试验结果

3) 危岩裂隙水压力计算方法

数百次现场调查发现，危岩主控结构面开度超过 2cm 时储水性能较差，并且由于危岩主控结构面裂隙的宽度、深度、倾角及裂隙两侧围岩表面粗糙程度都是变化的，裂隙中水流具有一定紊流效应，导致空间各点的动压力无法通过理论计算来求得, 团队研究建立危岩裂隙水压力计算方法时也仅考虑静水压力。文献 [155] 根据现场易识性、力学机制明确性等原则重新对三峡库区危岩进行了分类, 受裂隙水压力影响最显著的为压剪–滑动型及拉剪–倾倒型危岩。

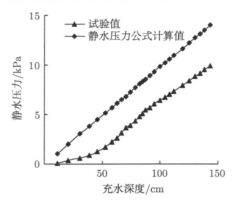

图 6.6   裂隙开度为 0.6cm 时的试验结果

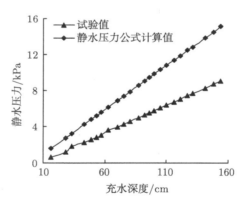

图 6.7   裂隙开度为 0.2cm 时的试验结果

建立实用型的危岩裂隙水压力计算公式为

$$Q = \frac{1}{2}\xi\gamma_{\mathrm{w}}lh^2 \tag{6.5}$$

式中, h 为主控结构面内充水深度 (m); ξ 为裂隙水压力折减系数; 其余变量物理意义同前。

4) 折减系数 ξ 的确定

折减系数 ξ 应该是主控结构面几何性质的综合反映。但是, 本书定义的折减系数 ξ 主要反映压力直接测试值与通过水头运用静水压力公式间接计算值之间的

差异，与主控结构面的充水深度及裂隙开度有关，即

$$\xi = \xi(h, e) \tag{6.6}$$

式中，e 为主控结构面裂隙开度 (cm)；其余变量物理意义同前。

基于试验结果进行多项式曲线拟合 (图 6.8)，$R^2 = 0.9355$，拟合效果很好。拟合曲线表明，主控结构面裂隙开度与折减系数之间呈二次抛物线关系。假设裂隙水压力折减系数 ξ 为

$$\xi = be^2 + ce + a \tag{6.7}$$

式中，a，b 和 c 为折减系数的修正系数，分别为 0.573，-0.359 和 0.450。

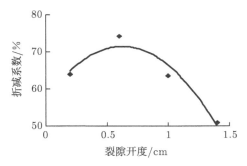

图 6.8　折减系数随裂隙开度的变化曲线

分别将裂隙开度为 $1.4\mathrm{cm}$，$1.0\mathrm{cm}$，$0.6\mathrm{cm}$ 和 $0.2\mathrm{cm}$ 的试验压力计测试值代入式 (6.7)，得 $\xi_{1.4}=49.90\%$，$\xi_{1.0}=66.39\%$，$\xi_{0.6}=71.38\%$，$\xi_{0.2}=64.89\%$。

与试验结果十分接近，误差在 5% 以内。

从图 6.8 可以看出，折减系数的最大值在裂隙开度为 $0.6\mathrm{cm}$ 处。当裂隙开度小于 $0.6\mathrm{cm}$ 时，折减系数随裂隙开度增大而增大，当裂隙开度为 $0.2\mathrm{cm}$ 时，折减系数保持在 55% 以上。而实际工程中当裂隙开度很小时，已经不考虑裂隙水存在，因此式 (6.7) 用来计算裂隙开度小于 $0.6\mathrm{cm}$ 时，无最小值限制；当裂隙开度大于 $0.6\mathrm{cm}$ 时，折减系数随裂隙开度增大而减小。为安全起见，式 (6.7) 实用性界定在主控结构面裂隙开度在 $0.2\sim2.0\mathrm{cm}$。

裂隙水压力折减系数 ξ 的计算方法如下：

$$\xi = k_1 a_0^2 + k_2 a_0 + k_3 \tag{6.8}$$

式中，a_0 为主控结构面平均裂隙开度 (cm)；修正系数 k_1，k_2 和 k_3 分别取 0.57，-0.36 和 0.45。

一般地，式 (6.8) 的实用性界定在主控结构面裂隙开度为 $0.2\sim5.0\mathrm{cm}$。

6.1.3 荷载组合

作用在危岩体上的荷载包括危岩体自重、裂隙水压力 (天然状态)、裂隙水压力 (暴雨状态) 和地震力 (包括水平地震力和竖向地震力), 按照出现频率拟定四种荷载组合 (工况)。

组合一: 自重 + 裂隙水压力 (天然状态) (倾倒式危岩可不考虑)

组合二: 自重 + 裂隙水压力 (暴雨状态) (坠落式危岩可不考虑)

组合三: 自重 + 裂隙水压力 (天然状态) + 水平地震力

组合四: 自重 + 裂隙水压力 (天然状态) + 竖向地震力

四种荷载组合中, 计算所得危岩稳定系数最小者为设计荷载, 而对处于特大型水利工程区 (如三峡库区) 或高频率强烈地震区 (如横断山区) 的一级防治工程, 组合三和组合四中裂隙水压力调整为暴雨状态时取值。

6.2 主控结构面抗剪强度参数

危岩体后部贯通或断续贯通且力学强度较低的面或带为危岩主控结构面。衡量主控结构面抗剪性能多采用黏结力 c 和内摩擦角 φ 这两个参数, 即莫尔–库仑准则 $\tau = c + \tan\varphi$, 其中 τ 和 σ 分别表示极限状态下的剪应力和法向应力。岩体结构面现场直剪试验是确定岩体结构面抗剪强度参数最直接有效的方法, 但是受到经济和技术等条件的限制, 除了重要的大型工程外, 一般工程进行现场大剪试验并不现实。探索一种简单、快捷而合理的抗剪强度参数计算方法, 长期激励着广大岩土及地质工程科技工作者。迄今, 涌现出基于现场试验的数理统计法、室内力学试验方法 [156,157] 和模糊聚类法 [158,159] 等, 这些方法未考虑结构面的贯通性以及防治工程安全等级, 在危岩灾害防治中均具有一定的局限性。本书基于室内试验建立了危岩主控结构面抗剪强度参数计算方法, 即贯通率法。

6.2.1 规范法

《地质灾害防治工程设计规范》(DB 50/5029—2004) 根据主控结构面贯通部分和未贯通部分的强度参数按照长度加权建立了危岩主控结构面综合强度参数的等效计算法, 即

$$c = \frac{(H_0 - e_0)\, c_1 + e_0 c_0}{H_0} \tag{6.9}$$

$$\varphi = \frac{(H_0 - e_0)\, \varphi_1 + e_0 \varphi_0}{H_0} \tag{6.10}$$

式中, c 和 φ 分别为主控结构面的等效黏结力 (kPa) 和等效内摩擦角 (°); c_0 和 φ_0 分别为危岩主控结构面贯通段的平均黏结力 (kPa) 和平均内摩擦角 (°); c_1 和 φ_1

分别为危岩主控结构面未贯通段的黏结力和内摩擦角,通常取组成危岩体的完整岩石相关参数的 0.7 倍;H_0 和 e_0 分别为危岩体高度和主控结构面贯通段长度,单位均为 m。

6.2.2 贯通率法 [160]

为了获取主控结构面不同贯通条件下的强度参数 c, φ 值,自行研制了试验设备。在室内通过预制不同贯通率的高标号砂浆试件,试件尺寸为长 (20cm) × 高 (10cm) × 宽 (5cm),贯通率取 11 种,即 10%,30%,50%,55%,60%,65%,70%,75%,80%,85% 和 90%。对 11 组共计 63 个试件进行不同法向荷载作用下的直剪试验,运用 YE2539 型高速静态应变仪进行数据自动采集,整理后获得的强度参数见表 6.3。

表 6.3 具有不同贯通率试件的强度参数试验结果

贯通率/%	10	30	50	55	60	65	70	75	80	85	90
黏结力/kPa	120.00	119.70	115.38	116.34	103.61	94.12	66.60	64.23	52.24	23.01	22.00
内摩擦角/(°)	63.10	62.43	62.28	62.05	60.74	59.95	58.57	57.02	52.08	50.40	39.87

假定 R 为主控结构面的贯通率 (%),$[R_c]$ 为岩石的单轴抗压强度标准值 (MPa),$[\varphi_c]$ 为岩石的内摩擦角标准值,则可构建强度参数状态方程为

$$c = c(R, [R_c]) \tag{6.11}$$

$$\varphi = \varphi(R, [\varphi_c]) \tag{6.12}$$

根据试验获取的强度参数,分别整理为 (c_i, R_i) 和 (φ_i, R_i) 数列,并对试验获取的主控结构面强度参数 c, φ 值进行无量纲化处理,分别定义为当量黏结力 $\bar{c}$ 和当量摩擦角 $\bar{\varphi}$。其中,当量黏结力由试验黏结力除以试件的单轴抗压强度标准值,当量摩擦角由试验摩擦角除以试件内摩擦角。于是,(c_i, R_i) 和 (φ_i, R_i) 数列分别转化为 $(\bar{c}_i, R_i)$ 和 $(\bar{\varphi}_i, R_i)$ 数列 (图 6.9 和图 6.10),所得非线性拟合方程分别为

$$\bar{c} = (-0.0160R^2 + 0.9388R + 52.815) \times 10^{-4} \tag{6.13}$$

$$\bar{\varphi} = (-0.0011R^2 + 0.0729R + 8.996) \times 10^{-1} \tag{6.14}$$

式中,主控结构面贯通率 R 用百分数表示。式 (6.13) 和式 (6.14) 的拟合系数分别为 0.9835 和 0.9496。

假定不同贯通率的主控结构面强度参数符合式 (6.13) 和式 (6.14) 关系,则主控结构面的强度参数 c, φ 值分别由下面两式计算:

$$c = k_c \bar{c} [R_c] \tag{6.15}$$

$$\varphi = k_\varphi \bar{\varphi}[\varphi_0] \tag{6.16}$$

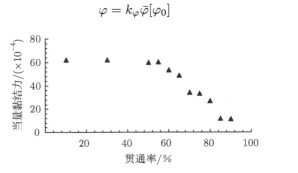

图 6.9　当量黏结力–贯通率关系

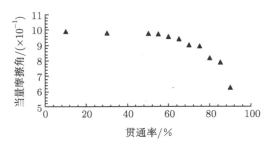

图 6.10　当量摩擦角–贯通率关系

式中，$[R_c]$ 为危岩体完整岩石的单轴抗压强度标准值 (MPa)；$[\varphi_0]$ 为危岩体完整岩石的内摩擦角 (°)，可通过现场取样，在室内进行常规试验获取；k_c 和 k_φ 为强度参数修正系数，可根据防治工程安全等级按照下列原则取值：

一级：$k_c = 0.80$，　$k_\varphi = 0.75$

二级：$k_c = 0.85$，　$k_\varphi = 0.80$

三级：$k_c = 0.90$，　$k_\varphi = 0.85$

值得指出的是，针对不同的危岩体，主控结构面的贯通率通常不相同，需要经过不同贯通率的敏感性试验确定当量黏结力 $\bar{c}$ 和当量摩擦角 $\bar{\varphi}$，但在缺乏必要的测试资料时可由式 (6.13)~式 (6.16) 作为一般硬质岩石的主控结构面强度参数计算方法。

6.2.3　规范法与贯通率法的比较

以三峡库区重庆市万州区太白岩南坡 W9 危岩为例，危岩体长 18m、宽 (厚) 4m、高 18m，安全等级为一级，主控结构面贯通段长度 1.8m，即贯通率为 10%，危岩体的 $c = 400$kPa，$\varphi = 35°$，裂隙面的强度参数分别为 70kPa 和 25°，完整岩石的标准抗压强度为 28MPa。运用式 (6.9) 和式 (6.10) 计算的强度参数 c, φ 值分别为 103kPa 和 26°，运用贯通率法得到的强度参数分别为 135.8kPa 和 26.9°，分别比用规范法计算的数值增大 24.1% 和 3.3%，但该危岩治理工程施工监控反映，采用贯通率法计算的结果更符合实际情况。

6.3 危岩稳定性极限平衡分析法

6.3.1 危岩稳定性评价标准

根据危岩稳定系数可将危岩稳定性分为不稳定、基本稳定和稳定三种状态 (表 6.4)，《地质灾害防治工程设计规范》(DB 50/5029—2004) 提出了防治工程安全系数标准 (表 6.5)。一般地，处于稳定状态的危岩可以不采用工程防治措施；处于基本稳定状态的危岩应加强监测并采用地表排水；尚需在必要部位采用局部工程治理；处于不稳定状态的危岩应采取系统的工程治理，治理后的危岩稳定系数应满足防治工程安全系数要求。

表 6.4 危岩稳定性评价标准

危岩破坏模式	不稳定	基本稳定	稳定
滑塌式危岩	<1.0	1.0~1.3	>1.3
倾倒式危岩	<1.0	1.0~1.5	>1.5
坠落式危岩	<1.0	1.0~1.5	>1.5

注：表中数据为危岩稳定系数

表 6.5 危岩防治工程安全系数标准

危岩破坏模式	一级	二级	三级
滑塌式危岩	1.40	1.30	1.20
倾倒式危岩	1.50	1.40	1.30
坠落式危岩	1.60	1.50	1.40

注：表中数据为危岩治理后的安全等级，安全等级简述如下：

一级：危及县和县级以上城市、大型工矿企业、交通枢纽及重要公共设施，破坏后果特别严重；

二级：危及一般城镇、居民集中区、重要交通干线、一般工矿企业等，破坏后果严重；

三级：除一、二级以外的地区

6.3.2 危岩稳定系数计算方法

在进行危岩稳定性计算中，可将危岩体视为刚性块体，采用极限平衡理论推导不同类型危岩在不同荷载组合下的稳定性计算方法。

1) 滑塌式危岩稳定性计算方法

滑塌式危岩稳定性计算模型见图 6.11，将所有荷载针对主控结构面进行分解：

法向分量

$$N = (W + P_{\mathrm{v}}) \cos \beta - P_{\mathrm{h}} \sin \beta - Q \tag{6.17}$$

切向分量

$$T = (W + P_{\mathrm{v}}) \sin \beta + P_{\mathrm{h}} \cos \beta \tag{6.18}$$

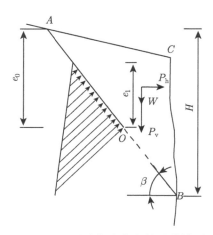

图 6.11　滑塌式危岩稳定性计算模型

假定法向分量和切向分量沿主控结构面均匀分布, 则平均法向应力和平均剪应力分别由式 (6.19) 和式 (6.20) 计算:

$$\sigma = \frac{N \sin \beta}{Hl} \tag{6.19}$$

$$\tau = \frac{T \sin \beta}{Hl} \tag{6.20}$$

进而可得主控结构面的抗剪强度为

$$\tau_{\mathrm{f}} = c + \sigma \tan \varphi \tag{6.21}$$

则危岩稳定系数计算公式为

$$F_{\mathrm{s}} = \frac{\tau_{\mathrm{f}}}{\tau} = \frac{[(W + P_{\mathrm{v}}) \cos \beta - P_{\mathrm{h}} \sin \beta - Q] \tan \varphi + \dfrac{cHl}{\sin \beta}}{(W + P_{\mathrm{v}}) \sin \beta + P_{\mathrm{h}} \cos \beta} \tag{6.22}$$

式中, Q 为主控结构面内作用在危岩体上的裂隙水压力 (kN); 其余变量物理意义同前。

对于组合一, $e_1 = e/3$, 裂隙水压力和危岩稳定系数分别由式 (6.23) 和式 (6.24) 计算。

$$Q = \frac{\gamma_{\mathrm{w}} e^2 l}{18 \sin^2 \beta} \tag{6.23}$$

$$F_{\mathrm{s}} = \frac{(W \cos \beta - Q) \sin \beta \tan \varphi + cHl}{W \sin^2 \beta} \tag{6.24}$$

式中，l 为危岩体沿陡崖走向方向的长度 (m)；e 为主控结构面贯通段的垂直高度 (m)。

对于组合二，$e_1 = 2e/3$，裂隙水压力由式 (6.25) 计算，将其代入式 (6.24) 得该荷载条件的稳定系数。

$$Q = \frac{2\gamma_{\mathrm{w}} e^2 l}{9 \sin^2 \beta} \tag{6.25}$$

对于组合三，$e_1 = e/3$，裂隙水压力由式 (6.23) 计算，稳定系数由式 (6.26) 计算。

$$F_{\mathrm{s}} = \frac{(W \cos \beta - P_{\mathrm{h}} \sin \beta - Q) \sin \beta \tan \varphi + cHl}{W \sin^2 \beta + 0.5 P_{\mathrm{h}} \cos 2\beta} \tag{6.26}$$

对于组合四，$e_1 = 2e/3$，裂隙水压力由式 (6.23) 计算，稳定系数由式 (6.27) 计算。

$$F_{\mathrm{s}} = \frac{[(W + P_{\mathrm{v}}) \cos \beta - Q] \sin \beta \tan \varphi + cHl}{(W + P_{\mathrm{v}}) \sin \beta} \tag{6.27}$$

2) 倾倒式危岩稳定系数计算方法

倾倒式危岩稳定性计算模型见图 6.12 和图 6.13，图中 C 为危岩体底部与基座接触的可能倾覆点，其余变量同前。

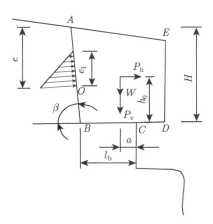

图 6.12 第一类倾倒式危岩稳定性计算模型

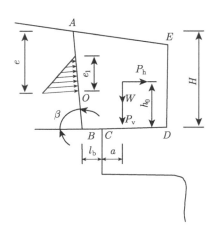

图 6.13   第二类倾倒式危岩稳定性计算模型

(1) 危岩体重心在倾覆点内侧时 (图 6.12)，危岩基底 BC 的抗拉强度和主控结构面锁固段 OB 具有抗倾覆作用围绕可能倾覆点 C，倾覆力矩为

$$M_{倾覆} = P_{\mathrm{h}} h_0 + Q \frac{e_1 + 3(H - e) + 1.5 l_{\mathrm{b}} \sin 2\beta}{3 \sin \beta} \tag{6.28}$$

抗倾覆力矩为

$$M_{抗倾} = (W + P_{\mathrm{v}})a + \frac{1}{2} l_{\mathrm{b}}^2 l f_{\mathrm{ok}} + \frac{H - e}{\sin \beta} \left(\frac{H - e}{2 \sin \beta} + l_{\mathrm{b}} \cos \beta \right) l f_{\mathrm{lk}} \tag{6.29}$$

进而得到危岩稳定系数计算式为

$$F_{\mathrm{s}} = \frac{M_{抗倾}}{M_{倾覆}} = \frac{[(W + P_{\mathrm{v}})a + 0.5 l_{\mathrm{b}}^2 l f_{\mathrm{ok}}] \sin \beta + (H - e) \left(\dfrac{H - e}{2 \sin \beta} + l_{\mathrm{b}} \cos \beta \right) l f_{\mathrm{lk}}}{P_{\mathrm{h}} h_0 \sin \beta + \dfrac{1}{3}[e_1 + 3(H - e) + 1.5 l_{\mathrm{b}} \sin 2\beta]Q} \tag{6.30}$$

对于组合二，可变荷载仅考虑裂隙水压力，而不考虑地震力。暴雨状态的裂隙水压力由式 (6.25) 计算，则稳定系数计算式为

$$F_{\mathrm{s}} = \frac{\left(Wa + \dfrac{1}{2} l_{\mathrm{b}}^2 l f_{\mathrm{ok}} \right) \sin \beta + (H - e) \left(\dfrac{H - e}{2 \sin \beta} + l_{\mathrm{b}} \cos \beta \right) l f_{\mathrm{lk}}}{\left(H - \dfrac{7}{9} e + \dfrac{1}{2} l_{\mathrm{b}} \sin 2\beta \right) Q} \tag{6.31}$$

对于组合三，裂隙水压力和水平地震力同为可变荷载。天然状态的裂隙水压力由式 (6.25) 计算，则稳定系数计算式为

$$F_{\mathrm{s}} = \frac{\left(Wa + \dfrac{1}{2} l_{\mathrm{b}} l f_{\mathrm{ok}} \right) \sin \beta + (H - e) \left(\dfrac{H - e}{2 \sin \beta} + l_{\mathrm{b}} \cos \beta \right) l f_{\mathrm{lk}}}{P_{\mathrm{h}} h_0 \sin \beta + \left(H - \dfrac{8}{9} e + \dfrac{1}{2} l_{\mathrm{b}} \sin 2\beta \right) Q} \tag{6.32}$$

对于组合四, 裂隙水压力和竖向地震力同为可变荷载。天然状态的裂隙水压力由式 (6.25) 计算, 则稳定系数计算式为

$$F_{\mathrm{s}} = \frac{\left[(W + P_{\mathrm{v}})a + \frac{1}{2}l_{\mathrm{b}}^2 l f_{\mathrm{ok}}\right]\sin\beta + (H - e)\left(\frac{H - e}{2\sin\beta} + l_{\mathrm{b}}\cos\beta\right)l f_{\mathrm{lk}}}{\left(H - \frac{8}{9}e + \frac{1}{2}l_{\mathrm{b}}\sin 2\beta\right)Q} \qquad (6.33)$$

式 (6.28)~式 (6.33) 中, f_{lk} 为危岩体抗拉强度标准值 (kPa); f_{ok} 为危岩体与基座之间的抗拉强度标准值 (kPa), 当基座为岩体时, $f_{\mathrm{ok}} = f_{\mathrm{lk}}$, 当基座为软质岩层 (如泥岩) 时, 取该软质岩石的抗拉强度标准值; a 为危岩体重心至倾覆点的水平距离 (m); l_{b} 为危岩体底部主控结构面尖端至倾覆点的距离 (m); 其余变量意义同前。

(2) 危岩体重心在倾覆点外侧时 (图 6.13), 危岩基底 BC 的抗拉强度和主控结构面锁固段 OB 具有抗倾覆作用围绕可能倾覆点 C, 倾覆力矩为

$$M_{\text{倾覆}} = P_{\mathrm{h}}h_0 + (W + P_{\mathrm{v}})a + \frac{e_1 + 3(H - e) + \frac{1}{2}l_{\mathrm{b}}\sin 2\beta}{3\sin\beta}Q \qquad (6.34)$$

抗倾覆力矩为

$$M_{\text{抗倾}} = \frac{1}{2}l_{\mathrm{b}}^2 l f_{\mathrm{ok}} + \frac{H - e}{\sin\beta}\left(\frac{H - e}{2\sin\beta} + l_{\mathrm{b}}\cos\beta\right)l f_{\mathrm{lk}} \qquad (6.35)$$

进而得到危岩稳定系数计算式为

$$F_{\mathrm{s}} = \frac{M_{\text{抗倾}}}{M_{\text{倾覆}}} = \frac{\frac{1}{2}l_{\mathrm{b}}^2 l f_{\mathrm{ok}} + \frac{H - e}{\sin\beta}\left(\frac{H - e}{2\sin\beta} + l_{\mathrm{b}}\cos\beta\right)l f_{\mathrm{lk}}}{P_{\mathrm{h}}h_0 + (W + P_{\mathrm{v}})a + \frac{e_1 + 3(H - e) + \frac{1}{2}l_{\mathrm{b}}\sin 2\beta}{3\sin\beta}Q} \qquad (6.36)$$

对于组合二, 裂隙水压力由式 (6.25) 计算, 则危岩稳定系数计算式为

$$F_{\mathrm{s}} = \frac{\frac{1}{2}l_{\mathrm{b}}^2 l f_{\mathrm{ok}}\sin\beta + (H - e)\left(\frac{H - e}{2\sin\beta} + l_{\mathrm{b}}\cos\beta\right)l f_{\mathrm{lk}}}{Wa\sin\beta + \left(H - \frac{7}{9}e + \frac{1}{2}l_{\mathrm{b}}\sin 2\beta\right)Q} \qquad (6.37)$$

对于组合三, 裂隙水压力和水平地震力同为可变荷载。天然状态的裂隙水压力由式 (6.23) 计算, 则危岩稳定系数计算式为

$$F_{\mathrm{s}} = \frac{\frac{1}{2}l_{\mathrm{b}}^2 l f_{\mathrm{ok}}\sin\beta + (H - e)\left(\frac{H - e}{2\sin\beta} + l_{\mathrm{b}}\cos\beta\right)l f_{\mathrm{lk}}}{(Wa + P_{\mathrm{h}}h_0)\sin\beta + \left(H - \frac{8}{9}e + \frac{1}{2}l_{\mathrm{b}}\sin 2\beta\right)Q} \qquad (6.38)$$

对于组合四，裂隙水压力和竖向地震力同为可变荷载。天然状态的裂隙水压力由式 (6.23) 计算，则危岩稳定系数计算式为

$$F_\mathrm{s} = \frac{\frac{1}{2} l_\mathrm{b}^2 l f_\mathrm{ok} \sin\beta + (H - e) \left(\dfrac{H - e}{2\sin\beta} + l_\mathrm{b}\cos\beta \right) l f_\mathrm{lk}}{(W + P_\mathrm{v})\sin\beta + \left(H - \dfrac{8}{9}e + \dfrac{1}{2}l_\mathrm{b}\sin 2\beta \right) Q} \tag{6.39}$$

3) 坠落式危岩稳定系数计算方法

坠落式危岩稳定性计算模型见图 6.14，仅考虑荷载组合一、组合三和组合四。重力和地震力沿着主控结构面的法向分量和切向分量可沿主控结构面进行分解，分别由式 (6.17) 和式 (6.18) 计算，进而可得主控结构面上的平均法向应力和平均剪应力，分别由式 (6.19) 和式 (6.20) 计算，主控结构面抗剪强度由式 (6.21) 计算，则危岩稳定系数计算式为

$$F_\mathrm{s} = \frac{[(W + P_\mathrm{v})\cos\beta - P_\mathrm{h}\sin\beta]\tan\varphi + \dfrac{cHl}{\sin\beta}}{(W + P_\mathrm{v})\sin\beta + P_\mathrm{h}\cos\beta} \tag{6.40}$$

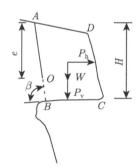

图 6.14　坠落式危岩稳定性计算模型

对于组合一，危岩稳定系数计算式为

$$F_\mathrm{s} = \frac{\tan\varphi}{\tan\beta} + \frac{cHl}{W\sin^2\beta} \tag{6.41}$$

对于组合三，危岩稳定系数计算式为

$$F_\mathrm{s} = \frac{(W\cos\beta - P_\mathrm{h}\sin\beta)\tan\varphi + \dfrac{cHl}{\sin\beta}}{W\sin\beta + P_\mathrm{h}\cos\beta} \tag{6.42}$$

对于组合四，危岩稳定系数计算式为

$$F_\mathrm{s} = \frac{\tan\varphi}{\tan\beta} + \frac{cHl}{(W + P_\mathrm{v})\sin^2\beta} \tag{6.43}$$

6.3.3 算例分析

重庆市万州城区属亚热带季风气候区，年平均气温 18.1℃，年平均降水量 1181.2mm，降水多集中在每年 5~9 月，历年最大月降水量 711.8mm (1982 年 7 月)，最大日降水量 175mm (1997 年 8 月 16 日)。每年夏季多大雨、暴雨等集中降水过程。太白岩南坡地处万州主城区，位于万州向斜南东翼近轴部，岩层产状平缓，倾向 NW，倾角 5°~10°。岩层为软硬相间的砂岩和泥岩互层组合。太白岩南坡危岩分布于由侏罗系上统上沙溪庙组第三段第九岩性层的厚层、巨厚层状长石石英砂岩和长石砂岩组成的三级陡崖，陡崖呈带状分布，三级陡崖之间为泥岩夹层。危岩发育于陡崖上，由砂岩组成，砂岩和泥岩接触部位的泥岩出露处多出现岩腔。地震基本烈度为Ⅵ度。

太白岩南坡发育有 55 个危岩，总体积 24562m³。按照可能的失稳方式可以分为滑塌式危岩、倾倒式危岩和坠落式危岩三类，分别有 18 个、11 个和 26 个。根据地质勘察结果，危岩体完整岩石黏结力为 400kPa、内摩擦角为 35°，危岩体后部主控结构面黏结力为 70kPa、内摩擦角为 25°；岩石抗拉强度为 516kPa，岩石重度为 25.6kN/m³。选取 W4, W12, W15, W16, W22 等 6 个代表性危岩单体采用"规范法"参数和"贯通率法"参数进行稳定性分析，计算结果见表 6.6。可见，应用本书提出的危岩主控结构面抗剪强度参数贯通率法确定的 c, φ 值比"规范法"随机性要小，计算结果经 2001~2007 年现场观测验证是比较符合实际情况的，例如，W12 危岩按照规范法计算的最小稳定系数为荷载组合三的 1.21，处于稳定状态，故在 2001 年实施的三峡库区首批地质灾害防治工程中未进行工程治理，但在 2003 年 7 月发生崩落，崩塌体冲入陡崖坡脚的沙龙路内侧，事实上，该危岩相应荷载组合按照贯通率法计算的稳定系数仅为 0.94，属于不稳定状态。

表 6.6 太白岩典型危岩稳定系数计算结果

编号	几何特征/m				规范法参数			贯通率法参数		
	高度	长度	厚度	裂隙深度	c/kPa	φ/(°)	F_s	c/kPa	φ/(°)	F_s
W4	10	4.04	17.34	6.92	268.3	31.0	2.94	133.56	28.26	1.53
	10	4.04	17.34	6.92	268.3	31.0	2.87	133.56	28.26	1.53
W16	12	5.75	33.25	21.57	185.9	28.5	1.44	143.64	28.56	1.14
	12	5.75	33.25	21.57	185.9	28.5	1.40	143.64	28.56	1.12
W15	9.5	4	20.5	18.5	102	26	1.18	135.2	26.96	1.49
	9.5	4	20.5	18.5	102	26	1.04	135.2	26.96	1.34
	9.5	4	20.5	18.5	102	26	1.14	135.2	26.96	1.46
W12	21.3	15	9.2	15.1	166.1	27.9	1.42	134.8	26.92	1.07
	21.3	15	9.2	15.1	166.1	27.9	1.37	134.8	26.92	0.98
	21.3	15	9.2	15.1	166.1	27.9	1.21	134.8	26.92	0.94
W22	10.6	15	4.1	9.4	—	—	2.49	—	—	2.49
	10.6	15	4.1	9.4	—	—	1.38	—	—	1.38

6.4　危岩稳定性断裂力学分析法

6.4.1　滑塌式危岩断裂稳定性分析

1) 滑塌式危岩断裂力学模型

滑塌式危岩典型地质模型见图 6.15，力学模型如图 6.16 所示，危岩体沿着主控结构面及基座向下滑动，图中变量：e_0 为主控结构面贯通段长度 (m)；e_w 为裂隙水压力合力作用点与主控结构面贯通段端部的距离 (m)；c 为危岩体底部基座的宽度 (m)；$[\sigma_c]$ 为危岩基座岩土体的容许抗压强度 (kPa)；β 为主控结构面倾角 (°)；a_c 为主控结构面与危岩体底部的交点距离危岩体重心的水平距离 (m)；b_c 为危岩体重心至危岩体底部的垂直距离 (m)；O 点为主控结构面贯通段端点；O' 为危岩体重心；AB 为基座支撑面；其余变量物理意义同前。

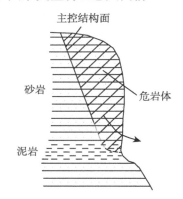

图 6.15　滑塌式危岩典型地质模型

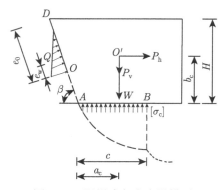

图 6.16　滑塌式危岩力学模型

根据竖向静力平衡，定义滑塌式危岩状态判别函数 F 为

$$F = P_\mathrm{v} + W - cl[\sigma_\mathrm{c}] - Q\cos\beta - l(H - e_0\sin\beta)[\tau] \tag{6.44}$$

式中，$[\tau]$ 为主控结构面未贯通段岩石的容许抗剪强度 (kPa)；Q 由式 (6.25) 计算；其余变量物理意义同前。

$F < 0$ 时，基座不发生沉降变形，危岩体不易破坏；

$F = 0$ 时，危岩体处于极限座滑状态；

$F > 0$ 时，基座易发生滑动变形。将作用在危岩体上的所有荷载 (图 6.16) 凝聚到主控结构面，表现为弯矩 M、压应力 σ 和剪应力 τ 三种基本形式，则滑塌式危岩断裂力学模型如图 6.17 所示。

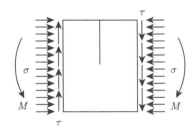

图 6.17 滑塌式危岩断裂力学模型

将危岩荷载 $P_\mathrm{h}, P_\mathrm{v}, W$ 平移到主控结构面，所有荷载对主控结构面端部 O 点的力矩 M 计算式为

$$M = P_\mathrm{h}(b_\mathrm{c} - H + e_0\sin\beta) + (W + P_\mathrm{v})(a_\mathrm{c} + H\cot\beta - e_0\cos\beta) + Qe_\mathrm{w} \tag{6.45}$$

将作用在危岩体上的所有荷载沿主控结构面法线和切线方向分解，得到法向力和切向力，并假定法向力和切向力沿主控结构面均匀分布，得到法向应力 σ 和切向应力 τ 的计算式为

$$\sigma = \frac{[(P_\mathrm{v} + W)\cos\beta - P_\mathrm{h}\sin\beta - Q]\sin\beta}{Hl} \tag{6.46}$$

$$\tau = \frac{[(P_\mathrm{v} + W)\sin\beta + P_\mathrm{h}\cos\beta]\sin\beta}{Hl} \tag{6.47}$$

式 (6.45)~式 (6.47) 中，变量物理意义同前。由于地震波特征，竖向地震力 P_v 和水平地震力 P_h 不能同时考虑。

2) 滑塌式危岩断裂力学模型求解

将滑塌式危岩断裂破坏模型进行分解 (图 6.18)，构建三种基本断裂力学模型，即弯矩模型、剪应力模型和压应力模型 (图 6.19)。求解每种基本断裂模型，通过基本断裂模型解答组合，可获得滑塌式危岩破坏模式的断裂力学解。

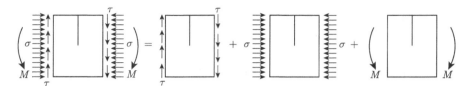

图 6.18　滑塌式危岩断裂力学模型分解

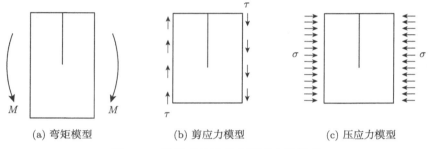

(a) 弯矩模型　　　　　　　　　(b) 剪应力模型　　　　　　　(c) 压应力模型

图 6.19　滑塌式危岩基本断裂力学模型

(1) 基本断裂力学模型求解。

弯矩模型：采用积分变换法，得应力强度因子计算式：

$$K_{\mathrm{I}} = 3.975M \left(\frac{H}{\sin \beta} - e \right)^{-\frac{3}{2}}, \quad K_{\mathrm{II}} = 0 \tag{6.48}$$

式中，K_{I} 和 K_{II} 的单位均为 $\mathrm{kPa \cdot m^{1/2}}$；其余变量物理意义同前。

剪应力模型：采用 Fourier 变换法，得应力强度因子计算式：

$$K_{\mathrm{I}} = 0, \quad K_{\mathrm{II}} = \tau \sqrt{1.5B \sin \beta} \left(\frac{2H}{B \sin^2 \beta} + 0.2865 \right) \tag{6.49}$$

式中，B 为危岩体平均宽度 (m)；其余变量物理意义同前。

压应力模型：采用 Westergarrd 应力函数法，得应力强度因子计算式：

$$K_{\mathrm{I}} = -1.5958\sigma \sqrt{\frac{H}{\sin \beta}}, \quad K_{\mathrm{II}} = 0 \tag{6.50}$$

式中，变量物理意义同前。

(2) 滑塌式危岩断裂力学模型求解。

针对危岩主控结构面端部区域任意点 Q 的断裂角 θ_0(图 6.20)，由断裂力学可知，危岩主控结构面端部沿着 θ_0 方向断裂扩展的联合断裂应力强度因子 K_{e} 的计算式为

$$K_{\mathrm{e}} = \cos \frac{\theta_0}{2} \left(K_{\mathrm{I}} \cos^2 \frac{\theta_0}{2} - 1.5K_{\mathrm{II}} \sin \theta_0 \right) \tag{6.51}$$

式中, K_e 为危岩主控结构面端部联合断裂应力强度因子 $(kPa \cdot m^{1/2})$; θ_0 为危岩主控结构面端部断裂扩展角度 (°); 其余变量物理意义同前。

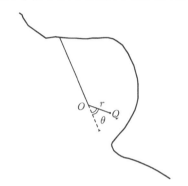

图 6.20 滑塌式危岩主控结构面端部极坐标

当 $K_{II} = 0$, 且 $K_I \neq 0$ 时, $\theta_0 = 0°$, 主控结构面沿端部沿主控结构面延伸方向扩展。

当 $K_{II} \neq 0$ 时, 则 $\theta_0 \neq 0°$, 令 $k_0 = (K_I / K_{II})^2$, 扩展角 θ_0 由下式确定:

$$\theta_0 = \arccos \left[\frac{3 + \sqrt{k_0^2 + 8k_0}}{k_0 + 9} \right] \tag{6.52}$$

由式 (6.48)~式 (6.50), 得到滑塌式危岩破坏模式:

$$K_I = 3.975M \left(\frac{H}{\sin \beta} - e \right)^{-\frac{3}{2}} - 1.5958\sigma \sqrt{\frac{H}{\sin \beta}} \tag{6.53}$$

$$K_{II} = \tau \sqrt{1.5B \sin \beta} \left(\frac{2H}{B \sin^2 \beta} + 0.2865 \right) \tag{6.54}$$

将式 (6.53) 和式 (6.54) 代入式 (6.52) 可得滑塌式危岩主控结构面端部扩展角 θ_0, 将所得 θ_0 及式 (6.53) 和式 (6.54) 代入式 (6.51), 可得滑塌式危岩联合断裂应力强度因子 K_e。

3) 滑塌式危岩断裂稳定性分析

(1) 危岩稳定性评价标准。

根据危岩稳定系数将危岩稳定性分为不稳定、基本稳定和稳定三种状态 [45], 如表 6.4 所示。

(2) 危岩断裂稳定系数。

根据滑塌式危岩联合断裂应力强度因子 K_e, 并结合危岩完整岩石的断裂韧度 K_{IC}, 建立危岩断裂稳定系数计算式:

$$F_s = \frac{K_{IC}}{K_e} \tag{6.55}$$

式中，K_{IC} 为危岩主控结构面端部岩石断裂韧度 $(\mathrm{kPa \cdot m^{1/2}})$，通过断裂力学试验确定；其余变量物理意义同前。

将计算结果参照表 6.4，便可判别危岩体所处的稳定状态。由于 K_{IC} 为法向应力 σ 和剪应力 τ 的函数，只要采用相应的传感器即时采集主控结构面端部的法向应力 σ 和剪应力 τ，便可由本研究方法判别该时刻滑塌式危岩的稳定性态。

6.4.2 倾倒式危岩断裂稳定性分析

1. 倾倒式危岩断裂力学模型

倾倒式危岩的地质模型是建立其力学模型的关键环节，需通过现场调查、量测及勘查获取。如江津四面山国家级风景名胜区红岩山，倾倒式危岩广泛发育 (图 6.21)。这类危岩体底部通常存在一定深度的岩腔，主控结构面位于危岩基座内，在基座强度较高，不发生剪切破坏条件时，危岩通常呈倾倒方式破坏，其典型地质模型如图 6.22 所示。

图 6.21 江津四面山国家级风景名胜区红岩山危岩

倾倒式危岩底部存在倾覆点，通常是危岩基座岩体中风化带外端点。根据危岩体重心与倾覆点的关系，可将倾倒式危岩力学模型分成两类，一是倾覆点位于重心内侧 (图 6.23)，二是倾覆点位于重心外侧 (图 6.24)。图中 B 为倾覆点，其他变量物理意义同前。

破坏模式及其荷载计算：定义倾倒式危岩基座下沉状态函数 F 如式 (6.44)。

(1) 当 $F < 0$ 时，危岩基座不发生沉降变形，倾倒式危岩破坏属于受拉断裂力学模式 (图 6.25)，作用在危岩体上的所有荷载对主控结构面端部 O 点的倾覆力矩由式 (6.56) 计算：

$$M = P_{\mathrm{h}}(b_c - H + e_0 \sin\beta) + (W + P_{\mathrm{v}})(a_c + H\cot\beta - e_0 \cos\beta)$$
$$+ Qe_{\mathrm{w}} - d_c[\sigma_c](0.5d_c + H\cot\beta - e_0 \cos\beta) \tag{6.56}$$

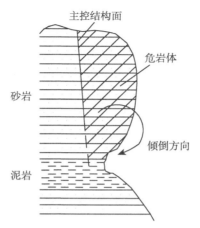

图 6.22　倾倒式危岩典型地质模型

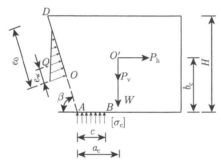

图 6.23　倾倒式危岩力学模型 (一)

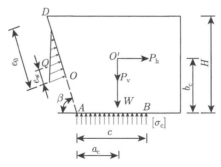

图 6.24　倾倒式危岩力学模型 (二)

(2) 当 $F \geqslant 0$ 时, 危岩基座下沉, 作用在主控结构面的法向应力 σ 为负时, 倾倒式危岩属于拉剪断裂力学模式 (图 6.26); 作用在主控结构面的法向应力 σ 为正时, 倾倒式危岩属于压剪断裂力学模式。两种破坏模式中, 危岩主控结构面均同时

受到 M(弯矩)、σ(拉应力或压应力) 和 τ(剪应力) 共同作用, 计算方法如下:

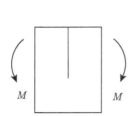

图 6.25　倾倒式危岩受拉断裂力学模型

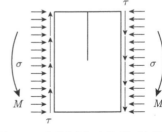

图 6.26　倾倒式危岩拉剪破坏模式

　　将作用在危岩体上的所有荷载 (图 6.23 和图 6.24) 平移到主控结构面, 则所有荷载对主控结构面端部 O 点的力矩计算式为式 (6.28)。作用在危岩体上的所有荷载沿主控结构面法线和切线方向分解, 得到法向力和切向力, 并假定法向力和切向力沿主控结构面均匀分布, 得到法向应力 σ 和切向应力 τ 的计算式如式 (6.46) 和式 (6.47)。

2. 倾倒式危岩断裂力学模型求解

　　倾倒式危岩按拉剪断裂力学模型可分解为如图 6.27 所示的三种类型, 构成四种基本断裂力学模型, 即弯矩模型、剪应力模型、拉应力模型和压应力模型 (图 6.28)。求解每种基本断裂力学模型, 通过基本断裂力学模型解答组合, 得到倾倒式危岩破坏模式的断裂力学解。

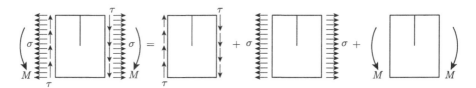

图 6.27　倾倒式危岩拉剪断裂力学模型分解

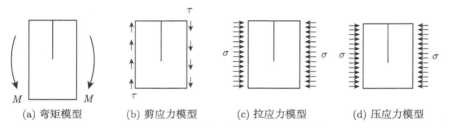

(a) 弯矩模型　　　(b) 剪应力模型　　　(c) 拉应力模型　　　(d) 压应力模型

图 6.28　倾倒式危岩基本断裂力学模型

1) 基本断裂力学模型求解

弯矩模型可采用积分变换法, 得应力强度因子计算式如式 (6.48)。

剪应力模型可采用 Fourier 变换法, 得应力强度因子计算式如式 (6.49)。

压应力模型可采用 Westergarrd 应力函数法, 得应力强度因子计算式如式 (6.50)。

拉应力模型可采用 Westergarrd 应力函数法, 得应力强度因子计算式为

$$K_{\mathrm{I}} = 1.5958\sigma\sqrt{\frac{H}{\sin\beta}}, \quad K_{\mathrm{II}} = 0 \tag{6.57}$$

式中, 变量物理意义同前。

2) 倾倒式危岩断裂力学模型求解

针对危岩主控结构面端部区域任意点 Q 的断裂角 θ_0 (图 6.29), 则由断裂力学可知, 危岩主控结构面端部沿着 θ_0 方向断裂扩展的联合断裂应力强度因子 K_{e} 的计算式同式 (6.51)。

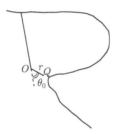

图 6.29　倾倒式危岩主控结构面端部极坐标

当 $K_{\mathrm{II}} = 0$, 且 $K_{\mathrm{I}} \neq 0$ 时, $\theta_0 = 0°$, 主控结构面沿端部主控结构面延伸方向扩展;

当 $K_{\mathrm{II}} \neq 0$ 时, $\theta_0 \neq 0°$, 令 $k_0 = (K_{\mathrm{I}}/K_{\mathrm{II}})^2$, 扩展角 θ_0 的确定同式 (6.52)。

(1) 倾倒式危岩拉裂破坏联合断裂应力强度因子为

$$K_{\mathrm{e}} = K_{\mathrm{I}} = 3.975M\left(\frac{H}{\sin\beta} - e\right)^{-\frac{3}{2}}, \quad \theta_0 = 0° \tag{6.58}$$

(2) 倾倒式危岩拉剪破坏联合断裂应力强度因子 K_{e} 和主控结构面端部扩展角 θ_0 分别由式 (6.51) 和式 (6.52) 确定, 其中 K_{I} 如式 (6.59), K_{II} 由式 (6.54) 计算。

$$K_{\mathrm{I}} = 3.975M\left(\frac{H}{\sin\beta} - e\right)^{-\frac{3}{2}} + 1.5958\sigma\sqrt{\frac{H}{\sin\beta}} \tag{6.59}$$

(3) 倾倒式危岩压剪破坏联合断裂应力强度因子 K_{e} 和主控结构面端部扩展角 θ_0 分别由式 (6.51) 和式 (6.52) 确定, 其中 K_{I} 如式 (6.53), K_{II} 由式 (6.54) 计算。

3. 倾倒式危岩断裂稳定性分析

倾倒式危岩稳定性评价标准如表 6.4 所示，危岩断裂稳定系数计算式见式 (6.55)。

由于 K_{IC} 为法向应力 σ 和剪应力 τ 的函数，只要采用相应的传感器即时采集主控结构面端部的法向应力 σ 和剪应力 τ，便可由本书方法判别该时刻倾倒式危岩的稳定性态。

6.4.3   坠落式危岩断裂稳定性分析

1. 坠落式危岩破坏模式及其荷载计算

坠落式危岩底部存在岩腔，危岩体呈悬空状态。如三峡库区綦江羊叉河流域广泛发育坠落式危岩 (图 6.30)，主控结构面倾角较大，危岩崩落形迹明显，具有典型的链式崩落特征[142]。坠落式危岩典型地质模型如图 6.31 所示，力学模型如图 6.32 所示。

图 6.30   重庆綦江羊叉河危岩形迹

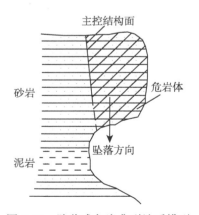

图 6.31   坠落式危岩典型地质模型

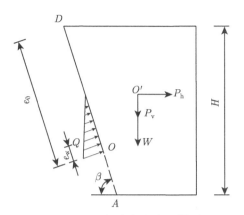

图 6.32 坠落式危岩力学模型

定义坠落式危岩破坏阶段判别函数 S 为

$$S = W + P_{\mathrm{v}} - \frac{Q}{\cos \beta} - \left(\frac{H}{\sin \beta} - e_0 \right) [\tau] l \tag{6.60}$$

式中, 变量物理意义同前。

(1) 坠落式危岩破坏初期, $S < 0$, 作用在主控结构面的法向应力 σ 为负时, 危岩处于拉剪破坏阶段 (图 6.26); 作用在主控结构面的法向应力 σ 为正时, 危岩处于压剪破坏阶段 (图 6.18)。两个破坏阶段, 危岩主控结构面均同时受到 M(弯矩)、σ(拉应力或压应力) 和 τ(剪应力) 共同作用, 计算方法如式 (6.45)~式 (6.47)。

(2) 坠落式危岩破坏后期, $S \geqslant 0$, 危岩转变为剪切破坏阶段 (图 6.33), 剪切应力 τ 计算式为

$$\tau = \frac{[(W + P_{\mathrm{v}}) \sin \beta + P_{\mathrm{h}} \cos \beta] \sin \beta}{(H - e_0 \sin \beta) l} \tag{6.61}$$

式中, 变量物理意义同前, 且水平地震力和竖向地震力不能同时考虑。

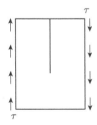

图 6.33 坠落式危岩剪切断裂力学模型

2. 坠落式危岩断裂力学模型求解

可将坠落式危岩破坏过程分为两个阶段,初期处于复合受荷阶段,后期属于剪切破坏阶段。将初期的破坏阶段进行分解 (图 6.18 和图 6.27),构建四种基本断裂模型,即弯矩模型、剪应力模型、拉应力模型和压应力模型 (图 6.28),后期的破坏阶段属于剪应力模型。求解每种基本断裂模型,通过基本断裂模型解答组合,可获得坠落式危岩破坏模式的断裂力学解。

1) 基本断裂力学模型求解

弯矩模型可采用积分变换法,得应力强度因子计算式如式 (6.48)。

剪应力模型可采用 Fourier 变换法,得应力强度因子计算式如式 (6.49)。

压应力模型可采用 Westergarrd 应力函数法,得应力强度因子计算式如式 (6.50)。

拉应力模型可采用 Westergarrd 应力函数法,得应力强度因子计算式如式 (6.57)。

2) 坠落式危岩断裂力学模型求解

针对危岩主控结构面端部区域任意点 Q 的断裂角 θ_0(图 6.34),由断裂力学可知,危岩主控结构面端部沿着 θ_0 方向断裂扩展的联合断裂应力强度因子 K_e 的计算方法表述如式 (6.51)。

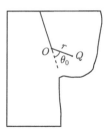

图 6.34　坠落式危岩主控结构面端部极坐标

当 $K_{\mathrm{II}} = 0$,且 $K_{\mathrm{I}} \neq 0$ 时,$\theta_0 = 0°$,主控结构面沿端部沿主控结构面延伸方向扩展;

当 $K_{\mathrm{II}} \neq 0$ 时,$\theta_0 \neq 0°$,令 $k_0 = (K_{\mathrm{I}}/K_{\mathrm{II}})^2$,扩展角 θ_0 由式 (6.52) 确定。

(1) 坠落式危岩拉剪破坏联合断裂应力强度因子 K_e 和主控结构面端部扩展角 θ_0 分别由式 (6.51) 和式 (6.52) 确定,式中 K_{I} 由式 (6.59) 确定,K_{II} 由式 (6.54) 确定。

(2) 坠落式危岩压剪破坏联合断裂应力强度因子 K_e 和主控结构面端部扩展角 θ_0 分别由式 (6.51) 和式 (6.52) 确定,式中 K_{I} 由式 (6.53) 确定,K_{II} 由式 (6.54) 确定。

(3) 针对坠落式危岩剪切破坏阶段,$K_{\mathrm{I}} = 0$,$K_{\mathrm{II}} = \tau\sqrt{1.5B\sin\beta}(2H/(B\sin^2\beta)+0.2865)$,代入式 (6.52) 和式 (6.53),得 $\theta_0 = 70.53°$,危岩压剪破坏联合断裂应力强

度因子 $K_e = K_{II}$。

3. 坠落式危岩断裂稳定性分析

坠落式危岩稳定性评价标准参照表 6.4，危岩断裂稳定系数计算同式 (6.55)。

6.5 危岩稳定性激振劣化作用

6.5.1 危岩崩落激振模型

危岩破坏崩落的主要原因是在岩体内部的破坏性损伤。以坠落式危岩为例 (图 6.35)，建立危岩崩落激振模型 (图 6.36)。

图 6.35 坠落式危岩

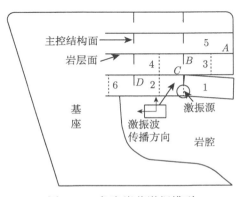

图 6.36 危岩崩落激振模型

基本假定：

(1) 不考虑各层单体危岩之间的黏结强度, 即上下两个单体危岩之间只存在压应力;

(2) 单体危岩崩落时产生的激振波同时沿竖直向上和水平向山体内传播;

(3) 由多个单体危岩组成的边坡属于线弹性介质。

图 6.36 中, 岩腔顶层 1#危岩体是整个危岩发育的关键。1#危岩体崩落产生激振波水平向山体内和竖直向上传播时对邻近的 2#和 3#危岩体产生一定的损伤甚至诱发其失稳。主控结构面处为介质特征突变部位, 两种介质的波阻抗不同, 在界面处激振波将发生反射和透射。以波的局部场特征定理为基础, 把任意形状波入射在弯曲界面上的透反射问题看成是平面波在界面上的透反射问题以展开研究。

6.5.2　激振波正入射条件下主控结构面受力分析

弹性波入射到主控结构面上将产生反射波和透射波 (图 6.37), 设结构面右侧为介质 i, 其波阻抗为 $(\rho v_{\mathrm{p}})_i$, 左侧为介质 j, 其波阻抗为 $(\rho v_{\mathrm{p}})_j$。

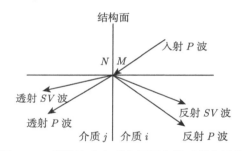

图 6.37　弹性波在介质分界面上的反射和透射

激振波垂直入射时不产生反射横波和透射横波, 本书主要考虑纵波的透反射情况。在主控结构面两侧取两个相邻界面质点 M 和 N, 当入射波振面到达界面右侧时, 由波面上相容条件可求得 M 质点的速度增量:

$$v_{\mathrm{I}} = \frac{\sigma_{\mathrm{I}}}{(\rho v_P)_i} \tag{6.62}$$

式中, σ_{I} 为入射波强度 (Pa); ρ 为介质密度 (kg/m³); v_P 为激振 P 波波速 (m/s)。

当入射波反射后, M 质点获得的速度增量为

$$v_{\mathrm{R}} = \frac{-\sigma_{\mathrm{R}}}{(\rho v_P)_i} \tag{6.63}$$

式中, σ_{R} 为反射波强度 (Pa); 其余变量物理意义同前。

在界面左侧, 透射波通过 N 质点获得的速度为

$$v_{\mathrm{T}} = \frac{\sigma_{\mathrm{T}}}{(\rho v_P)_j} \tag{6.64}$$

式中，σ_T 为透射波强度 (Pa)；其余变量物理意义同前。

在界面两侧满足质点位移连续条件和应力连续条件，则

$$v_T = v_I + v_R \tag{6.65}$$

$$\sigma_T = \sigma_I + \sigma_R \tag{6.66}$$

将式 (6.62)~式 (6.64) 分别代入式 (6.65)~式 (6.66)，得

$$\sigma_R = \frac{(\rho v_P)_j - (\rho v_P)_i}{(\rho v_P)_j + (\rho v_P)_i} \sigma_I \tag{6.67}$$

$$\sigma_T = \frac{2(\rho v_P)_j}{(\rho v_P)_j + (\rho v_P)_i} \sigma_I \tag{6.68}$$

由波动理论，P 波传播方向岩体的应变 ε 满足

$$\varepsilon = \frac{C_p}{v_P} \tag{6.69}$$

式中，C_p 为介质质点位移速度 (m/s)。

根据 Hooke 定律

$$\varepsilon = \frac{\sigma_d}{E} \tag{6.70}$$

式中，σ_d 为正应力 (kPa)；E 为弹性模量 (kPa)。

联合式 (6.69) 和式 (6.70)，得

$$\sigma_d = \frac{C_p E}{v_P} \tag{6.71}$$

假定波在岩体中的振动为谐和振动，介质质点的速度 C 与其加速度 $a(\text{m/s}^2)$ 和频率 $f(\text{Hz})$ 满足

$$C = \frac{a}{2\pi f} \tag{6.72}$$

将式 (6.72) 代入式 (6.71)，得

$$\sigma_d = \frac{a_p E}{2\pi f_p \cdot v_P} \tag{6.73}$$

将式 (6.73) 代入式 (6.67) 得反射波强度为

$$\sigma_R = \frac{(\rho v_P)_j - (\rho v_P)_i}{(\rho v_P)_j + (\rho v_P)_i} \frac{a_p E}{2\pi f_p (v_P)_i} \tag{6.74}$$

将式 (6.73) 代入式 (6.68) 得透射波强度为

$$\tau_T = \frac{2(\rho v_P)_j}{(\rho v_P)_j + (\rho v_P)_i} \frac{a_p E}{2\pi f_p (v_P)_i} \tag{6.75}$$

由图 6.36，应力波水平传播时，1#危岩体崩落后产生的激振波在 2#危岩体右部 D 结构面产生反射作用，假定结构面处反射波应力均匀分布，沿图 6.36 主控结构面 D 取出单元体 (图 6.38)。

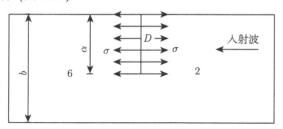

图 6.38   激振波反射作用的主控结构面

激振波水平向山体内正入射条件下危岩主控结构面 D 所受反射力由式 (6.67) 得

$$\sigma_{\mathrm{R}} = \frac{(\rho v_P)_6 - (\rho v_P)_2}{(\rho v_P)_6 + (\rho v_P)_2} \frac{a_{\mathrm{p}} E}{2\pi f_{\mathrm{p}} (v_P)_2} \tag{6.76}$$

在图 6.36 中，应力波竖直向上传播时，1#危岩体崩落后产生的激振波通过 2#危岩体透射过结构面 C，所产生透射波对结构面 B 产生剪应力，沿图 6.36 主控结构面 C 取出单元体 (图 6.39)。

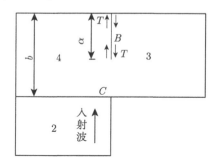

图 6.39   激振波对主控结构面的剪应力

激振波竖直向上传播时，透射过结构面 C 对主控结构面 B 作用的剪应力由式 (6.76) 和图 6.39 得

$$\tau_{\mathrm{T}} = \frac{2 (\rho v_P)_4}{(\rho v_P)_4 + (\rho v_P)_2} \frac{a_{\mathrm{p}} E}{2\pi f_{\mathrm{p}} (v_P)_2} \tag{6.77}$$

6.5.3   激振作用下危岩断裂稳定性分析

1) 激振波水平入射的断裂力学分析

岩腔顶层起始岩块崩落诱发激振波所产生的激振脉冲穿过主控结构面时，因两侧介质特征存在差异，在界面处将产生反射力和透射力，将影响主控结构面的应

力强度因子。

由图 6.38 分析可知起始岩块崩落时, 在 2# 危岩体主控结构面 D 处, 由激振波反射力作用产生的应力强度因子 K_{II} 为

$$K_{\mathrm{I1}} = 1.12\sigma_{\mathrm{R}}\sqrt{\pi a} \tag{6.78}$$

将式 (6.76) 代入式 (6.79) 得

$$K_{\mathrm{I1}} = 1.12\frac{(\rho v_P)_6 - (\rho v_P)_2}{(\rho v_P)_6 + (\rho v_P)_2}\frac{a_{\mathrm{p}}E}{2\pi f_{\mathrm{p}}\,(v_P)_2}\sqrt{\pi a} \tag{6.79}$$

将危岩主控结构面模拟为 I 型裂隙, 其端部应力强度因子计算式为

$$K_{\mathrm{I2}} = F\sigma\sqrt{\pi a} \tag{6.80}$$

$$\sigma = \frac{6M'}{H^2} \tag{6.81}$$

$$F = 1.122 - 1.40\frac{a}{H} + 7.33\left(\frac{a}{H}\right)^2 - 13.08\left(\frac{a}{H}\right)^3 + 14.0\left(\frac{a}{H}\right)^4 \tag{6.82}$$

式中, M' 为危岩体的等效弯矩 $(\mathrm{kN\cdot m})$; H 为危岩体高度 (m); a 为危岩主控结构面长度 (m); 其余变量物理意义同前。

裂隙水压力作用产生的应力强度因子为

$$K_{\mathrm{I3}} = 5.51\bar{\sigma}\sqrt{\pi a} \tag{6.83}$$

危岩主控结构面端部荷载除激振作用的影响因素外, 还表现在危岩体自重所产生的弯矩和裂隙水压力所产生的张拉应力。弯矩和裂隙水压力产生的应力强度因子可以由式 (6.80) 和式 (6.83) 确定, 分别记为 K_{I2} 和 K_{I3}。

以上三种情况下, K_{II} 均为 0, 则主控结构面等效应力强度因子计算式为

$$K_{\mathrm{e}} = K_{\mathrm{I1}} + K_{\mathrm{I2}} + K_{\mathrm{I3}} \tag{6.84}$$

将 K_{I1}, K_{I2} 和 K_{I3} 的表达式代入式 (6.84), 可求得激振波作用下主控结构面的联合应力强度因子为

$$0.56\frac{(\rho v_P)_6 - (\rho v_P)_2}{(\rho v_P)_6 + (\rho v_P)_2}\frac{a_{\mathrm{p}}E}{\pi f_{\mathrm{p}}\,(v_P)_2}\sqrt{\pi a} + F\,(a)\,\sigma_{\max}\sqrt{\pi a} + 5.51\bar{\sigma}\sqrt{\pi a} = K_{\mathrm{e}} \tag{6.85}$$

整理可得

$$K_{\mathrm{e}} = \left\{0.56\frac{(\rho v_P)_6 - (\rho v_P)_2}{(\rho v_P)_6 + (\rho v_P)_2}\frac{a_{\mathrm{p}}E}{\pi f_{\mathrm{p}}\,(v_P)_2} + \frac{6M}{b^2}\left[1.122 - 1.40\frac{a}{b} + 7.33\left(\frac{a}{b}\right)^2\right.\right.$$

$$\left. -13.08\left(\frac{a}{b}\right)^{3}+14.0\left(\frac{a}{b}\right)^{4}\right]+2.755r_{w}e_{1}\right\}\sqrt{\pi a} \tag{6.86}$$

将危岩完整岩石的断裂韧度 K_{IC} 和式 (6.86) 代入式 (6.55) 可以获得危岩考虑激振波水平入射时的断裂稳定系数 F_{s}。

分别求出不考虑激振作用 (天然状态或暴雨状态) 的危岩稳定系数 (F_{s1}) 和考虑激振作用 (天然状态或暴雨状态) 的危岩稳定系数 (F_{s2})，则得危岩崩落激振作用对危岩稳定性的贡献率为

$$\eta=\frac{\Delta F_{s}}{F_{s1}} \tag{6.87}$$

式中，ΔF_{s} 为 F_{s1} 与 F_{s2} 之差值。

2) 激振波竖直入射的断裂力学分析

由图 6.39 分析可知起始，岩块崩落时，邻近岩块主控结构面 B 处受激振波透射力作用，其应力强度因子 K_{II} 为

$$K_{II}=1.12\tau_{T}\sqrt{\pi a} \tag{6.88}$$

联合式 (6.77) 得

$$K_{II}=1.12\frac{2\left(\rho v_{P}\right)_{4}}{\left(\rho v_{P}\right)_{4}+\left(\rho v_{P}\right)_{2}}\frac{a_{p}E}{2\pi f_{p}\left(v_{P}\right)_{2}}\sqrt{\pi a} \tag{6.89}$$

危岩主控结构面端部荷载还表现在危岩体自重所产生的弯矩和裂隙水压力所产生的张拉应力。弯矩和裂隙水压力产生的应力强度因子可以通过式 (6.80) 和式 (6.83) 获得，分别记为 K_{I2} 和 K_{I3}，由应力强度因子叠加原理:

$$K_{I}=K_{I2}+K_{I3} \tag{6.90}$$

将 K_{I2} 和 K_{I3} 的表达式代入式 (6.90)，得

$$K_{I}=\left\{\frac{6M}{b^{2}}\left[1.122-1.40\frac{a}{b}+7.33\left(\frac{a}{b}\right)^{2}-13.08\left(\frac{a}{b}\right)^{3}+14.0\left(\frac{a}{b}\right)^{4}\right]+2.755r_{w}e\right\}\sqrt{\pi a} \tag{6.91}$$

整理式 (6.91) 可得主控结构面联合应力强度因子为

$$K_{e}=\left\{\cos^{3}\frac{\theta_{0}}{2}\left[\frac{6M}{b^{2}}\left(1.122-1.40\frac{a}{b}+7.33\left(\frac{a}{b}\right)^{2}-13.08\left(\frac{a}{b}\right)^{3}+14.0\left(\frac{a}{b}\right)^{4}\right)\right.\right.$$
$$\left.\left.+2.755r_{w}e_{1}\right]-1.68\sin\theta_{0}\cos\frac{\theta_{0}}{2}\frac{\left(\rho v_{P}\right)_{4}}{\left(\rho v_{P}\right)_{4}+\left(\rho v_{P}\right)_{2}}\frac{a_{p}E}{\pi f_{p}\left(v_{P}\right)_{2}}\right\}\sqrt{\pi a} \tag{6.92}$$

羊叉河陡崖位于三峡库区重庆市綦江区南部，地处背斜核部，陡崖由灰岩和泥岩构成，呈现显著的倒台阶状地貌形态。陡崖高差 34~36m，岩层由近于水平的灰

岩和泥岩交互，下部泥岩厚 20m 左右，夹 4.3m 灰岩，灰岩上部泥岩出露处发育高约 5m、深约 3m 的岩腔，灰岩下部泥岩出露处为宽缓的侵蚀平台，宽 25m 左右，松藻矿区铁路从该平台通过[133]。区内危岩带底部为泥岩构成的软弱基座，由于抗风化能力相对较弱，常形成深浅不一的凹岩腔，上部危岩体主要为近直立的灰岩体，相关物理力学参数见表 6.7。羊叉河危岩带的危岩体 W11, W12 如图 6.40 所示，在激振波正入射条件下对危岩稳定性特征进行了断裂力学分析。$C = a/(2\pi f)$ 为激振波引起危岩体质点的振动速度，根据不同的工况取值不同，本书取 30mm/s 作为计算值，计算结果如表 6.8 所示。

表 6.7 羊叉河危岩体物理力学参数

类别	重度/(kN/m³)			弹性模量/(×10⁴MPa)	泊松比	断裂韧度/(kPa·m^{1/2})
	干	天然	饱和			
灰岩	—	24.8	25.2	0.52	0.21	1600
泥岩	25	25.4	—	0.31	0.32	1300

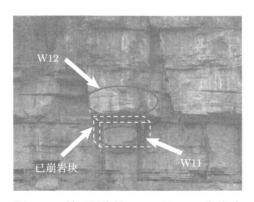

图 6.40 羊叉河岸坡 W11 和 W12 危岩体

表 6.8 羊叉河岸坡 W11 和 W12 危岩体稳定性计算表

危岩体编号	危岩体几何特征/m			裂隙深度/m	工况	激振波方向	联合应力强度因子 K_e/(kPa·m^{1/2})		稳定系数		稳定性贡献率/%
	高	宽	厚				不考虑激振波	考虑激振波	不考虑激振波	考虑激振波	
W11	5	5	3	2.5	天然	水平	659.42	674.13	2.4264	2.3734	2.18
					暴雨	水平	762.95	777.79	2.0971	2.0571	1.91
W12	7	8	4	3.5	天然	竖直	941.55	1048.33	1.6993	1.5262	10.18
					暴雨	竖直	1059.73	1158.18	1.5098	1.3815	8.50

表 6.8 为羊叉河 W11 和 W12 危岩体，分天然和暴雨两种工况，分别计算了不

考虑激振波和考虑激振波的危岩稳定系数。考虑危岩崩落激振作用后，危岩稳定系数在天然和暴雨两种工况下都有明显降低趋势，崩落激振波以竖直方向传播比水平方向向山体里传播影响要大得多，竖直方向降低 10% 左右，水平方向降低 2% 左右。其研究成果对实施危岩防灾减灾提供了重要的科学依据。

第7章 岩石崩塌灾害常态治理

7.1 危岩支撑技术

7.1.1 危岩支撑条件

利用支撑技术治理危岩，需要具备如下支撑条件：

(1) 危岩体底部存在岩腔，深度不小于 2m。岩腔底部岩体较完整、岩性比较坚硬且处于稳定状态，其地基承载力标准值不小于 300kPa。

(2) 根据岩腔的高度，可将危岩支撑分为高位支撑和低位支撑两类。岩腔高度超过 3m 时，称为高位支撑，反之称为低位支撑。防治工程设计中，高位支撑应采取辅助措施保障支撑结构的自身稳定性。

多年来对三峡库区危岩崩塌现状的调查资料显示，三峡库区内一般在砂岩和泥岩互层出现的陡崖或斜坡上发育的坠落式危岩和倾倒式危岩通常具备良好的支撑条件。如重庆市万州区太白岩 60% 左右的危岩岩腔均比较发育，岩腔深度 3.0～12.0m、高度 3.0～5.0m (图 7.1)，适于采用支撑技术进行灾害治理，必要时需要采用辅助措施防止危岩以支撑结构边缘为支点的倾倒破坏。

图 7.1 危岩底部岩腔外貌

7.1.2 危岩支撑技术分类

对于危岩体下部具有一定范围凹陷的岩腔、岩腔底部为承载力较高且稳定性好的中风化基岩、危岩体重心位于岩腔中心线内侧时，宜采用支撑技术进行危岩治

理 (图 7.2)。支撑技术主要适用于坠落式危岩、倾倒式危岩，基座具有岩腔的滑塌式危岩在保证抗倾性能的条件下也可采用[155]。滑塌式危岩需要使用支撑技术时，应将支撑体底部削成内倾斜坡或台阶 (图 7.3)。危岩支撑结构包括墙撑、拱撑、柱撑和膨胀型支撑等，墙撑可分为承载型墙撑和防护型墙撑两类。支撑体底部应分台阶清除至中风化岩层，应确保支撑体的自身稳定性。与危岩体底部接触区域的一定厚度应采用膨胀混凝土。

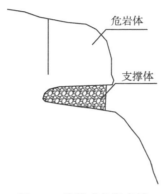

图 7.2　坠落式危岩支撑

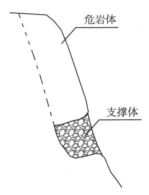

图 7.3　滑塌式危岩支撑

1) 墙撑结构设计

　　墙撑结构即在危岩体下部、稳定岩腔之上设置的强度较高的支撑功能的墙体。由于要求下部有稳定基岩和较大空间的岩腔，因此，墙撑结构多用于坠落式危岩的治理中。下面以坠落式危岩墙撑为例，介绍墙撑结构的设计。坠落式危岩墙撑计算模型见图 7.4，要求支撑体的重心必须位于危岩重心线外侧。

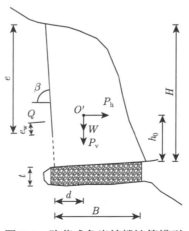

图 7.4　坠落式危岩墙撑计算模型

假定法向力和切向力沿主控结构面分布均匀，并利用莫尔–库仑强度理论，得

$$\tau_{\mathrm{f}} = c + \frac{(W + P_{\mathrm{v}})\cos\beta - P_{\mathrm{h}}\sin\beta}{L}\tan\varphi \tag{7.1}$$

则由主控结构面产生的抗剪力为

$$T_{\mathrm{j}} = \tau_{\mathrm{f}} L l \tag{7.2}$$

由于主控结构面的长度为

$$L = \frac{H}{\sin\beta} \tag{7.3}$$

则

$$T_{\mathrm{j}} = \frac{cHl}{\sin\beta} + [(W + P_{\mathrm{v}})\cos\beta - P_{\mathrm{h}}\sin\beta]l \tag{7.4}$$

对支撑结构顶端中心部位取矩并根据竖向平衡条件，得

$$\sum M = P_{\mathrm{h}} h_0 + \left(\frac{H}{\sin\beta} - e_0 - e_{\mathrm{w}} + d\cos\beta\right)Q - (W + P_{\mathrm{v}})(d - a) + T_{\mathrm{j}} d\sin\beta \tag{7.5}$$

$$\sum N = P_{\mathrm{v}} + W - T_{\mathrm{j}}\sin\beta - Q\cos\beta \tag{7.6}$$

且必须满足

$$T_{\mathrm{j}} \geqslant \frac{P_{\mathrm{h}}}{\cos\beta} + Q\tan\beta, \quad a \leqslant d \tag{7.7}$$

据此，求得支撑体顶部的最大、最小应力为

$$\sigma_{\min}^{\max} = \frac{1}{Nl}\left(\sum N \pm \frac{6\sum M}{B}\right) \tag{7.8}$$

若 $\sigma_{\min} < 0$，则需要增大尺寸 B，直到 $\sigma_{\min} \geqslant 0$，此时支撑结构设计为

$$B \geqslant \frac{6\sum M}{\sum N} \tag{7.9}$$

要求

$$\sigma_{\max} \leqslant \frac{[R_{\mathrm{c}}]}{1.2} \tag{7.10}$$

而墙撑圬工体地基允许承载力 $[\sigma_0]$ 应满足 (7.11) 式：

$$[\sigma_0] \geqslant 1.1(\sigma_{\max} + \gamma_{圬} t) \tag{7.11}$$

式中，t 为墙撑圬工厚度 (m)；B 为墙撑圬工宽度 (m)；$[R_{\mathrm{c}}]$ 为墙撑圬工极限承载力设计值 (kPa)；$[\sigma_0]$ 为墙撑体地基容许承载力设计值 (kPa)；$\gamma_{圬}$ 为墙撑圬工天然

容重 (kN/m^3)；a 为主控结构面底部出露点与危岩体重心之间的水平距 (m)；d 为主控结构面在危岩体底部出露点距离支撑体重心的水平距离 (m)；h_0 为危岩体重心距离支撑体顶部的垂直距离 (m)；其余变量物理意义同前。

值得指出的是，前述式中水平地震力和竖向地震力不能同时考虑，所有荷载根据设计荷载组合 (最不利荷载工况) 确定。

2) 柱撑结构设计

与墙撑相似，柱撑结构即是在基座一定位置处设置长径比较大的柱形结构来支撑危岩体，计算模型如图 7.5 所示。

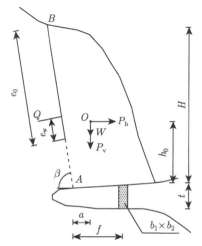

图 7.5　坠落式危岩柱 (拱) 撑计算模型

主控结构面产生的抗剪力 T_j 由式 (7.4) 计算。对 A 点取矩并根据竖向平衡条件，得

$$\sum M = P_\mathrm{h} h_0 + (W + P_\mathrm{v})a + Q\left(e_\mathrm{w} + \frac{H}{\sin\beta} - e_0\right) - R_1 f \tag{7.12}$$

$$\sum N = W + P_\mathrm{v} - Q\cos\beta - R_2 \leqslant 0 \tag{7.13}$$

且必须满足

$$T_\mathrm{j} \geqslant \frac{P_\mathrm{h}}{\cos\beta} + Q\tan\beta, \quad a \leqslant f \tag{7.14}$$

由式 (7.12)，得

$$R_1 \geqslant \frac{P_\mathrm{h} h_0 + (W + P_\mathrm{v})a + Q\left(e_\mathrm{w} + \dfrac{H}{\sin\beta} - e_0\right)}{f} \tag{7.15}$$

由式 (7.13)，得

$$R_2 \geqslant W + P_\mathrm{v} - Q\cos\beta \tag{7.16}$$

柱撑体所受荷载 S 由下式计算：

$$S = \max(R_1, R_2) \tag{7.17}$$

柱撑体的尺寸为

$$b_1 \times b_2 \geqslant \frac{1.2S}{[R_{\mathrm{c}}]} \tag{7.18}$$

且要求

$$b_1 \times b_2 \geqslant \frac{\sum N}{[\sigma_0] - \gamma_{坏}t} \tag{7.19}$$

式中，b_1 和 b_2 分别为柱撑体断面尺寸 (m)；f 为柱撑体距离主控结构面在危岩底部出露点的水平距离 (m)；R_1 和 R_2 为不同情况的支撑体反力 (kN)；其余变量物理意义同前。

前述式中水平地震力和竖向地震力不能同时考虑，所有荷载根据设计荷载组合 (最不利荷载工况) 确定。当支撑结构尺寸 $b_1 \times b_2$ 过大时，可将其分解为多个支撑柱，均匀分布在危岩岩腔长度 l 范围内，只要多根支撑柱总截面积为 $b_1 \times b_2$ 即可。

3) 拱撑结构设计

拱撑结构和柱撑结构的计算原理相同，不再赘述。

7.2 危岩锚固技术

危岩锚固计算包括非预应力锚固计算和预应力锚固计算两方面，前者仅适用于锚杆，后者适用于锚索结构计算 (可参照相关锚固计算论著，本书不再赘述)。计算方法有如下特点：考虑到危岩拉剪破坏模式和压剪破坏模式，即坠落式危岩破坏机制主要体现在沿主控结构面的剪切破坏，滑塌式危岩表现为沿主控结构面压剪破坏，倾倒式危岩主要表现为主控结构面在荷载作用下的拉剪破坏；对非预应力锚杆考虑其受荷以拉为主，并以危岩稳定系数为目标，将危岩体后部的主控结构面进行等效，并且考虑了主控结构面内的裂隙水压力。

7.2.1 滑塌式危岩锚固计算

滑塌式危岩锚固计算模型如图 7.6 所示。要求治理后危岩体的稳定系数 $F_{\mathrm{s}} \geqslant F_{\mathrm{st}}$。将作用在危岩体上的所有荷载凝聚到主控结构面，分别得到法向作用力 N 和切向作用力 T 的计算式：

$$N = (W + P_{\mathrm{v}})\cos\beta - P_{\mathrm{h}}\sin\beta - Q + P_0\sin(\alpha + \beta) \tag{7.20}$$

$$T = (W + P_{\mathrm{v}})\sin\beta + P_{\mathrm{h}}\cos\beta - P_0\cos(\alpha + \beta) \tag{7.21}$$

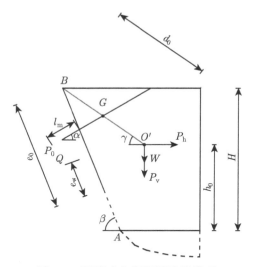

图 7.6   滑塌式危岩锚固计算模型

假定 N 和 T 沿主控结构面均匀分布，所得方向应力 σ 和剪应力 τ 的计算式分别见式 (6.19) 和式 (6.20)，主控结构面抗剪强度 τ_f 计算式见式 (6.21)，锚固后危岩稳定系数计算公式为

$$F_s = \frac{cHl + N\sin\beta\tan\varphi}{T\sin\beta} \geqslant F_{st} \qquad (7.22)$$

即

$$cHl + N\sin\beta\tan\varphi \geqslant F_{st}T\sin\beta \qquad (7.23)$$

将 N 和 T 代入式 (7.23)，整理得

$$P_0 \geqslant \frac{1}{B_1}[B_2(W + P_v) + B_3 P_h + B_4 c + B_5 Q] \qquad (7.24)$$

式中，

$$B_1 = \sin\beta[\sin(\alpha+\beta)\tan\varphi + F_{st}\cos(\alpha+\beta)]$$
$$B_2 = \sin\beta(F_{st}\sin\beta - \cos\beta\tan\varphi)$$
$$B_3 = \sin\beta(F_{st}\cos\beta + \sin\beta\tan\varphi)$$
$$B_4 = -Hl$$
$$B_5 = \sin\beta\tan\varphi$$

设计单根锚杆的承载力 $[P]$ 计算式为

$$[P] = \pi D l_m [\tau_0] \qquad (7.25)$$

则该危岩锚固工程所需锚杆数计算式如下：

$$n = \left\langle \frac{P_0}{[P]} \right\rangle + 1 \tag{7.26}$$

前述式中，n 为锚杆数量 (根)；D 为设计的锚杆直径 (m)；l_{m} 为锚杆在危岩体后部稳定岩体内的锚固段长度 (m)；$[\tau_0]$ 为锚杆锚固砂浆与围岩之间的有效抗剪强度、锚杆钢筋与锚固砂浆之间的抗剪强度、锚杆钢筋抗拉强度之间的最小值 (kPa)；$\langle \cdot \rangle$ 表示取整；其余变量物理意义同前。

7.2.2 倾倒式危岩锚固计算

倾倒式危岩锚固计算模型如图 7.7 和图 7.8 所示。要求治理后危岩体的稳定系数 $F_{\mathrm{s}} \geqslant F_{\mathrm{st}}$。

1) 第一类倾倒式危岩锚固计算

该类倾倒式危岩的重心位于倾覆点内侧。为简化计算，假定锚杆穿过主控结构面顶端点 B 和危岩体重心 O' 连线的中点且倾角为 α，BO' 线的倾角为 γ，则危岩倾覆点 C 至锚杆轴线的垂直距离 d_0 的计算式为

$$d_0 = \sqrt{(A_0 - l_{\mathrm{b}})^2 + B_0^2} \tag{7.27}$$

式中，

$$A_0 = \frac{1}{1 + \tan^2 \alpha} \left[\left(a_{\mathrm{c}} - \frac{d}{2} \cos \gamma \right) \tan^2 \alpha + l_{\mathrm{b}} - \left(1 + \frac{d}{2} \sin \gamma \right) \tan \alpha \right]$$

$$B_0 = \frac{1}{\tan \alpha} \left\{ l_{\mathrm{b}} - \frac{1}{1 + \tan^2 \alpha} \left[\left(a_{\mathrm{c}} - \frac{d}{2} \cos \gamma \right) \tan^2 \alpha + l_{\mathrm{b}} - \left(1 + \frac{d}{2} \sin \gamma \right) \tan \alpha \right] \right\}$$

考虑锚固作用后，第一类倾倒式危岩稳定系数计算式为

$$F_{\mathrm{s}} = \frac{(W + P_{\mathrm{v}})a + \frac{1}{2} l_{\mathrm{b}}^2 l f_{\mathrm{ok}} + \frac{H - e}{2 \sin \beta} \left(\frac{H - e}{2 \sin \beta} + l_{\mathrm{b}} \cos \beta \right) l f_{\mathrm{lk}} + P_0 d_0}{P_{\mathrm{h}} h_0 + Q \dfrac{e_1 + 3(H - e) + \frac{3}{2} l_{\mathrm{b}} \sin 2\beta}{3 \sin \beta}} \geqslant F_{\mathrm{st}} \tag{7.28}$$

整理得所需锚固荷载 P_0 的计算式：

$$P_0 \geqslant \frac{1}{d_0} \left\{ F_{\mathrm{st}} \left[P_{\mathrm{h}} h_0 + Q \frac{e_1 + 3(H - e) + \frac{3}{2} l_{\mathrm{b}} \sin 2\beta}{3 \sin \beta} \right] \right.$$
$$\left. - (W + P_{\mathrm{v}})a - \frac{1}{2} l_{\mathrm{b}}^2 l f_{\mathrm{ok}} - \frac{H - e}{2 \sin \beta} \left(\frac{H - e}{2 \sin \beta} + l_{\mathrm{b}} \cos \beta \right) l f_{\mathrm{lk}} \right\} \tag{7.29}$$

联合式 (7.25)、式 (7.26) 和式 (7.29)，可得锚固工程所需锚杆数 n。

　　根据四种荷载组合，由式 (7.26) 确定所需锚杆数，以所需锚杆数最多的荷载组合为设计荷载。锚杆数 n 围绕图 7.6 中 G 点按照相关技术规范要求予以布置。

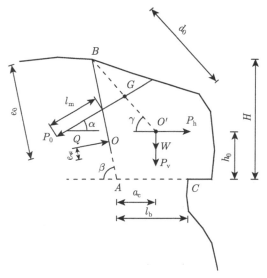

图 7.7　第一类倾倒式危岩锚固计算模型

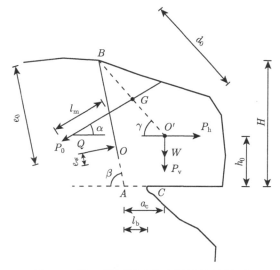

图 7.8　第二类倾倒式危岩锚固计算模型

2) 第二类倾倒式危岩锚固计算

　　该类倾倒式危岩的重心位于倾覆点外侧。同理，为简化计算，假定锚杆穿过主控结构面顶端点 B 和危岩体重心 O' 连线的中点且倾角为 α，BO' 线的倾角为 γ，

则危岩倾覆点 C 至锚杆轴线的垂直距离 d_0 由式 (7.27) 计算。

考虑锚固作用后，第二类倾倒式危岩稳定系数计算式为

$$F_{\mathrm{s}} = \frac{\frac{1}{2} l_{\mathrm{b}}^2 l f_{\mathrm{ok}} + \dfrac{H-e}{\sin\beta}\left(\dfrac{H-e}{2\sin\beta} + l_{\mathrm{b}}\cos\beta\right) l f_{\mathrm{lk}} + P_0 d_0}{P_{\mathrm{h}} h_0 + (W + P_{\mathrm{v}})a + Q\,\dfrac{e_1 + 3(H-e) + \dfrac{3}{2} l_{\mathrm{b}}\sin 2\beta}{3\sin\beta}} \geqslant F_{\mathrm{st}} \tag{7.30}$$

整理得

$$P_0 \geqslant \frac{1}{d_0}\left\{ F_{\mathrm{st}}\left[P_{\mathrm{h}} h_0 + (W + P_{\mathrm{v}})a + Q\,\frac{e_1 + 3(H-e) + \dfrac{3}{2} l_{\mathrm{b}}\sin 2\beta}{3\sin\beta} \right] \right.$$

$$\left. -\frac{1}{2} l_{\mathrm{b}}^2 l f_{\mathrm{ok}} - \frac{H-e}{\sin\beta}\left(\frac{H-e}{2\sin\beta} + l_{\mathrm{b}}\cos\beta\right) l f_{\mathrm{lk}} \right\} \tag{7.31}$$

联合式 (7.25)、式 (7.26) 和式 (7.31)，可得锚固工程所需锚杆数 n。

根据四种荷载组合，由式 (7.26) 确定所需锚杆数，以所需锚杆数最多的荷载组合为设计荷载。锚杆数 n 围绕图 7.6 中 G 点按照相关技术规范要求予以布置。

7.2.3 坠落式危岩锚固计算

坠落式危岩锚固计算模型如图 7.9 所示。要求治理后危岩体的稳定系数 $F_{\mathrm{s}} \geqslant F_{\mathrm{st}}$。将作用在危岩体上的所有荷载凝聚到主控结构面，法向作用力 N 和切向作用力 T 分别由式 (7.20) 和式 (7.21) 计算，式中孔隙水压力 $Q = 0$。

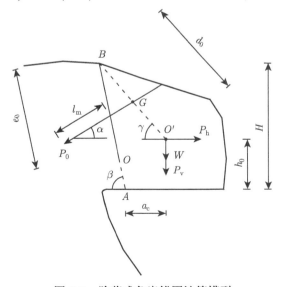

图 7.9 坠落式危岩锚固计算模型

假定 N 和 T 沿主控结构面均匀分布，所得法向应力 σ 和剪应力 τ 的计算式分别见式 (6.19) 和式 (6.20)，主控结构面抗剪强度 τ_f 计算式见式 (6.21)，锚固后危岩稳定系数由式 (7.22) 确定。

结合 $F_s \geqslant F_{st}$，得到锚固力 P_0，由式 (7.24) 确定，式中 $Q = 0$。

进一步，由式 (7.25) 和式 (7.26)，得到所需锚杆数量计算方法。

根据三种荷载组合 (组合一、组合三、组合四)，由 P_0 和式 (7.26) 确定坠落式危岩锚固工程所需锚杆数，以所需锚杆数量最多的荷载组合为设计荷载。设计荷载下的 n 根锚杆围绕图 7.8 中 G 点按照相关技术规范予以布置。当所需锚杆数量偏多时，可据式 (7.25) 重新拟定锚杆尺寸，进而按照前述方法重新确定所需锚杆数量。

7.3　危岩基座膨胀型支撑

针对危岩基座软弱岩体，采用膨胀型素混凝土锚杆，发挥锚杆的侧向膨胀作用，对危岩体予以支撑，称为危岩基座膨胀型支撑技术 (图 7.10)[161]。

膨胀型素混凝土锚杆

地质安全隐患区

图 7.10　危岩基座膨胀型素混凝土锚杆支撑图示

7.3.1　膨胀型支撑工作原理

(1) 随着危岩主控结构面逐渐贯通，危岩基座软弱岩体处于压应力状态，易于产生流变破坏和外应力侵蚀破坏，劣化危岩稳定性态。

(2) 在危岩基座岩体内实施膨胀型素混凝土锚杆后，锚杆主要沿侧向 (径向) 膨胀，进而挤密基座岩土介质，使其孔隙比由治理前的 e_1 减小到治理后的 e_2。

(3) 挤密后的危岩基座软质岩土介质应力集中区，岩体介质成为岩体-素混凝土桩复合体，其物理力学性能能得到显著提高，满足承载其上部岩土最大压应力需求，实现危岩基座膨胀型支撑治理目标。

7.3.2 膨胀型支撑结构设计内容

(1) 针对危岩基座应力集中区，上部岩体平均容重 γ 及最大压应力 $\sigma_{\max}$、岩土体初始孔隙比 e_1 和压缩模量 $E_{s\pm}$、素混凝土材料的弹性模量 $E_{s砼}$ 等参数均为已知值。

(2) 量测危岩基座应力集中区的几何尺寸宽度 B、长度 L 和垂直高度 z_0。

(3) 膨胀型支撑治理技术设计方法。

(a) 根据混凝土材料的标准配合比，添加 $3\% \sim 8\%$ 的商用膨胀剂，取膨胀率 $r = 20\% \sim 25\%$，由式 (7.32) 计算危岩基座应力集中区布设膨胀型素混凝土锚杆后土体的孔隙比 e_2：

$$e_2 = \frac{4BLe_1 - \pi(1+e_1)(D_2 - d_2)}{4BL + \pi(1+e_1)(D_2 - d_2)} \tag{7.32}$$

(b) 计算膨胀型素混凝土锚杆的间距 a，采用等间距梅花桩形布设，见图 7.11 和图 7.12，则

$$a = b \leqslant \frac{K_1 + \sqrt{K_1^2 - 4K_2}}{2} \tag{7.33}$$

式中，$K_1 = \dfrac{(1+e_1)(\sigma_{\max} - \gamma z_0)}{nE_{s\pm}(e_1 - e_2)}$；$K_2 = \dfrac{\pi D^2}{4}\left(\dfrac{E_{s砼}}{E_{s\pm}} - 1\right)$。

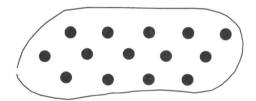

图 7.11 梅花桩形布置的膨胀型素混凝土锚杆 (膨胀前)

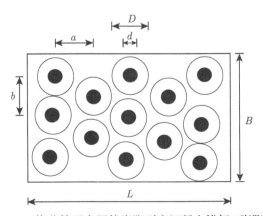

图 7.12 梅花桩形布置的膨胀型素混凝土锚杆 (膨胀后)

(c) 计算实施工程治理后，危岩基座应力集中区能承受荷载的支撑力 P 为

$$P = \frac{e_1 - e_2}{1 + e_1}\left[abE_{s\pm} + \frac{\pi D^2}{4}(E_{s砼} - E_{s\pm})\right] \tag{7.34}$$

(d) 确定危岩基座应力集中区需要布设膨胀型素混凝土锚杆的排数 N 为

$$N \geqslant \frac{a(\sigma_{\max} - \gamma z_0)}{P} \tag{7.35}$$

(e) 膨胀型素混凝土锚杆的长度取 $l = 3\sim 5m$，如图 7.13 所示。

图 7.13　膨胀型素混凝土锚杆大样图

(4) 危岩基座应力集中区膨胀型支撑治理技术施工方法。

(a) 人工清除边坡岩土安全隐患区的表面浮土。

(b) 在 $B \times L$ 范围内按照 $a \times a$ 间距，放样布设 n 排膨胀型素混凝土锚杆。

(c) 运用地质钻机在布设的锚杆孔位处钻孔，清除孔内碎落土屑。

(d) 配制膨胀型稀释混凝土，注入钻孔内，直到孔口溢出混凝土浆液，确保锚杆浆体饱满。

7.4　落石速排结构

针对小型崩塌落石频发区域公路交通安全问题，我们研发了落石速排结构技术 [162]。

7.4.1　落石速排结构构造

用于山区公路防护的边坡滚石速排结构 (图 7.14~图 7.17)，由导石梯 1、导石网 2 和支撑架 3 组成；导石梯 1 的外形为向下弯曲的弧形，弧形内端的高度最高，

弧形外端的高度高于弧形的最低点；导石梯 1 上侧面上设置有与导石梯 1 走向匹配的导石槽；导石梯 1 横跨在山区公路 A 上方，导石梯 1 内端与山区公路 A 内侧边坡的上端边沿相连，导石梯 1 外端延伸至山区公路 A 外侧；所述支撑架 3 上端与导石梯 1 下部相连，支撑架 3 下端与山区公路 A 两侧的路基连接；所述导石网 2 设置于边坡上的滚石隐患区外围，导石网 2 呈漏斗状分布，漏斗的底部设置有缺口，缺口与导石槽连通。

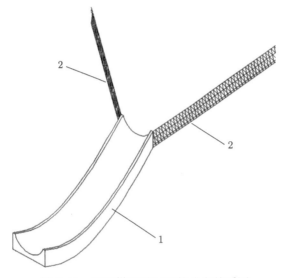

图 7.14　导石梯和导石网的分布关系图

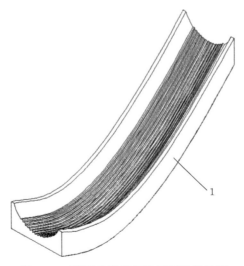

图 7.15　设置耐磨齿后的导石梯结构图

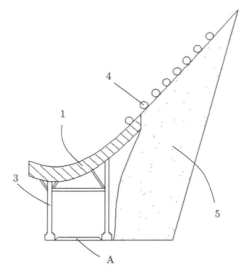

图 7.16　导石梯、导石网和支撑架的分布关系图

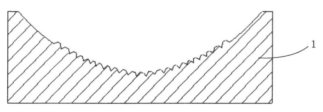

图 7.17　设置了耐磨齿后的导石槽断面

7.4.2　落石速排结构原理

　　将导石梯、导石网和支撑架布置完善后，正常情况下，车辆从导石梯下方通行，当发生滚石灾害时，滑落的滚石会在导石网的阻挡和导向作用下滚入导石梯上的导石槽内，然后在导石槽的导向作用下，滚石就会被抛向山区公路外侧的深沟，从而避免滚石掉落至公路上，并且滚石也不会在防护结构上淤积，保证防护结构长期有效；另外，滚石是逐渐滚动至导石梯上的，滚石对防护结构的瞬间冲击也相对较小。

7.4.3　落石速排结构实施方式

　　导石槽的截面由两个内凹的圆弧段拼接而成，导石槽截面上的最低点记为中点，左侧的圆弧段的圆心位于中点的水平右侧，右侧的圆弧段的圆心位于中点的水平左侧，两个圆弧段半径相同、互相对称。相比于圆弧截面，这种截面的导石槽可有效降抑制滚石的左右晃动，利于滚石的快速排出。

导石槽表面设置有多条耐磨齿,耐磨齿的延伸方向与导石槽走向匹配;单条耐磨齿表面锚固有多条金属耐磨体,金属耐磨体的延伸方向与耐磨齿的延伸方向匹配,多条金属耐磨体沿耐磨齿周向分布。

耐磨齿的截面为梯形,梯形的上侧面、左侧面和右侧面各设置有一条金属耐磨体,采用废旧钢轨制作。

导石网 2 采用 SNS 柔性防护网。弧形的最低点记为 B 点,弧形外端对应的点记为 C 点,弧形上 C 点与 B 点之间的区段记为反翘段,反翘段为圆弧,圆弧的圆心位于 B 点正上方,C 点与 B 点之间连线与水平方向的夹角为 $8°\sim10°$。

7.5　加筋拦石墙[155]

拦石墙属于主要的被动防治技术 (图 7.18),根据材料组成可分为土堤、加筋土堤、混凝土堤、砌石堤等,一般宜采用桩板式结构,内侧为加筋土堤或田土堤,堤内侧为落石槽,落石槽内边坡应考虑其自身稳定性。

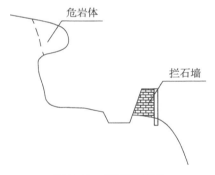

图 7.18　拦石墙简图

7.5.1　拦石墙传力机制

拦石墙由桩、板、加筋土体及防护 (撞) 栏组成。桩间距为 a,桩间板可为预制槽型板,桩、板后部的土堤为加筋土体,在拦石墙内侧设置落石槽,槽底设排水盲沟 (图 7.19)。根据现场试验,崩塌落石冲击拦石墙后在拦石墙结构中传力机制可分为四个阶段 (图 7.20):

(1) 加筋土堤作为缓冲体,落石以速度 v 冲击加筋土堤并进入土堤内部一定深度后速度变为零,落石的冲击能全部被土堤吸收。

(2) 落石作用在拦石土堤表面的冲击力 P 以 α 角向内部扩散并传递到桩间板、桩体及地基内。

(3) 作用于桩间板的冲击力通过板桩结构传递给桩。

(4) 桩将所承受的落石冲击荷载传到地基内。

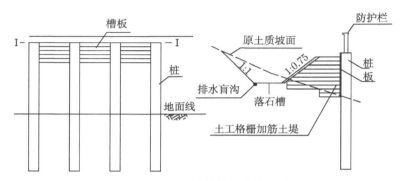

图 7.19   拦石墙的基本结构型式

图 7.20   落石作用在拦石墙结构中的传力模式

7.5.2   拦石土堤厚度计算

在拦石墙计算时，可按面积相等进行等效 (图 7.21)，原梯形土堤的面积为

$$\Omega = \frac{1}{2}(m+n)h \tag{7.36}$$

等效为矩形土体且其高度 h 不变，则等效土体厚度为

$$l = \frac{\Omega}{h} = \frac{1}{2}(m+n) \tag{7.37}$$

根据以上土体厚度的等效计算，在计算冲击力 P 的扩散范围时，其在土体中的扩散距离即为等效厚度 l。

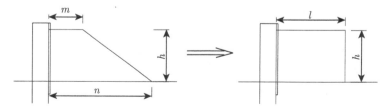

图 7.21   土体厚度等效计算

7.5.3 拦石墙计算方法

1) 计算模型

由于加筋土体的整体性及自稳性较好,不仅可以减小落石冲击能而且可以使冲击力扩散于桩板及地基土体内部。由于拦石墙上部混凝土板通常不考虑其直接承受落石冲击力,仅仅考虑其落石冲击破碎块体的弹跳,因此,可将加筋土体和防撞板当作连续的整体结构,等价于厚板,进而同时考虑桩和厚板而将拦石墙视为具有一定柔性的连续梁结构,桩为连续梁板的支撑,其计算模型见图 7.22。

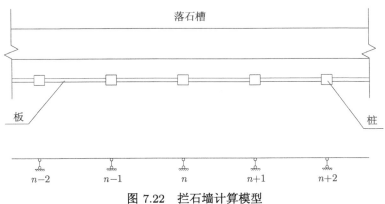

图 7.22 拦石墙计算模型

2) 落石荷载集度

由于落石冲击力经挡土墙土体扩散后扩散范围为一锥形体,在土体后部投影成一直径为 d 的圆形,将拦石墙简化为连续梁后,作用于该梁上的荷载集度则为

$$q = \frac{P}{d} \tag{7.38}$$

3) 拦石墙内力计算

运用结构力学计算方法进行连续梁计算,获取每个支座处的反力,据此进行拦石墙桩内力计算并进行结构设计;根据计算所得的连续梁的弯矩图,可以判别连续梁的受拉区,由于作为连续梁板的加筋土体不能传递拉应力,故当有拉应力出现时,认为冲击力在该区域不发生传递,也即此时该区域作为支座的桩将不受力。换言之,根据受拉区范围可以比较合理地确定桩间距。

7.5.4 实例分析

太白岩位于重庆万州区后部的长江左岸IV级阶地后缘与V级阶地夷平面之间的陡斜坡地带,太白岩高度一百四十余米,由 2~3 级陡崖和其间的斜坡组成。斜坡上陡下缓,上段坡度 70°~90°,局部为负地形,多岩腔,以陡崖为主,崖顶 (V级夷平面) 高程 413.4~458m,崖脚高程 310~330m。斜坡下段分布高程 250~330m,总体坡度 30°～35°，坡脚为城区主干道诗仙路。岩层近似水平，砂岩和泥岩互层。砂岩出露的部分为陡崖，泥岩出露的部分为斜坡。陡峻的地形性、软硬相间的地层结构、强烈的卸荷作用及高强度的降水孕育了太白岩危岩带。太白岩危岩带包括中段、东段和南坡三部分，共有危岩单体四百余个，单个体积 8～5152m³，总体积五万余立方米。

　　基于前述计算理论，在太白岩中段和东段第 2 级陡崖脚平台中部设置了总长度 3km 左右的加筋土桩板石拦石墙 (图 7.23～图 7.25)。桩截面为圆形，直径 1000mm，

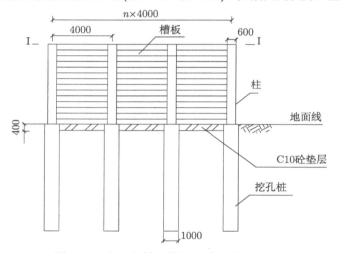

图 7.23　太白岩拦石墙立面图 (单位：mm)

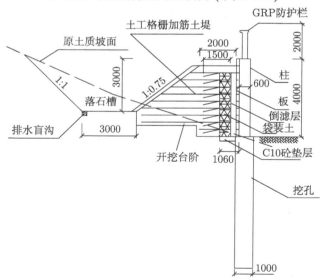

图 7.24　太白岩拦石墙断面图 (单位：mm)

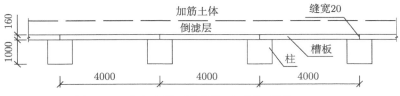

图 7.25 太白岩拦石墙结构平面图 (单位：mm)

间距为 4.0m，挖孔成桩，桩身砼 C20；板截面为 0.16m×0.40m 槽型板，C25 钢筋混凝土预制。桩顶端为 600mm×600mm 钢筋砼柱，柱钢筋插入桩内 800mm。土工格栅竖向层距 0.4m，土工格栅抗拉力 80kN/m。岩质边坡上落石槽底宽可不开挖，在岩质坡面上填土建造，填土厚不小于 80cm。柱露出地面高度 4m，桩嵌入基岩 2m。

从 2002 年 12 月实施完成迄今，陡崖随机发生了多次小规模落石事件，落石体均位于拦石墙内，显示了拦石结构的可靠性及有效性。

第 8 章　岩石崩塌灾害应急防治

8.1　落石消能棚洞

落石消能棚洞技术[163]主要适用于战备区及地震区应急救灾救援道路交通应急通行需求,主要针对中小型多发性和群发性危岩崩塌区。

8.1.1　落石消能棚洞技术内涵

(1) 落石消能棚洞是针对山区陡高边坡下公路、城市及矿山道路沿线预防直径 2m 以下、坠落高度 100m 以内的崩塌落石灾害的被动防护技术,其结构如图 8.1 ~ 图 8.3 所示。

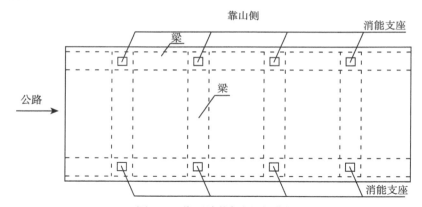

图 8.1　落石消能棚洞平面图

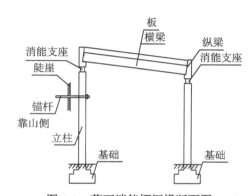

图 8.2　落石消能棚洞横断面图

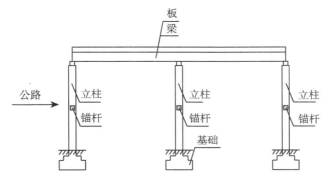

图 8.3 落石消能棚洞纵断面图

(2) 落石消能棚洞组合式落石消能棚洞由支撑立柱系统、承冲系统和消能支座三部分组成，其中消能支座是本技术的核心 (图 8.4)。

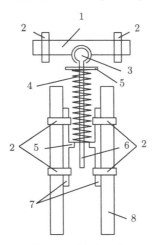

图 8.4 消能支座

1. 顶板连接板；2. 连接螺栓；3. 旋转钢球榫；4. 弹簧；5. 传荷支架；6. 弹簧导杆；

7. 传荷钢板；8. 立柱壁

(3) 组合式消能棚洞的支撑立柱系统由基础、立柱和锚杆组成，其中锚杆位于靠山体侧的立柱中部，起到稳定支撑立柱系统的作用。

(4) 组合式消能棚洞的承冲系统由纵梁、横梁和承冲板组成。

(5) 组合式消能棚洞的消能支座由顶板连接板、连接螺栓、旋转钢球榫、弹簧、传荷支架、弹簧导杆和传荷钢板组成。

(6) 支撑立柱系统的立柱基础为扩大基础，建议尺寸为 30cm(长度)×30cm (宽度)×30cm (厚度)，基础顶部距离路面不少于 15cm；立柱横断面建议尺寸为

20cm×20cm，长度为 350cm(内侧立柱) 和 300cm(外侧立柱)；锚杆直径 15~20cm。

(7) 承冲系统的纵梁和横梁断面尺寸与支撑立柱断面相匹配，建议尺寸为长 200cm、宽 20cm、高 40cm、板厚度 (10±2)cm。

(8) 承冲系统的承冲板为轻质玻璃钢板，密度不高于 1000kg/m³，建议尺寸为长 200cm、宽 200cm、厚 (10±2)cm。

(9) 承冲系统的横梁和纵梁均为空心钢筋混凝土构建，按相关钢筋混凝土结构设计规范设计。

(10) 消能支座弹簧的长度为 50cm，其刚度系数不低于 10^5kN/m。

(11) 消能支座的旋转钢球榫直径为 16~18cm，内部钢球直径为 15cm，钢球与弹簧导杆采用无缝焊接，钢球外侧榫陷入消能棚洞顶板内 3~5cm 且为刚性焊接，使榫与承冲板成为整体结构，榫–板结构沿水平面竖向各个方向的旋转角度不小于 ±20°。

(12) 组合式消能棚洞的支撑立柱系统和承冲系统的纵梁和横梁均为钢筋混凝土结构，按照现有国家相关技术规范配筋确定。

(13) 支撑立柱沿道路延伸方向布置 2 排，分别位于道路内侧 (靠山体) 和外侧，沿道路延伸方向立柱的纵向间隔度 200cm，内、外两排立柱之间的距离取 200cm。

(14) 落石消能棚洞除立柱基础和锚杆为现场浇筑外，其余各部分均为预制构件。实用中，人工开挖地基、现场浇筑支撑立柱的基础，安置支撑立柱，对靠山体侧的支撑立柱采用锚杆锚固，其余构件现场组装而成。

8.1.2　落石消能棚洞实施步骤

(1) 按要求在预制场进行组合式落石消能棚洞构件批量生产 (立柱基础和锚杆除外)。

(2) 根据通行路段的地形条件，选定需要布置组合式落石消能棚洞的路段，确定支撑立柱、纵横梁、承冲板、消能支座的所需数量。

(3) 沿道路延伸方向放线，布置 2 排支撑立柱，排距 200cm。按照立柱间 200cm 间距确定支撑立柱安置部位，并据此人工开挖地基，采用素混凝土现场浇筑立柱基础，基础建议尺寸为 30cm(长度)×30cm(宽度)×30cm(厚度)，基础顶部距离路面不小于 15cm。

(4) 安置道路内侧支撑立柱，并从立柱中部预留孔采用地质钻机向山体钻设锚杆孔，孔径一般为 15~20cm，可根据地质钻机型号予以调整。据此进行锚杆现场浇筑，确保支撑立柱的整体刚度。

(5) 支撑立柱搭建完成后，在每根立柱的顶端安置消能支座，并将棚洞的横梁和纵梁与支撑立柱组合，形成组合式落石消能棚洞支撑框架结构。

(6) 在组合式消能棚洞框架顶部安置承冲板，并与横梁及纵梁采用螺栓锚固，完成组合式消能棚洞安设工作，实现崩塌落石灾害防灾减灾。

8.1.3 落石消能棚洞工作原理

在崩塌灾情严重的路段安设组合式落石消能棚洞，崩塌落石冲击棚洞后因棚洞消能支座发生有限位移而耗散 50% 以上的冲击能量，剩余的冲击能量使落石弹跳改变运动方向，冲入道路外侧的深谷或空旷地域，确保棚洞内车辆及行人安全，达到减轻崩塌落石灾情的目标。

组合式落石消能棚洞适用于直径 2m 以下、坠落高度 100m 以内的崩塌落石灾情防护。

8.1.4 棚洞结构抗冲切特性

冲切破坏现象是一种空间剪切问题，它广泛存在于房屋、桥梁、港口以及给排水等各种工程中，如无梁楼盖、无梁桥板、码头面板、柱下基础等。钢筋混凝土板在集中荷载作用下，处于典型的局部受力状态，存在剪切应力和弯曲应力的高度集中，一旦结构所承受荷载超过材料容许应力，便可能发生沿斜截面的脆性破坏，即通常所说的冲切破坏。这种破坏非常突然，毫无预告性。当滚石高速冲击混凝土棚洞板时，瞬间产生较大的冲击力，造成应力集中，也有可能造成类似的冲切破坏，因此可把板柱间的冲切破坏模型应用在滚石冲切棚洞板上。

在现有研究的基础上，结合建筑工程混凝土无梁楼盖冲切破坏模型，提出了滚石冲击下混凝土棚洞板冲切破坏模型，并构建了非线性质量弹簧体系模型来模拟滚石冲击荷载下棚洞结构动力响应，利用能量法分析了新型耗能减震棚洞的防滚石抗冲击机制，为新型耗能减震滚石棚洞结构设计提供理论基础。

1) 金属耗能器工作原理

金属耗能器在压缩过程中以叠缩破坏来吸收外加冲击能量，其在进入叠缩前存在一个极限荷载 P_y，当外加荷载小于 P_y 时，耗能减震器不发生叠缩，其承载力与压缩变形服从线弹性关系；当荷载大于 P_m 时，耗能减震器通过叠缩来吸收冲击能量。耗能减震器在叠缩过程中，其承载力出现周期性变化特征，并出现一个相对稳定的平均值 (图 8.5)，称为平均压垮荷载 P_m，其大小为

$$P_m = 6\sigma_m t\sqrt{Dt} \tag{8.1}$$

式中，P_m 为平均压垮荷载 (kN)；D 为直径 (m)；t 为管壁厚 (m)；σ_m 为耗能器材料的屈服应力 (kPa)。

耗能器的压力变形模型可简化为

$$P_D = \begin{cases} k\delta_D, & \delta_D < \delta_y \\ P_m, & \delta_D \geqslant \delta_y \end{cases} \tag{8.2}$$

式中，P_D 为作用在耗能减震器上的外加荷载；k 为弹性系数。

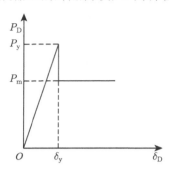

图 8.5　软钢管减震器能量耗散计算模型

　　由于研究对象是滚石的高速冲击，故可认为外荷载已达到极限荷载 P_y，即耗能器已进入叠缩状态。此时作用在耗能器上的外加荷载为平均压垮荷载 P_m，冲击能量的耗散主要由耗能器褶曲变形能完成，金属耗能器产生塑性变形耗散的能量可表达为

$$W_D = \frac{1}{2}k\delta_y^2 + P_m(\delta_D - \delta_y) = \frac{1}{2}k\delta_y^2 + P_m\delta_m \tag{8.3}$$

　　2) 滚石–棚洞钢筋混凝土接触模型

　　冲击下棚洞板可发生接触变形及弯曲变形，这将消耗一部分冲击能量。对于接触变形，应用较多的是 Hertz 接触理论，但 Hertz 接触仅考虑冲击过程中所发生的弹性变形，实际上滚石冲击混凝土板的过程较为复杂，尤其是高速冲击情况下，混凝土板往往发生塑性损伤，仅仅使用 Hertz 接触理论显然无法真实描述棚洞板的响应过程。可以采用静力压痕试验，或采用静力有限元拟合出接触力与压痕的关系曲线，从而较为准确地模拟 RC 板受到冲击时的动力响应。

　　滚石与钢筋混凝土的接触力与压痕的关系可用 Meyer 非线性接触理论 [164] 表达：

$$P(\delta) = c\delta^n \tag{8.4}$$

式中，c 和 n 为模型参数，通过压痕试验或有限元压痕试验拟合确定。

　　滚石冲击荷载下，接触面上的塑性变形能可表达为

$$W_p = \int_0^{\delta'} (c\delta^n)\mathrm{d}\delta \tag{8.5}$$

式中，δ' 为最大压痕。

　　3) 棚洞弯曲变形

　　由于棚洞往往较长，可取单位长度 1m 的板梁作为研究对象，将研究模型简化为放置在支座上的简支梁。假设滚石冲击点位于棚洞板的跨中，则在冲击力 P_f 作

用下，棚洞板发生弯曲变形，对应的挠度为

$$\delta_{\mathrm{f}} = \frac{P_{\mathrm{f}} l^3}{48EI} \tag{8.6}$$

对应的弹性应变能为

$$W_{\mathrm{f}} = \frac{P_{\mathrm{f}}^2 l^3}{96EI} \tag{8.7}$$

式中，δ_{f} 为棚洞板跨中挠度 (m)；W_{f} 为棚洞板的弯曲变形能 (kN·m)；P_{f} 为棚洞板跨中的冲击荷载 (kN)；l 为棚洞板跨度 (m)。

4) 滚石冲击力计算

未安装耗能减震器时，冲击力由滚石与接触变形和棚洞板的弯曲变形来承担，其结构模型如图 8.6 所示。为研究滚石冲击过程中的能量转换关系，将其转化为质量弹簧体系，如图 8.7 所示。

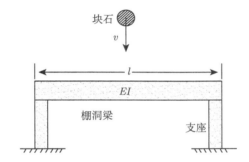

图 8.6 无耗能器滚石棚洞结构模型

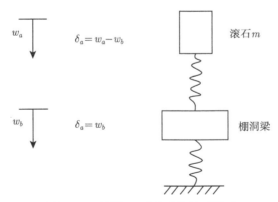

图 8.7 无耗能器质量弹簧体系模型

由能量守恒可得

$$\frac{1}{2}mv^2 = W_{\mathrm{p}} + W_{\mathrm{f}} = \int_0^{\delta'} (c_\delta^n)\mathrm{d}\delta + \frac{P_{\mathrm{f}}^2 l^3}{96EI} \tag{8.8}$$

安装耗能器时, 滚石对棚洞的冲击能量由接触变形、棚洞板的弯曲变形和 (一对) 减震器的压缩变形耗散, 其冲击模型如图 8.8 所示。为方便研究滚石冲击过程中的能量转换关系, 揭示滚石冲击作用下新型棚洞结构的动力响应, 特将棚洞结构简化为一个非线性质量弹簧体系 (图 8.9)。

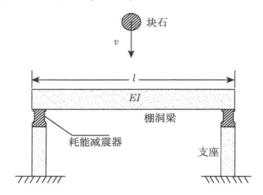

图 8.8 耗能减震滚石棚洞结构模型

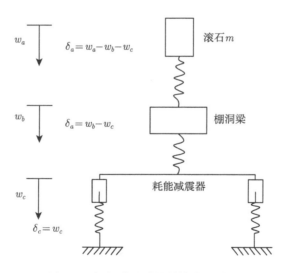

图 8.9 耗能减震质量弹簧体系模型

由于耗能器圆柱壳发生褶皱屈服, 此时作用在耗能器上的荷载降低为平均压垮荷载 P_{m}, 作用在棚洞板上的冲击荷载降低为 $2P_{\mathrm{m}}$, 则压痕为

$$\delta' = \sqrt[n]{\frac{2P_{\mathrm{m}}}{c}} \tag{8.9}$$

对应的压缩变形能为

$$W_{\mathrm{p}} = \int_0^{\delta'} (c\delta^n)\mathrm{d}\delta = \frac{c\delta'^{n+1}}{n+1} \tag{8.10}$$

由能量守恒得

$$\frac{1}{2}mv^2 = W_{\mathrm{p}} + W_{\mathrm{f}} + W_{\mathrm{D}} = \frac{c\delta'^{n+1}}{n+1} + \frac{(2P_{\mathrm{m}})^2 l^3}{96EI} + 2\left[\frac{1}{2}k\delta_{\mathrm{y}}^2 + P_{\mathrm{m}}(\delta_{\mathrm{D}} - \delta_{\mathrm{y}})\right] \tag{8.11}$$

结合式 (8.4) ~ 式 (8.11), 可求得一定质量 m 和冲击速度 v 下的棚洞板的压痕 δ'、弯曲变形量 δ_{f} 和冲击力 P_{f}。通过有无耗能器下棚洞板上冲击荷载与其抗冲切承载力的比较, 可以得出耗能器对滚石冲切棚洞的缓冲效果。

5) 滚石冲击下棚洞板冲切承载力

丹麦学者 Ottosen 于 1977 年提出了包含 4 个参数的混凝土破坏准则表达式, 依据该准则得到的破坏面, 具有对称光滑凸曲面特征, 与试验资料具有良好的符合。因此, 一般认为 Ottosen 准则可以作为混凝土破坏准则的依据。滚石简化为球体, 因此滚石与板的接触为圆形, 计算模型见图 8.10。销栓力取冲切荷载的 10%[165], 钢筋混凝土的抗冲切承载力可简化为 [166]

$$P_u = 0.69(dh + \sqrt{3}h^2)f_c' \tag{8.12}$$

式中, d 为接触直径 (m); h 为板厚度 (m); f_c' 为混凝土材料单轴有效极限抗压强度 (kPa)。

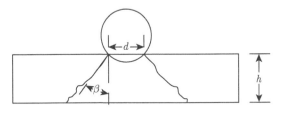

图 8.10 棚洞板冲切破坏模型

从式 (8.12) 可以看出, 影响混凝土板的抗冲切承载力的因素主要有混凝土的强度、加载面积及混凝土板的厚度。如能有效降低滚石的冲击荷载, 则可相应减少混凝土板的抗冲切承载力, 即可减小混凝土板的厚度, 降低成本。

8.2 危岩自锚型锚杆

目前, 危岩应急处治技术是危岩崩塌灾害防治中最薄弱的环节。迄今已研发的支撑、锚固、支撑-锚固联合、清除、拦石网、拦石墙、拦石栅栏、排水等危岩防治技术均属于永久性处治技术,需要遵循勘察、可行性分析、初步设计、施工图设计和施工等复杂的建设程序,处治准备时间长达 3 个月以上,施工工期更可长达 1 年以上;此外,按照传统的施工方法,治理危岩需要搭建数十米至近百米高的脚手架,传统的锚杆需要高强混凝土砂浆作为锚杆与围岩之间的锚固材料,存在砂浆及混凝土高空输送困难的问题。因此,高位危岩治理一直是一项技术难度较大的工程问题,治理工程施工难度大、工期长,不能满足应急减灾需求;在土木工程病害结构加固处理中,强调结构的永久加固,应急加固技术则十分落后。

自锚型应急锚杆 [167,168] 同时适用于滑塌式、坠落式和倾倒式等三类危岩的应急处治,适用于病害工程结构如桥梁、高层房屋、陡高切坡的应急加固处理,施工可在 10h 内完成,有效寿命可达 20 年以上,具备应急防灾减灾属性。

8.2.1　自锚型应急锚杆结构形式

自锚型应急锚杆是室内预制以后再进行现场安装的成型构件。其主要由锚杆轴心、传力装置、限位环、锚固钢片、锚固螺帽 5 部分组成 (图 8.11 ~ 图 8.13)。本技术同时适用于厚度不超过 4m 的具体滑塌式危岩、倾倒式危岩、坠落式危岩、陡高边坡及病害工程结构 (如桥梁、高层房屋)。

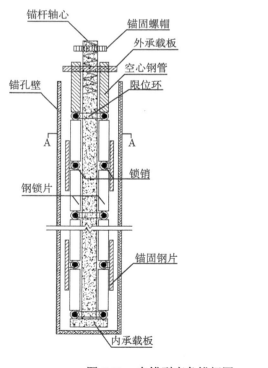

图 8.11　自锚型应急锚杆图

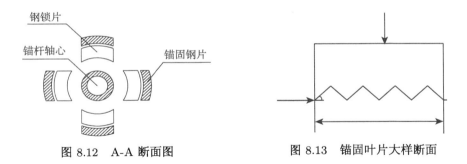

图 8.12　A-A 断面图　　　　　图 8.13　锚固叶片大样断面

锚杆轴心是无缝钢管，外直径是 2cm；钢管内端设置了内承载板，直径为 4cm，厚度是 3cm；内承载板与钢管采用无缝焊接，为了使锚固螺帽匹配旋紧钢管外端 30cm 范围，采取机械造螺纹。锚杆轴心分为 330cm 和 430cm 两种标准尺寸规格。传力装置为锚杆侧向位移和锚固力传力装置，由钢锁片和锁销组成。钢锁片分节设置，每节四个钢锁片均匀对称分布，每节长度 25cm，两端设置锁销。如此便可以使相邻钢锁片、钢锁片与内承载板以及锚固势力装置柔性相接，在连接时在锁销内插入锁钉，锁钉是普通的水泥钉。对于 330cm 型锚杆设置 10 节钢锁片，对于 430cm 型锚杆设置 13 节钢锁片。限位环是普通钢筋环，环绕包裹固定相邻两节钢锁片的锁销，沿着轴心与摩擦钢锁片锁销相间布置，限制相邻钢锁片端部发生侧向位移。锚固钢片在传力装置外侧呈现多节状分布，每节由对称的四个钢片组成，每节长度 45cm、厚度 1cm、宽度 4cm，中部设置 1cm 的凸体，凸体中部开孔；锚固钢片由高强度不锈钢片组成，外表面机械打造成具有突起波纹，突出高度 0.5cm，以增强锚杆与围岩之间的锚固强度。施力装置由空心管、外承载板和锚固螺帽组成。空心管为无缝钢管，外径 6cm，内端通过锁销与传力装置连接；外端设置外承载板，采用无缝焊接；外承载板厚度 3cm、直径 7cm，中心设孔，孔径 3cm，套在锚杆轴心外部，可沿锚杆轴心滑动；锚固螺帽内径 3cm、外径 5cm。330cm 型的自锚型应急锚杆单根承载力为 80kN，430cm 型自锚型应急锚杆单根承载力为 100kN。

传统的锚杆需要高强度混凝土砂浆作为锚杆与围岩之间的锚固材料，存在砂浆及混凝土高空输送困难的问题。施工难度大，工期长，不能满足应急减灾需求。与传统的锚杆相比，自锚型应急锚杆可以批量生产，施工简单，可以重复使用，施工可在 10h 内完成，有效寿命可达 20 年以上，具备应急防灾减灾属性，满足了我国山区交通建设战略等需求，为经济更好更快地发展提供了便利。

8.2.2　锚杆抗剪强度计算

将选定的自锚型应急锚杆塞入锚孔内，孔外锚杆长度均为 30cm。采用手工扳钳旋进锚固螺帽，逐渐推动锚固施力装置的外承载板沿着锚杆轴心向内推进，使传力装置的钢锁片在锚固钢片部位发生侧向膨胀，使锚固钢片与锚孔壁紧密、高压接触，发挥锚杆与锚孔壁之间的抗剪强度，进而实现治理对象的应急加固处理，处于自锚型应急锚杆工作状态，见图 8.14。

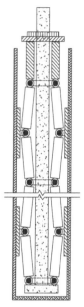

图 8.14　处于工作状态中的自锚型应急锚杆断面图

自锚性锚杆的锚固叶片与侧壁的摩擦力应大于总的抗剪强度，一旦摩擦力较小，那么在侧壁与锚杆之间产生滑动，锚杆就失去了锚固效力。所以，首先验证锚固力是否存在。整个锚杆会旋进 30cm，假设 30cm 是临界状态，如图 8.15 所示，那么我们再旋进 0.1cm 会产生侧压力。从材料力学的角度分析，30cm 的旋进长度平均分配给 10 个钢片，每个钢片 3cm。弹性模量 $E=210\text{GPa}$，每个钢片的原来尺寸规格是 25cm×4cm×1cm。则旋进 0.1cm 时整个构件的受力分析如图 8.16 所示。

根据力的平衡，建立自锚型锚杆受荷状态时的平衡方程：

$$\sum F_y = 0, \quad F_{N1}\cos\alpha + F_{N2}\cos\alpha = 0 \tag{8.13}$$

$$\sum F_x = 0, \quad F_{N1}\sin\alpha + F_{N2}\sin\alpha - N = 0 \tag{8.14}$$

可得

$$F_{N1} = F_{N2} = \frac{N}{2\cos\alpha} \tag{8.15}$$

由 Hooke 定律得

$$\Delta l = \frac{F_N l}{EA} \tag{8.16}$$

式中，F_N 为外力 (kN)；材料原长为 $l(\mathrm{m})$；E 为弹性模量 (kPa)；A 为横截面面积 (m^2)；Δl 为变形增量 (m)。

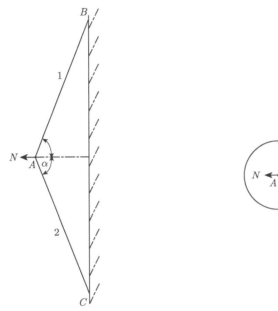

图 8.15　临界状态力图　　　　图 8.16　产生侧压状态受力图

当侧壁产生压力时会有微小的变形，即

$$\Delta l_1 = \Delta l_2 = \frac{F_{N1} l}{EA} = \frac{Nl}{2EA\cos\alpha} \tag{8.17}$$

要算侧壁压力，可以根据 A 点的位移反向推导，假想地将其在 A 点处拆开，并且沿着轴线分别增加长度 Δl，变形以后仍然是铰接在一起，满足变形的几何相容条件，分别以 B, C 为圆心，以伸长后的长度为半径作圆弧，其交点就是 A 新的位置，那么 AA'' 就是位移，由于变形微小，可以过 $A_1 A_2$ 作构件 1 和 2 的垂线，认为 $AA' = AA''$，如图 8.17 所示。

$$\Delta = AA' = \frac{\Delta l_1}{\cos\alpha} = \frac{Nl}{2EA\cos^2\alpha} \tag{8.18}$$

$$N = \frac{2\Delta EA\cos^2\alpha}{l} \tag{8.19}$$

式中，$E=2.1\times10^8\mathrm{kPa}$；$A=0.04\mathrm{m}^2$；$\Delta=0.01/10=0.001\mathrm{m}$；$l=0.28$；$\cos\alpha=0.45$。代入式 (8.19) 得 $N = 1.2 \times 10^7\mathrm{N}$。

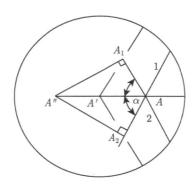

图 8.17 自锚型锚杆受荷状态 A 点位移图

摩擦力 $f = N\mu = 1.2 \times 10^7 \times 0.25 = 3.0 \times 10^3 \mathrm{kN}$, μ 取岩石中的最小值 (表 8.1)。

表 8.1 典型岩石的摩擦系数

种类	石英岩	石灰岩	花岗岩	泥灰岩	砂岩	黏土
摩擦系数	0.35~0.45	0.25~0.35	0.30~0.40	0.20~0.30	0.35~0.50	0.11~0.29

8.2.3 自锚型锚杆工作原理

将自锚型应急锚杆放入锚孔中 → 向孔底方向旋进锚固螺帽 → 锚固螺帽推动移动承载板 → 移动承载板挤压施力带 (由于限位环的限制作用, 限位环所在处的连接钢片铰接处无法向外凸起, 无限位环的连接钢片的铰接处向外凸起, 铰接处向外凸起的同时将锚固钢片顶起)→ 锚固钢片与锚孔壁紧密、高压接触 (增大锚固钢片与锚孔壁之间的法向荷载, 发挥自锚型应急锚杆与锚孔壁之间的抗剪强度)→ 实现对治理对象的应急加固处理。

在对危岩进行永久加固处理后, 反向旋转锚固螺帽, 即可使锚固钢片与锚孔壁脱离, 取出自锚型应急锚杆, 从而实现了自锚型应急锚杆的可重复使用。

8.3 危岩应急锚固螺栓

在中小型危岩应急处治中, 如果必须要采取锚固工程, 可采用应急锚固螺栓技术 [169], 该技术尚可推广应用到矿井帮壁、房屋建筑等结构构成应急锚固工程。

8.3.1 危岩应急锚固螺栓技术内涵

(1) 应急锚固螺栓是针对厚度不超过 3m 的滑塌式、倾倒式和坠落式等三种类型危岩的应急处治技术 (图 8.18 和图 8.19)。

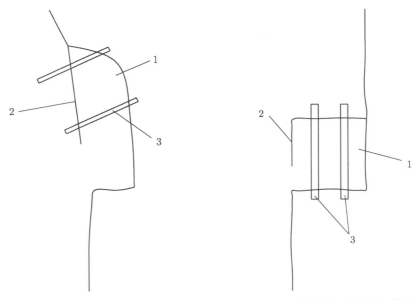

图 8.18 倾倒式危岩锚固螺栓模式   图 8.19 坠落式危岩锚固螺栓模式

(2) 危岩应急锚固螺栓由铝合金空心管、锚固花、螺帽和锚固控制线四部分组成 (图 8.20), 其中锚固花是本发明的核心。

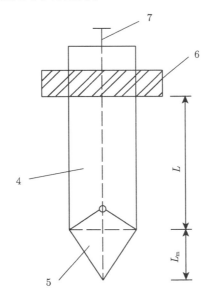

图 8.20 危岩应急锚固螺栓外貌

(3) 危岩应急锚固螺栓的锚固花由锚固叶片和锚片基盘组成 (图 8.21)。锚片基盘边缘为铝合金空心管与锚固花之间的焊接缝合线，锚固叶片长度为 L_m，由八个准梯形叶片组成。每个叶片端部开孔，为锚片释放枢纽。

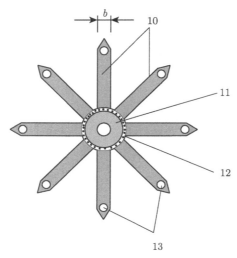

图 8.21　危岩应急锚固螺栓锚固花横断面

(4) 危岩应急锚固螺栓的锚固花由高强合金材料组成，该材料弹性模量不低于 200MPa，锚固螺栓铝合金空心管抗拉力不低于 500kN。

(5) 应急锚固螺栓直径 $d=18cm$，锚固叶片长度 $L_m=40cm$，锚固叶片基部宽度 $b=7cm$，叶片厚度 0.8～1.0cm。

(6) 应急锚固螺栓在预制场现场预制：首先利用整块高强合金切割铸造锚固花 (图 8.21)；然后冲压使锚固叶片在锚片释放枢纽处集成为棱柱体 (图 8.22)。锚片释放枢纽由锚固控制线连接到危岩应急锚固螺栓外锚头处；在集成后的棱柱体锚固花端部与铝合金空心管焊接，使空心管与锚固花成为一个整体；在空心管外锚头处打造丝槽，并磨制与此相匹配的螺帽；在空心管外锚头部位焊制锚固控制线释放按钮。

(7) 处于工作状态的危岩应急锚固螺栓锚固花如图 8.23 所示，锚片与锚孔紧密接触，依靠锚片与锚孔之间的摩阻力提供锚固螺栓的锚固力。

(8) 危岩应急锚固螺栓以锚片基盘中心为圆心，冲压锚固叶片，形成间距 5cm 的外凸体，凸体高度 0.3～0.5cm，增大处于工作状态的应急锚固螺栓锚片与锚孔壁之间的摩擦角。

(9) 危岩应急锚固螺栓的锚固段长度即为锚片长度，取 40cm，铝合金空心管长度分 200cm、250cm 和 300cm 三种尺寸，螺帽段长度为 10cm。

(10) 危岩体上，应急锚固螺栓布设间距为 100cm，按梅花桩形布置。

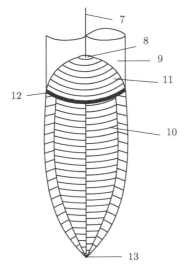 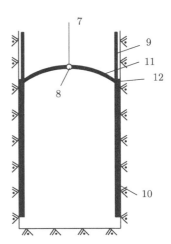

图 8.22 危岩应急锚固螺栓锚固花大样   图 8.23 危岩应急锚固螺栓锚固花工作示意图

图 8.18 ~ 图 8.23 参数说明：1. 危岩体；2. 主控结构面；3. 锚固螺栓；4. 铝合金空心管；5. 锚固花；6. 螺帽；7. 锚固控制线；8. 锚固段线孔；9. 空心管管壁；10. 锚固叶片；11. 锚片基盘；12. 空心管与锚片基盘之间的缝合线；13. 锚片释放枢纽。

8.3.2 危岩应急锚固螺栓技术实施步骤

(1) 按要求在预制场进行危岩应急锚固螺栓批量生产。

(2) 针对厚度不超过 3m 的具体滑塌式危岩、倾倒式危岩和坠落式危岩，量化其几何尺寸，按照 $W = \gamma V$ 估算危岩体重量 (kN)，式中，γ 为危岩体容重，一般取 26kN/m^3；V 为危岩体体积 (m^3)。并确定危岩体的中下部为治理区域。

(3) 确定应急治理单位长度危岩体所需的应急螺栓数量 n：

$$n = 1 + \left\langle \frac{1.2W}{500} \right\rangle \tag{8.20}$$

式中，$\langle \cdot \rangle$ 为取整符号；n 为应急锚固螺栓数量。

(4) 在危岩治理区域内运用施工风枪，遵循梅花桩形布设原则，按照 1m×1m 的间隔，钻设锚固孔，孔径 19~20cm，钻孔深度以超过危岩主控结构面 50cm 为原则。成孔后采用高压风力清孔。

(5) 将预制好的危岩应急锚固螺栓塞入锚孔内，该过程应确保应急锚固螺栓的锚固花全面塞入危岩主控结构面后部的稳定围岩内。

(6) 调节危岩应急锚固螺栓外锚头部位的锚固控制线，使锚固螺栓的锚固花从端部释放，锚片张开，在锚片高弹力作用下，锚片与锚孔紧密接触，产生所需的锚固力。

(7) 采用手工扳钳旋紧应急锚固螺栓外锚头端部的螺帽，完成应急锚固螺栓安置工作，实现危岩灾害的应急处治。

8.3.3　危岩应急锚固螺栓工作原理

陡崖或陡坡上存在安全隐患的危岩稳定系数均未达到所需的安全目标。通过在危岩体中下部安设所需数量的危岩应急锚固螺栓，依靠锚固螺栓产生的锚固力，增大危岩体的稳定系数，达到危岩治理目标。

由于危岩应急锚固螺栓属于金属构件，其耐久性直接关系到锚固螺栓的使用寿命。鉴于此，需在危岩应急锚固螺栓表面涂抹防腐剂。

危岩应急锚固螺栓适用于厚度不超过 3m 的各种类型危岩的应急治理。

第9章　崩塌灾害应急安全警报

9.1　危岩崩塌信号

研究发现，公路矿山及山区城镇边坡表面危岩体在大规模崩塌前均有局部小型或微型块石以落石形式从危岩体表层剥落，可视为宏观前兆，如甘肃省兰州市红古区民门公路崩塌灾害，在大规模崩塌前 30~40min，公路内边坡坡脚采石工人先后发现山顶的小石块轻轻滑落。但是，总体而言，相比于大型滑坡及泥石流灾害，危岩崩塌灾害的宏观前兆不明显，精确预报崩塌灾害目前难度较大。

本书 6.3 节构建了危岩稳定性极限平衡分析法，但稳定系数仅与荷载组合 (工况) 有关，与时间无关，因此不能用于进行崩塌灾害安全警报。

本书 6.4 节构建了危岩稳定性断裂稳定性断裂力学方法，稳定系数与主控结构面联合断裂强度因子 K_e 有关，而 K_e 则是主控结构面端部法向应力 σ 和切向应力 τ 的函数，因此，只要实时获取主控结构面端部法向应力 σ 和切向应力 τ，便可确定危岩体在该时刻的稳定系数，称为实时稳定系数 $F_s(t)$。

因此，可将危岩体实时稳定系数 $F_s(t)$ 视为危岩崩塌信号，即

当 $F_s(t) \geqslant 1.20$ 时，危岩体处于稳定状态，崩塌灾害不易发生。

当 $1.05 \leqslant F_s(t) < 1.20$ 时，危岩体处于基本稳定状态，崩塌灾害处于孕育阶段。

当 $0.98 \leqslant F_s(t) < 1.05$ 时，危岩体处于极限平衡状态，崩塌灾害处于临发阶段。

当 $F_s(t) < 0.98$ 时，危岩体处于不稳定状态，崩塌灾害发生。

9.2　危岩应力采集

9.2.1　危岩应力采集传感器 [170]

(1) 应力采集传感器由纵向开口的传感器金属筒、压电片 4 和 5、信号传输线 7 和信号处理器 1 四部分组成 (图 9.1~ 图 9.4)，其中压电片、信号传输线和信号处理器集成在传感器金属筒上，共同作为预制空心构件。

(2) 压电片 4 和 5 规格相同，均由市售材料经过专门加工制成，尺寸 0.5cm×0.5cm，厚度 400~450μm，压电片频带响应范围为 0~700Hz，热电耦合系数为 40c/(cm²·K)，承受有效压应力 ≤ 900MPa，适用温度范围为 −40~80℃。

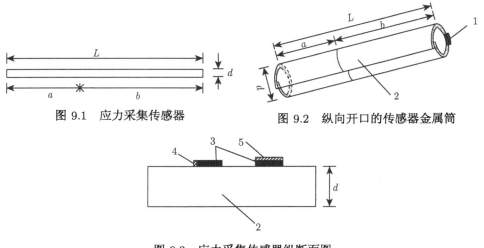

图 9.1　应力采集传感器　　　　　图 9.2　纵向开口的传感器金属筒

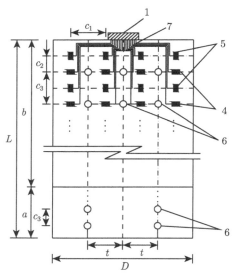

图 9.3　应力采集传感器纵断面图

图 9.4　应力采集传感器展开图

　　图 9.1 ~ 图 9.4 参数说明：$a.$ 传感器锚固段长度 (m)；$b.$ 传感器应力量测段长度 (m)；1. 信号处理器；2. 应力采集传感器；L 应力采集传感器长度 (m)；d 传感器直径 (cm)；3. 传感器外表面的金属突起；4. 量测剪应力的压电片；5. 量测法向应力的压电片；6. 传感器金属薄壁上的渗浆孔；7. 应力采集信号传输线；8. 危岩主控结构面或滑坡滑动面；9. 危岩体或滑坡体；D 传感器横截面周长即薄壁金属块宽度 (cm)；t 渗浆孔沿传感器径向方向的间距 (cm)；c_1 压电片沿传感器径向方向的间距 (cm)；c_2 量测剪应力的压电片和量测法向应力的压电片沿传感器轴线方

向的间距 (cm)；c_3 沿传感器轴线方向量测剪应力的压电片之间或量测法向应力的压电片之间的距离 (cm)；α 实用中应力采集传感器安设倾角 (°)。

(3) 传感器预制空心构件的长度为 L，其中，锚固段长度为 a，应力量测段长度为 b，且 L 取 3m 时，a 取 1m，b 取 2m。

(4) 传感器预制空心构件的直径为 d，d 取 10cm。

(5) 开口的传感器金属筒由市售厚度 2mm 以内的铝皮加工而成，尺寸如图 9.4 所示，铝皮长度为 L，宽度为 D，$D = \pi d + 5 (\text{cm})$。

(6) 传感器侧壁设置有渗浆孔，孔径 1cm，其沿传感器轴线方向的间距为 c_3，沿传感器径向方向的间距为 t，且 c_3 和 t 均取为 10cm。

(7) 在传感器应力量测段外侧壁焊接有金属突起 3，为普通铝合金材料，其尺寸为长 (0.6cm) × 宽 (0.6cm) × 高 (0.6cm)，金属突起沿传感器轴线方向的间距为 c_2，沿传感器径向方向的间距为 c_1，且 c_1 取 10cm，c_2 取 5cm，如图 9.4 所示。

(8) 在传感器应力量测段外侧壁的金属突起表面安设压电片 4 和压电片 5，其中压电片 4 安设在金属突起内端部，用于量测剪应力 τ_0，压电片 5 安设在金属突起顶部，用于量测法向应力 σ_0，如图 9.3 所示。

(9) 传感器表面每个用于量测剪应力和量测法向应力的压电片均连接有一根信号线 7，从传感器金属薄壁内壁面连接到传感器外端部的信号处理器 1，如图 9.4 所示，传输线选用市售绝缘铂金丝或铜线。

(10) 每个传感器上布设有 m 个量测剪应力的压电片 4 和 n 个量测法向应力的压电片 5，而每个压电片 4 量测的剪应力为 τ_0，每个压电片 5 量测的法向应力为 σ_0，则可提取量测区域内量测到的最大剪应力 $\tau_{0\max}$ 和最大法向应力 $\sigma_{0\max}$，分别由式 (9.1) 和式 (9.2) 确定：

$$\tau_{0\max} = \max \{ \tau_{01}, \tau_{02}, \cdots, \tau_{0m} \} \tag{9.1}$$

$$\sigma_{0\max} = \max \{ \sigma_{01}, \sigma_{02}, \cdots, \sigma_{0n} \} \tag{9.2}$$

(11) 实用中，将落石消能棚洞应力采集传感器安设在危岩主控结构面 (或滑坡滑动面) 端部区域 (图 9.5)，建立确定危岩主控结构面 (或滑坡滑动面) 端部垂直于主控结构面 (或滑坡滑动面) 的法向应力 σ 和沿主控结构面 (或滑坡滑动面) 延伸方向的剪应力 τ 的计算式：

$$\sigma = \tau_{0\max} \sin(\beta - \alpha) - \sigma_{0\max} \cos(\beta - \alpha) \tag{9.3}$$

$$\tau = \tau_{0\max} \sin(\beta - \alpha) + \sigma_{0\max} \cos(\beta - \alpha) \tag{9.4}$$

(12) 将式 (9.1) ~ 式 (9.4) 集成在市售计算机芯片上，并将该芯片安置在传感器的信号处理器 1 内。

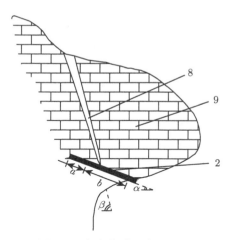

图 9.5 应力传感器安设位置

9.2.2 钻孔应力传感器 [171]

(1) 钻孔应力传感器由六部分组成, 即纵向开口的薄壁金属筒、应变片、防水压膜、应变信号传输线、应力测试器和混凝土填芯 (图 9.6 ~ 图 9.8)。

(2) 应变片和应力监测器为市售的高精度产品。

(3) 开口金属筒长度为 L, 半径为 d。

(4) 应变片与金属筒轴向方向垂直, 粘贴在金属筒外侧, 应变片外部为防水压膜。

(5) 应变片沿金属筒轴线方向布设, 间距为 L_0(应变片中心间距)。

(6) 应变信号传输线布置在金属筒内侧壁, 沿金属筒轴线布置, 起点在相应应变片位置处, 终点在薄壁金属筒顶部 (一般位于地表), 起点处通过在金属薄壁钻小孔, 将信号传输线与应变片相连接。

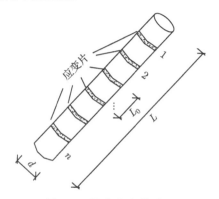

图 9.6 钻孔应力传感器

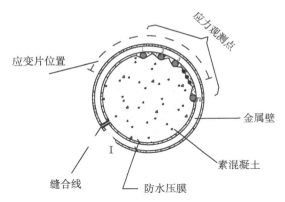

图 9.7 钻孔应力传感器断面图

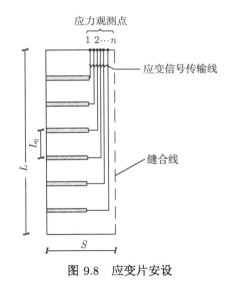

图 9.8 应变片安设

(7) 开口薄壁金属筒内为混凝土填芯, 一般采用 C15~C25 等级。

9.2.3 压电型钻孔应力传感器 [172]

(1) 压电型钻孔应力传感器由纵向开口的传感器金属筒、PVDF 压电膜、信号传输线和灌注砂浆四部分组成 (图 9.9 ~ 图 9.12), 其中 PVDF 压电膜和信号传输线集成在传感器金属筒上, 共同作为预制构件。

(2) PVDF 压电膜由市售材料经过专门加工制成, 沿传感器轴线方向的长度为 1cm, 沿传感器横截面方向的宽度为 1cm, 厚度为 400~450μm。

(3) 开口的传感器金属筒由市售厚度 2mm 以内的铝皮加工而成, 尺寸如图 9.12 所示, 铝皮长度为 l, 宽度为 πd。

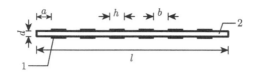

图 9.9　压电型钻孔应力传感器

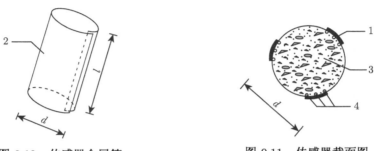

图 9.10　传感器金属筒　　　　　　图 9.11　传感器截面图

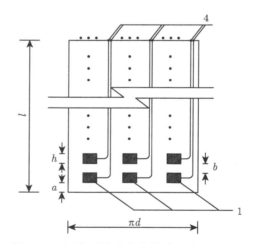

图 9.12　压电型钻孔应力传感器壁面展开图

图 9.9 ~ 图 9.12 参数说明：1. PVDF 压电膜；2. 传感器金属筒；a 压电膜距离传感器端点的距离 (m)；b 沿传感器轴向压电膜之间的净距离 (m)；h 压电膜长度 (m)；l 传感器长度 (m)；d 传感器直径 (m)；3. 灌注砂浆；4. 信号传输线；5. 已安设的钻孔应力传感器；6. 压剪破坏型危岩体或岩质滑坡；7. 压剪破坏型危岩体或岩质滑坡的破坏面；8. 压剪破坏型危岩体或岩质滑坡应力敏感区域；α 钻孔应力传感器安设倾角 (°)。

(4) PVDF 压电膜粘贴在传感器金属筒外侧 (图 9.11)，信号传输线布置在传感器金属筒内侧 (图 9.12)，每个 PVDF 压电膜有一根信号传输线，传输线选用市售绝缘铂金丝或铜线。

(5) 灌注砂浆是传感器在现场安设完成后，注入传感器金属筒内的砂浆材料 (图 9.11)，砂浆等级不低于 M15，砂浆配制过程中需要加入膨胀剂，膨胀剂加入量占砂浆质量的 3%~5%。

(6) PVDF 压电膜频带响应范围为 0~700Hz，热电耦合系数为 40c/(cm²·K)，承受有效压应力 ≤ 900MPa，适用温度范围为 −40~80℃。

(7) 沿传感器轴线方向，PVDF 压电膜距离传感器端部的距离为 a，PVDF 压电膜之间的净距离为 b；沿传感器横截面方向，布置 3 个 PVDF 压电膜，围绕传感器轴心呈等边分布，如图 9.11 所示。

(8) 压电型钻孔应力传感器有长度 1m 和 2m 两种规格，每种传感器包括沿传感器轴线方向的 n 排 PVDF 压电膜，传感器参数如下：

对于 1m 规格型，$n=8$ 排，$a=11$cm，$b=10$cm，$d=5$cm；

对于 2m 规格型，$n=17$ 排，$a=11.5$cm，$b=10$cm，$d=5$cm。

(9) 压电型钻孔应力传感器安设在压剪破坏型危岩或岩质滑坡破坏的敏感应力区，分两种情况：

情况一，传感器安设方向与破坏面倾向相反 (图 9.13(a))；

情况二，传感器安设方向与破坏面倾向相同 (图 9.13(b))。

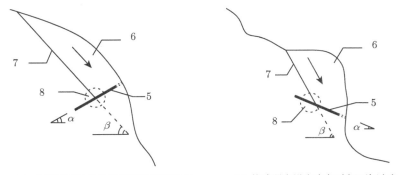

(a) 传感器安设方向与破坏面倾向相反   (b) 传感器安设方向与破坏面倾向相同

图 9.13 压电型钻孔应力传感器布设

(10) 压电型钻孔应力传感器上共有 $3n$ 个 PVDF 压电膜，每个压电膜实时测试的压应力为 σ_{0i}，则每根传感器上所有 PVDF 压电膜测试的压应力最大值为

$$\sigma_{\max} = \max[\sigma_{0i}], \quad i = 1, 2, \cdots, 3n \tag{9.5}$$

进一步，可求出每个压电型钻孔应力传感器测试的最大剪应力 $\tau_{\max}$，分两种情况：

$$情况一，\tau_{\max} = \frac{\sigma_{\max}}{\sin(\alpha + \beta)} \tag{9.6}$$

$$情况二，\tau_{\max} = \frac{\sigma_{\max}}{\sin(\beta - \alpha)} \tag{9.7}$$

9.3 崩塌灾害应急安全警报系统

9.3.1 崩塌灾害应急安全警报方法与设备 [173]

崩塌灾害应急安全警报系统的核心是崩塌灾害预警仪，包括应力采集装置、数据实时分析处理装置和报警装置，数据实时分析处理装置包括信号输入端、模式设定装置和数据处理控制器，数据处理控制器内预设有数据实时分析处理程序、危岩体断裂韧度 K_{1C} 和危岩体主控结构面贯通段长度 a_0；应力采集装置包括数量不少于两个的钻孔应力传感器，钻孔应力传感器布设在崩塌源危岩体抗拉区域，钻孔应力传感器分别通过应力信号线连接至所述数据实时分析处理装置的信号输入端；数据处理控制器的数据实时分析处理程序根据信号输入端的应力信号、模式设定装置设定的模式状态信号以及危岩体断裂韧度 K_{1C}、危岩体主控结构面贯通段长度 a_0 判断被测危岩体所处的安全状态，当被测危岩体安全状态达到数据实时分析处理程序设定的不同的预警级别时，数据实时分析处理装置发出不同的预警控制信号给所述报警装置，报警装置根据预警控制信号发出不同警告信号。

预警仪的模式设定装置包括手动输入模式选择开关、手动输入按键、岩性选择模式开关和岩性选择按键；钻孔应力传感器的数量是 10 个，钻孔应力传感器分别布设在崩塌源危岩体抗拉区域；应力信号线与数据实时分析处理装置的信号输入端采用插口连接方式，当应力信号线从插口拔出时，报警装置直接发出相应报警信号；应力测试范围不小于 100MPa，应力标准误差不大于 10Pa，工作环境温度为 $-10 \sim 80$℃。报警装置包括扬声器和警告信号灯。

崩塌灾害应急安全警报系统实施步骤：

(1) 确定危岩体断裂韧度 K_{1C}。

从崩塌源危岩体现场取样，测试危岩体完整岩石的断裂韧度，将该断裂韧度作为危岩体断裂韧度 K_{1C}；或者将砂岩、灰岩、泥灰岩、花岗岩、玄武岩和大理岩的相关断裂韧度的现有统计值分别作为各种岩性危岩体断裂韧度 K_{1C}；将危岩体断裂韧度 K_{1C} 预设到数据处理控制器的存储空间。

(2) 测量确定崩塌源危岩体主控结构面贯通段长度 a_0，并将 a_0 预设到数据处理控制器的存储空间。

(3) 在崩塌源危岩主控结构面未贯通段所在区域布设钻孔应力传感器，根据模式设定装置选择危岩体崩塌灾害预警仪的工作模式。

(4) 数据实时分析处理装置实时采集钻孔应力传感器传来的拉应力 σ 和剪应力 τ 的数值。

(5) 依据拉应力 σ 和剪应力 τ，采用本书构建的危岩稳定系数断裂力学分析法确定危岩体实时稳定系数 $F_s(t)$。

(6) 数据实时分析处理装置按下述方法判断被测危岩体所处的安全状态并发出相应的预警控制信号给报警装置。

当 $F_s(t) \geqslant 1.20$ 时，危岩体处于稳定状态，崩塌灾害不易发生。

当 $1.05 \leqslant F_s(t) < 1.20$ 时，危岩体处于基本稳定状态，崩塌灾害孕育阶段。

当 $0.98 \leqslant F_s(t) < 1.05$ 时，危岩体处于极限平衡状态，崩塌灾害临发阶段。

当 $F_s(t) < 0.98$ 时，危岩体处于不稳定状态，崩塌灾害发生。

该方法的有益效果：通过现场实时测量危岩体拉应力和剪应力数值并经过计算处理，得出危岩体实时稳定系数，通过判断该稳定系数的值是否落入合理的安全状态范围，从而确定被测危岩体的安全状态。由于该方法对危岩体应力数据的分析处理更加符合危岩体崩塌的灾害的发生机制，可以提高危岩体安全状态估计的准确性，从而提高崩塌灾害预警的有效性；该方法的数据实时分析处理程序与危岩体崩塌灾害预警仪硬件设备相结合，可以实时地从现场采集应力数据，通过数据处理控制器进行分析处理，迅速准确地判断被监控的危岩体的安全状态，并发出相应的安全状态警告信号，从而达到提高危岩崩塌灾害预警的实时性和有效性的目的。

崩塌灾害预警仪结构框图如图 9.14 所示，包括应力采集装置、数据实时分析处理装置和报警装置三大部分。其中，应力采集装置采用钻孔应力传感器 1；数据实时分析处理装置包括信号输入端 2、数据处理控制器 3 和模式设定装置 4；报警装置采用扬声器 5 和警告信号灯 6。其中，信号输入端 2、模式设定装置 4、数据处理控制器 3、扬声器 5、警告信号灯 6 以及一个用以给数据处理控制器 3 和报警装置供电的直流电源 7 均集成在一个主机箱 8 内。数据处理控制器 3 内预设有数据实时分析处理程序、危岩体断裂韧度 K_{IC} 和危岩体主控结构面贯通段长度 a_0；数据处理控制器 3 的数据实时分析处理程序根据信号输入端 2 的应力信号、模式设定装置 4 设定的模式状态信号以及危岩体断裂韧度 K_{IC}、危岩体主控结构面贯通段长度 a_0 判断被测危岩体所处的安全状态，当被测危岩体安全状态达到数据实时分析处理程序设定的不同的预警级别时，数据实时分析处理装置发出不同的报警控制信号给报警装置 (包括扬声器 5 和警告信号灯 6)，扬声器 5 和警告信号灯 6 根据报警控制信号发出不同警告信号。数据处理控制器 3 采用单片机。

图 9.15 为崩塌灾害预警仪主机箱示意图，当危岩体崩塌灾害预警仪用于监测交通要道旁危岩崩塌时，将主机箱 8 安置在与危岩体邻近的稳定部位，将钻孔应力传感器分别布设在崩塌源危岩体抗拉区域，各信号输入端 2 采用插孔形式，每个信号输入端 2 连接一个插孔，所有插孔集中设置在主机箱 8 的侧面形成插口 19，信号输入端与钻孔应力传感器一一对应，每个信号输入端 2 通过插口 19 和钻孔应力传感器 1 相连。钻孔应力传感器 1 的规格：应力测试范围不小于 100MPa，应力

标准误差不大于 10Pa，工作环境温度介于 −10∼80℃。应力信号线与所述数据实时分析处理装置的信号输入端采用插口 19 进行，应力信号线从插口 19 拔出时，报警装置根据数据处理控制器 3 的指令直接发出相应报警信号；所述的模式设定装置 4 包括手动输入模式选择开关 11、手动输入按键 13、岩性选择模式开关 10 和岩性选择按键 15，另外还设置有岩性显示窗口 14 和断裂韧度显示窗口 12。主机箱 8 的正面还设置有电源开关 9、电源指示灯 16，警告信号灯 6 设置在主机箱 8 正面信号灯位置 17 处，扬声器 5 设置在主机箱 8 侧面扬声器设置位置 18 处。

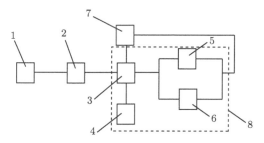

图 9.14　崩塌灾害预警仪结构框图

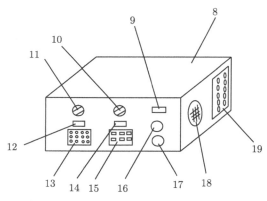

图 9.15　崩塌灾害预警仪主机箱示意图

在制作预警仪时，数据处理控制器 3 内要预设危岩体断裂韧度 K_{IC}、危岩体主控结构面贯通段长度 a_0 和数据实时分析处理程序。

崩塌灾害警报系统还可以用于桥梁、房屋、隧道等建筑物敏感部位的安全监控预警，确保人民生命财产安全，同样具备相当的实用性；不过，确定断裂韧度 K_{IC} 时，需要根据具体构成的建筑物材质进行实验。

以公路边坡崩塌灾害为例，针对一个危岩体或危岩群体，研究确定其破坏关键部位，在此安置微型监测仪，并根据危岩失稳可能发生的崩塌范围预设警戒区域，标识警示牌，在公路外侧的两个警示牌顶部安置微型预警仪，通过无线传输接受来自危岩体监测仪的监控数据,通过危岩稳定寿命预测程序快速解译,当危岩体处于危险状态时,预警仪显示红灯并发出刺耳鸣声,处于安全状态时预警仪显示绿灯 (图 9.16)。该监控预警系统包括四个部分,监测仪、预警仪、警示牌、无线传输和信号解译,已获国家专利授权,在适当时候可投入使用。该系统维护期间,公路管理部门应定期检查、广泛宣传,避免人为破坏,且在进入预警区域 1km 以上分段警示"前方 ××× 米进入崩塌灾害区域"等相关字样,字体大小适中、光彩、醒目。

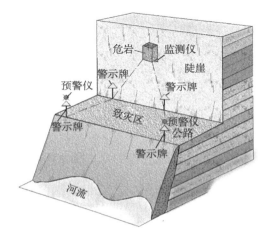

图 9.16 公路岩体边坡崩塌灾害预警系统 (后附彩图)

9.3.2 崩塌灾害预警效果试验验证

1) 模型试验设计

本试验属于小尺度室内模型试验,暂不与实际工程建立相似关系。模型由两部分组成,前部为危岩体,尺寸为 40cm(长)×30cm(宽)×40cm(高);后部为基座,尺寸为 40cm(长)×50cm(宽)×40cm(高);主控结构面设计倾角为 85°,贯通段与未贯通段长度之比为 1:1,主控结构面宽度为 0.8cm,见图 9.17。

本试验仪器有危岩崩塌灾害预警仪、高精度摄像仪、相机、注射器和静态爆破剂等。

高精度摄像仪记录主控结构面在静态爆破剂作用下的扩展、开裂、危岩块崩落过程及预警仪报警情况。

静态爆破剂是一种不用炸药就能使岩石、混凝土破裂的粉状工程施工材料,产品标准归类于水泥制品中,品牌为东科 JC506-92,最大膨胀力可在 15min 内出现。反应时间还可在 15min~12h 调节,根据试验时气温范围 (20~40°C) 拟选用 I 型静态爆破剂。

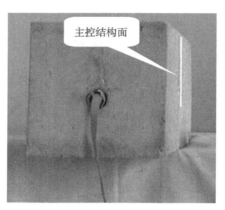

图 9.17　崩塌灾害应急安全警报实物模型

试验模型中危岩体采用 C20 混凝土模拟,其按照水泥:砂:石子:水 =1:2.78:3.68:0.66 的配合比进行配置。根据设计的危岩体尺寸制备模板,将搅拌好的混凝土倒入模具中,然后进行均匀振捣。在危岩体浇筑过程中,按照设计位置及尺寸要求预制主控结构面,采用 0.8cm 厚表面光滑的木工板作隔离,待混凝土达到一定强度后取出。

本试验重点验证危岩崩塌灾害预警仪的预警效果,属于小尺度室内模型试验。主控结构面开度设置为 0.8cm,其内充填静态爆破剂,然后对其注水,待其发生化学反应,使得危岩崩落,试验中用高精度摄像仪记录主控结构面在静态爆破剂作用下的扩展、开裂及危岩块断裂崩落过程,以及对应状态预警仪的报警情况。

2) 模型试验过程

(1) 根据危岩崩塌安全警报模型试验设计放置试验模型后,在预留的孔洞处安装应力采集传感器,然后连接分析处理装置,检查测试仪表及测试线路,并架设高精度摄像仪,见图 9.18。

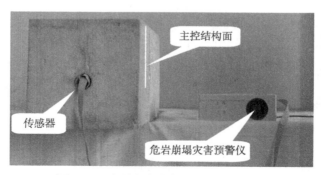

图 9.18　崩塌灾害应急安全警报仪安装

(2) 将主控结构面内清理干净，根据静态爆破剂用量加水搅成具有流动性的稠浆并从侧向注满结构面。

(3) 打开危岩崩塌灾害预警仪，输入相关参数，采集试验数据，自动分析危岩稳定性，进行危岩崩塌实时安全警报。

(4) 用高精度摄像仪记录好主控结构面在静态爆破剂作用下的扩展、开裂、危岩块崩落和预警仪安全警报全过程 (图 9.19)。

(a) 崩塌灾害未发生(绿色灯亮，喇叭不警报)

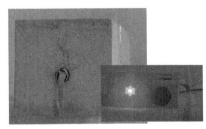

(b) 崩塌灾害孕育阶段(紫色灯亮，喇叭间歇性警报)

(c) 崩塌灾害临发阶段(橙色灯亮，喇叭间歇性长警报)

(d) 崩塌灾害发生阶段(红色灯亮，喇叭连续性警报)

图 9.19 危岩块崩落及实时安全警报过程 (后附彩图)

3) 模型试验崩塌灾害预警实时表征

当主控结构面注水后，开始进行危岩实时安全警报；初期，警报装置绿色信号灯亮，喇叭不鸣，崩塌灾害不易发生 (图 9.19(a))；然后静态爆破剂继续反应膨胀，紫色信号灯亮并发出间歇性警报声，危岩处于崩塌灾害孕育阶段 (图 9.19(b))；随后经历短暂的停留，报警装置发出橙色信号，并伴随间歇性的长鸣声，危岩处于崩塌灾害临发阶段 (图 9.19(c))；紧接着危岩迅速进入下一阶段，报警装置发出红色信号，伴随连续长鸣声，危岩破坏，进入崩塌灾害发生阶段 (图 9.19(d))。该模型试验验证了所研制的危岩崩塌灾害预警仪的可行性。

第10章 工程实例

10.1 太白岩危岩防治工程

万州区地处重庆市东大门,位于三峡库区中心地带,属于三峡工程移民迁建重点城市,是国内有名的受危岩威胁严重的现代化城市。位于万州区主城区南侧的太白岩危岩带,包括中段、东段 (含白虎头) 和南坡三部分,目前已经探明的典型危岩体 127 个,总体积约 8.1186×10⁴m³,其中:

(1) 太白岩中段:东起警备司令部上方,西至打靶场,分布于上、下两级陡崖,陡崖长约 850m,共有 48 个单体危岩,总体积 47662m³,分布情况见图 10.1。

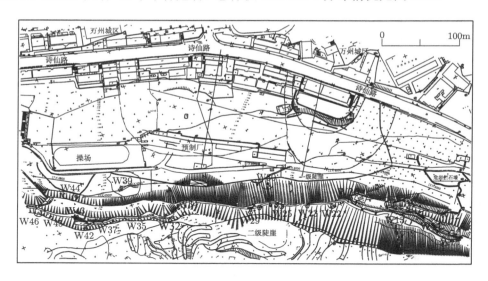

图 10.1 太白岩中段危岩分布简图

(2) 太白岩东段:位于万州军分区至打靶场一带,分布在太白岩上、下两级陡崖上,共有单体危岩体 18 个,单个体积 4.5~400m³,总体积 922.45m³,分布情况见图 10.2。

(3) 太白岩南坡:位于万州区主城区太白岩陡崖南侧,共发育危岩 61 个,总体积 24562m³。危岩坐落在三级陡崖上,第一级陡崖底部高程 265~315m、顶部高程 325~335m;第二级陡崖底部高程 350~360m、顶部高程 375~380m;第三级陡崖底部高程 395~405m、顶部高程 430~435m。第一级陡崖有 19 个危岩 (总体积 5067m³, 平均 267m³/个), 第二级陡崖有 23 个危岩 (总体积 14563m³, 平均 633m³/个), 第三级陡崖有 19 个危岩 (总体积 8123m³, 平均 428m³/个), 分布情况见图 10.3。

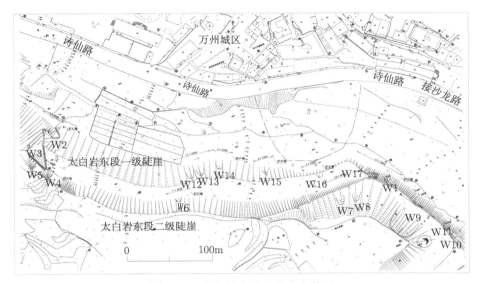

图 10.2　太白岩东段危岩分布简图

从 20 世纪 90 年代以来, 太白岩常有危岩崩落致灾事件发生, 造成了公共设施被毁、人员伤亡以及危及交通和供电、供水安全的灾害事故, 严重威胁着分布于该地带的军队、医院、学校、工厂、移民楼、商住楼及银行等四万余人、二十余家企事业单位及沙龙路、诗仙路的交通安全。每个危岩带内, 卸荷拉张裂隙发育, 单体危岩形态清晰。尤其在暴雨季节, 高强度的降水渗入裂隙中, 产生静水压力及动水压力, 造成了多起危岩崩落事例的发生, 危岩体目前多数处于临界稳定状态。若考虑到三峡水库蓄水以后将不可避免地产生一定量级的水库地震, 则危岩的稳定性态将具有劣化的趋势。

2001 年, 三峡库区地质灾害防治工作全面启动, 太白岩危岩带被国家纳入三峡库区地质灾害首批防治工程, 并于 2002 年 7 月开工, 2003 年 6 月完工。迄今, 防治工程运行良好, 陡崖上治理部位岩体稳定, 位于太白岩的太白岩公园恢复了昔日的安全与繁华, 太白岩坡脚的道路、市政设施等有序运行。

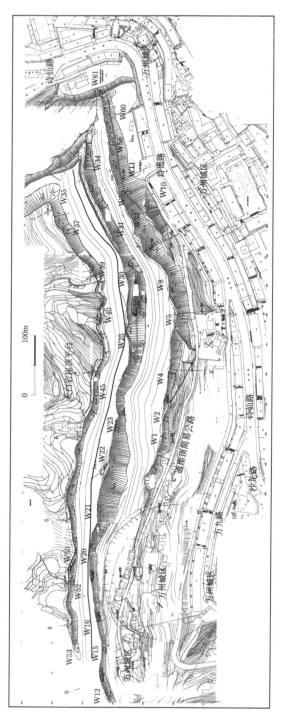

图10.3　太白岩南坡危岩分布简图

10.1.1 太白岩危岩形成环境

1) 气象和水文条件

万州区属亚热带季风气候区，具有春旱、夏秋多雨、冬季多雾、无霜期长的特点。年平均气温 18.1℃，多年平均降水量 1181.2mm，历年最大降水量 1635.2mm。降水多集中在每年的 5~9 月，占每年降水总量的 65%~70%。历年最大月降水量 711.8mm(1982 年 7 月)，最大日降水量 175mm(1997 年 8 月 16 日)，最长连续降水 16 日，属于渝东万县——云阳暴雨中心。每年夏季多大雨、暴雨等集中降水过程，如 2000 年 5~8 月，降水量达 985.1mm，占多年平均降水量的 83.4%。区内年最高气温 42.1℃，最低气温 −3.7℃，一年无霜期 334 天，年平均相对湿度 80%，主导风向 ESE 和 ENE，年最高气压 1120.3mbar(1bar=10^5Pa)。统计资料表明，一般前期累计连续降水量 280mm，日均降水强度 140mm，10min 降水强度 10~15mm 是诱发大型、中型崩塌和滑坡的临界降水阈值。

长江在万州段常年洪水位 133.0m，近 30~40 年来的最高洪水位为 142.12m(1981 年)。陡崖坡脚距长江三百余米。区内无地表水流，地下水主要表现为第四系土体中的上层滞水和基岩内裂隙水，水文地质条件简单，其地下水活动受季节性变化较大。区内局部地段有泉点出露，以下降泉的形式从厚层状砂岩与下部薄层状砂质泥岩接触带或砂岩卸荷裂隙内产出。水量随季节性变化而变化，泉水流量为 0.01~0.11L/s。

太白岩南坡上碎石公路两侧斜坡上地下水位埋深一般在 0.6~10.7m，陡崖间斜坡上无地下水位，渗透系数为 1.39×10^{-5}cm/s。地下水水质类型为 H_2CO_3、H_2SO_4、Ca 型水，地下水均对混凝土无腐蚀性。

2) 地形地貌

万州区发育有典型的五级基座阶地，基岩顶面高程分别在 120m(第一级)、150m(第二级)、200m(第三级)、260~300m(第四级) 和 400~450m(第五级)(图 10.4)。阶地表面均被第四纪坡、崩积物及滑坡堆积物覆盖。太白岩危岩带地处长江左岸四级阶地后缘与五级阶地夷平面之间的陡斜坡地带，属长江河谷阶地地貌。地形条件复杂，总体呈陡崖-斜坡-平台相结合，坡顶部为平台，地形坡度平缓，坡角 3°~5°，顶部标高 410~445m。中上部为陡崖斜坡相间，陡崖高度在 10~37m 不等，主要呈现三级陡崖，陡崖坡角 70°~90°，局部为负地形，多岩腔，其间斜坡坡角 30°~45° 不等，以诗仙路至钻洞子碎石公路为界，以北崖脚高程 310~325m，公路外侧斜坡坡度较缓，坡角 20°~30°，局部达 45° 左右，坡脚高程 278~285m。在慈云寺西侧，平行于金九路，在金九路的北侧为一条石挡墙，墙顶高程 289~292m，墙高 4~16m。

根据太白岩陡崖和斜坡发育特征，可以把太白岩南坡分为三段。其中第一段西起钻洞子东止玄庙观，长 400m，该段主要为两级陡崖，第一级陡崖顶部高程

400~426m，崖脚 393~395m，陡崖高度由西向东逐渐增大，在玄庙观一带，最大高度 40m 左右；第二级陡崖顶部高程 370~380m，崖脚 338~342m，陡崖高度 30~37m。第二段西起玄庙观东至慈云寺东侧围墙，长 250m，该段主要为三级陡崖，第一级陡崖底部高程 265~312m，崖顶高程 325~335m，陡崖高 11~37m；第二级陡崖底高程 350~360m，崖顶高程 375~380m，陡崖高 20~30m；第三级陡崖底部高程 395~405m，崖顶高程 430~435m，陡崖高 10~32m。第三段西起慈云寺东侧围墙东至白虎头，长 350m，该段以三级陡崖为主，其间次一级陡崖较发育，且不连续，高差较小，一般高度在 3~10m；第一级陡崖顶部高程 420~433m，崖底 394~411m，陡崖高 20~34m；第二级陡崖顶部高程 329~333m，崖底高程 261~276m；第三级实际为两级陡崖，上一级崖高 5~10m，下一级崖高 18~25m。场地整体地势形态北高南低，东高西低，相对总高差 174m(图 10.5)。

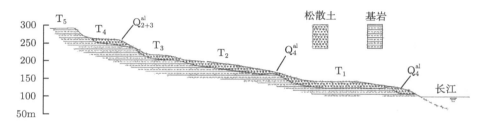

图 10.4　万州区阶地剖面图

图 10.5　太白岩南坡地貌景观

中段和东段斜坡上陡下缓，段坡度 70° ~ 90°，局部为负地形，多岩腔，以 2 级陡崖为主 (图 10.6)，崖顶 (V 级夷平面) 高程 413.4~458m，崖脚高程 310~330m。

斜坡下段分布高程 250~330m，总体坡度 30°～35°，坡脚为城区主干道诗仙路。

图 10.6　太白岩中段地貌景观

3) 地质构造

太白岩地处万州主城区，在区域地质构造上位于新华夏系四川沉降川东褶皱东北端，位于万州向斜南东翼近轴部，北靠铁峰山背斜，南临方斗山背斜，属典型的隔挡式构造区。万州向斜走向 20°N～75°E。内岩层产状平缓，倾向 NW，倾向 5°～10°，区内及邻近区域无断裂构造，无构造破碎带。岩层呈现软硬相间的砂岩和泥岩互层组合，砂岩抗蚀能力强，泥岩的抗蚀能力差，易于在与砂岩接触的泥岩内形成岩腔。区内砂岩岩体中裂隙主要发育有三组：

第一组：150°～190°∠70°～85°，裂隙宽度 0.5~5.0cm，延伸长 3~10m，间距 1~5m，裂面平直，局部被泥质充填；

第二组：80°～110°∠75°～85°，裂面平直，延伸长 5~20m，裂隙宽度 0.1~2.0cm，局部泥质充填，间距 2~10m；

第三组：265°～360°∠5°～10°，层面裂隙发育。

三组裂隙中，第一组和第二组属于卸荷裂隙。砂岩岩体主要受以上三种裂隙切割作用及砂、泥岩差异风化形成的岩腔的影响，局部岩体在卸荷裂隙的作用下形成危岩。

从万州地区河流阶地发育模式分析，本区的新构造活动比较显著。在重庆库区，由西向东，新构造应力场的主压应力方向逐渐右偏，其形成与印度洋板块北进导致青藏高原发生逆时针旋转隆升密切相关。因为在此过程中，青藏高原强烈的逆时针旋转隆升拽动四川地块的顺时针转动，使重庆库区地质体主压应力方向由西向东明显右旋。

4) 地层岩性

区内地层由第四系及侏罗系中统上沙溪庙组组成。

A. 岩性描述

人工填土层 (Q_4^{ml})：分布于坡脚沿金九路及诗仙路两侧及以南地带，另外分布在碎石公路一带，以粉质黏土为主，夹砂岩碎块石、建筑垃圾及生活垃圾，厚 0~5.05m 不等，厚度分布不均。

崩塌堆积体 (Q_4^{col})：暗紫红色、褐色黏质黏土夹砂岩块、碎石及砂岩块、碎石夹粉质黏土。粉质黏土夹块、碎石土主要分布于武警医院后侧斜坡上，土质不均，所夹块石大小不等，粒径 0.3~0.6m，最大 3.5m，土石比 3:7，厚度 2~8m。碎、块石夹粉质黏土主要分布在军分区后侧斜坡上，块石大小不均，一般粒径为 0.4~1.0m，其最大块径 8~10m，粉质黏土呈坚硬—硬塑状土，土石比 2:8；土层厚 25~30m。

崩坡积物 (Q_4^{col+dl})：主要为暗紫红色粉质黏土夹块碎石，结构松散—密实，土质不均，粉质黏土多呈硬塑状，块、碎石大小不等，粒径一般为 0.2~8.0m，最大 5m，土层厚 1.5~14.0m，主要分布于陡崖间及下部斜坡地带。上薄下厚，在靠近沙龙路一带最大厚度达到 58.0m。

残坡积层 (Q_4^{el+dl})：由紫红、暗紫红色粉质黏土、黏土夹少量泥岩碎石组成，松散，可塑—硬塑状，厚 1.5~3.0m。分布于陡崖顶部缓斜坡地带。

B. 土体工程地质特征

太白岩斜坡表面土体可划分为粉质黏土、黏土两种类型，由残积、残坡积、滑坡堆积成因土层组成，物质成分较均一。天然容重 20.6kN/m³，饱和容重 22.5 kN/m³，含水量 18.8%，孔隙比 0.548，液限 31.1%，塑限 16.2%，塑性指数 14.8，液性指数 0.17。

C. 岩体工程地质特征

根据基岩岩性和岩体结构特征，岩体可划分为砂岩和泥岩两类，构成危岩体及基座。

砂岩：该类岩石由侏罗系遂宁组 (J_3s) 长石砂岩组成，天然容重 25kN/m³，极限承载力标准值 6MPa，容许抗拉强度 500~600kPa，弹性模量 8.3GPa，泊松比 0.16，抗剪强度指标 c 和 φ 分别为 1790kPa 和 34.3°。砂岩结构面 c 和 φ 分别为 100kPa 和 20°。

泥岩：该类岩石由侏罗系遂宁组 (J_3s) 长石砂岩组成，天然容重 24.5 kN/m³，极限承载力标准值 1.25MPa，容许抗拉强度 120~230kPa，弹性模量 0.8GPa、泊松比 0.30，抗剪强度指标 c 和 φ 分别为 80kPa 和 15°。

5) 地震

万州区内属于相对稳定的弱震环境，据统计，500 年来发生的地震多为有感地震，只有少数几次地震出现轻微破坏，1949 年发生 4.6 级地震，震中位于巫山县境内。据资料分析，1987 年以前地震震级在 3.5 级以下，1988~1990 年分别为 4.5 级、3.9 级、4.2 级，略有上升趋势，据 1:400 万《中国地震烈度区划图》(1990 年版)，地震基本烈度为 6 度，建筑抗震设防烈度为 6 度，水平地震系数对于岩石取 0.05。

10.1.2 稳定性分析

1) 计算参数

根据地质勘察部门的资料, 太白岩地区砂岩及泥岩物理力学参数如下:

砂岩: 天然容重为 $25kN/m^3$; 抗剪强度指标 c 为 1970 kPa, φ 为 34.27°; 抗拉强度标准值为 516kPa; 弹性模量为 8.3GPa; 泊松比为 0.16。

泥岩: 天然容重为 $24.5kN/m^3$; 未经深度修正的极限承载力标准值为 4100kPa; 弹性模量为 0.8GPa; 泊松比为 0.30; 危岩体黏结力为 400kPa, 内摩擦角为 35°; 危岩体后部主控结构面黏结力为 70kPa, 内摩擦角为 25°。

2) 计算结果

危岩稳定性计算工况 (荷载组合) 和计算方法分别见第 6 章, 计算结果见表 10.1~ 表 10.5。计算过程中, 主控结构面的强度参数由式 (6.15) 和式 (6.16) 计算确定, 裂隙水压力不考虑裂隙宽度的折减效应。

计算结果表明, 太白岩中、东段危岩的稳定性较差, 滑塌式危岩和坠落式危岩的稳定系数多数在 1.2~1.35, 倾倒式危岩的稳定系数多数在 1.2 左右, 太白岩南坡危岩在天然状态 (工况一) 下处于稳定及基本稳定状态, 在饱水状态 (工况二) 下处于基本稳定及极限平衡状态, 考虑地震作用 (工况三) 时多数处于极限平衡状态, 少数处于不稳定状态, 稳定现状与计算结果基本相符。

表 10.1 太白岩南坡部分滑塌式危岩稳定系数计算结果

危岩编号	工况一	工况二	工况三
W4	1.23	1.06	1.09
W6	1.17	1.07	1.14
W7	1.16	0.98	1.07
W8	1.26	1.09	1.11
W9	1.04	0.97	1.02
W10	1.21	1.04	1.07
W13	1.20	1.06	1.08
W15	1.19	1.04	1.10
W16	1.25	1.09	1.13
W17 上	1.06	0.97	1.01
W17 下	1.19	1.05	1.09
W19	1.18	1.02	1.06
W20	1.23	1.06	1.12
W23	1.21	1.09	1.14
W24	1.20	1.08	1.11
W25	1.14	1.00	1.09
W26	1.21	1.09	1.15
W27	1.19	1.03	1.12
W28	1.16	0.98	1.07

续表

危岩编号	工况一	工况二	工况三
W31	1.19	0.97	1.03
W32	1.20	1.01	1.07
W33	1.15	1.03	1.05
W34	1.13	1.01	1.03
W35	1.11	0.98	1.02
W36	1.23	1.05	1.12
W37	1.21	1.04	1.12
W38	1.02	0.97	0.99
W39	1.04	0.99	1.01
W40	1.07	1.01	1.02
W44	1.08	0.95	1.04
W45	1.19	1.06	1.10
W46	1.01	0.96	0.97
W47	1.05	1.01	1.05
W49	1.05	0.99	1.02
W50	1.04	0.97	1.00
W51	1.07	0.98	1.04
W52	1.08	0.99	1.06
W53	1.09	1.00	1.01
W54	1.08	1.02	1.03
W55	1.21	1.07	1.14

表 10.2　太白岩南坡部分坠落式危岩稳定系数计算结果

危岩编号	工况一	工况二	工况三
W1	1.19	1.03	1.13
W2	1.16	1.01	1.11
W3	1.18	0.99	1.08
W11	1.12	0.98	1.03
W14	1.11	0.98	1.07
W18	1.27	1.09	1.11
W22	1.29	1.10	1.12
W43	1.24	1.07	1.13
W48	1.13	1.06	1.09

表 10.3　太白岩南坡部分倾倒式危岩稳定系数计算结果

危岩编号	工况一	工况二	工况三
W5	1.24	0.99	1.08
W12	1.21	1.07	1.16
W21	1.21	1.03	0.99
W29	1.20	1.02	1.05
W30	1.23	1.05	1.08
W41	1.26	1.08	1.13
W42	1.07	0.96	1.01

表 10.4 太白岩东段部分坠落式危岩稳定系数计算结果

危岩编号	工况一	工况二	工况三
W2	1.58	1.19	1.05
W3	1.60	1.13	1.00
W4	1.51	1.16	1.01
W5	1.29	1.13	1.02
W7	2.31	1.20	1.05
W8	1.14	1.07	0.96
W15	1.40	1.03	0.90
W16	1.61	1.13	0.96
W17	1.70	1.11	0.95

表 10.5 太白岩东段部分倾倒式危岩稳定系数计算结果

危岩编号	工况一	工况二	工况三
W6	1.18	11.75	1.07
W9	1.42	6.33	1.16
W10	1.61	18.63	1.48
W11	1.40	122.34	1.30

10.1.3 工程治理方案设计

太白岩危岩包括坠落式危岩、滑塌式危岩和倾倒式危岩三种类型，采用锚固、支撑、封填、清除、灌浆、排水等六大措施进行主动防护，并运用拦石墙、拦石网、植被绿化等作为被动防护措施，基于运用前述防治工程计算方法对每个危岩体进行工程计算，据此进行工程设计。以部分危岩体为例，介绍太白岩危岩带所采用的有关防治措施。

1) 锚固

锚固包括竖肋锚杆、横梁锚杆及点锚。W2、W15、W25 等危岩采用竖肋锚杆锚固，锚杆长 6~18m，要求穿透主控结构面进入稳定岩体 3m，锚杆均采用 1~2根 ϕ25mm、孔径 110mm 制作，锚杆轴线与水平方向夹角为 15°~20°；竖肋截面 400mm×400mm，C25 混凝土现浇，其厚度随坡面形状而定，但不小于 400mm，竖肋间距 2.5~3.5m；竖肋除能增大锚固体的整体稳定性外，还具有一定的支撑作用 (图 10.7~图 10.9)。W10、W14、W22、W28 等采用横梁锚杆锚固，锚杆长 3.5~14m，锚杆横竖间距 2.5~4m 不等，横梁截面 300mm×400mm，C25 混凝土现浇，下部岩腔封填处理 (图 10.10~图 10.13)，其他同竖肋锚杆。W48、W50、W66 等危岩采用点锚，锚墩尺寸为 400mm×400mm×300mm，C25 混凝土现浇，锚杆设计同竖肋锚杆 (图 10.14~图 10.16)。

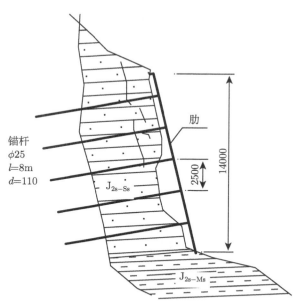

图 10.7   W2 竖肋支撑剖面图 (单位：mm)

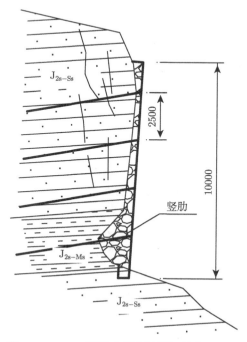

图 10.8   W15 竖肋支撑剖面图 (单位：mm)

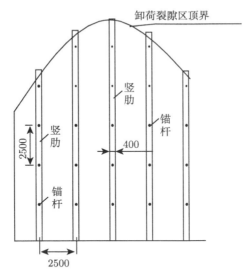

图 10.9　竖肋立面图 (单位: mm)

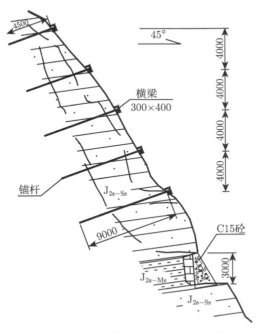

图 10.10　W10 危岩横梁锚固剖面图 (单位: mm)

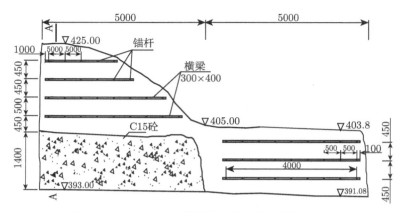

图 10.11　W14 危岩横梁锚杆立面图 (单位：mm)

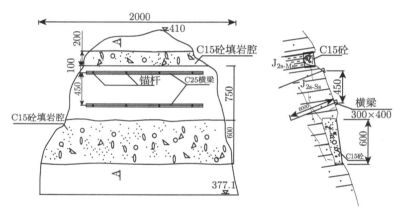

图 10.12　W22 危岩横梁锚固剖面图 (左) 和立面图 (右)(单位：mm)

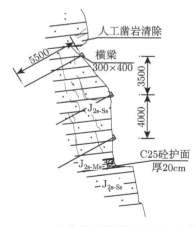

图 10.13　W28 危岩横梁锚固剖面图 (单位：mm)

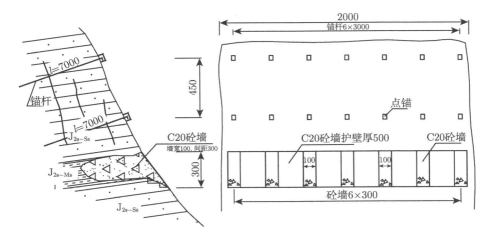

图 10.14 W48 危岩点锚剖面图 (左) 和立面图 (右)(单位: mm)

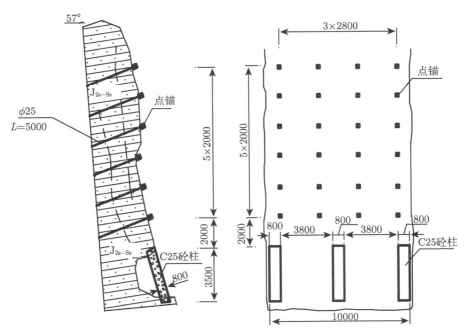

图 10.15 W50 危岩点锚剖面图 (左) 和立面图 (右)(单位: mm)

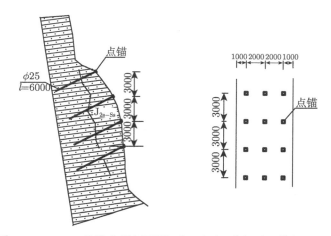

图 10.16   W66 危岩点锚剖面图 (左) 和立面图 (右)(单位：mm)

2) 支撑

当岩腔较大，封填不经济或不具备封填条件时，对于具有支撑条件的危岩体，根据现场实际情况分别采用柱撑、墙撑和拱撑等结构型式。柱撑一般用于单点支撑或支撑面完整的情况，近于轴心受压时可以使用大截面圬工材料，而偏心受压则采用钢筋混凝土柱撑。墙撑和拱撑适用于支撑面完整性较差的情况，通常结合岩腔内壁面封闭护面。W4、W16、W65 等均为高位危岩，但厚度只有 1.5~4m，采用 C25 混凝土拱形墙撑护，既可节省圬工数量又具有美观效果 (图 10.17~ 图 10.20)。W44、W48 等危岩的岩腔深厚，内部岩腔壁面进行了封闭处理，间距 2.5~4.0m 设置一道混

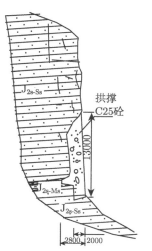

图 10.17   W4 拱撑剖面图 (单位：mm)

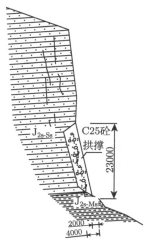

图 10.18   W16 拱撑剖面图 (单位：mm)

凝土支撑墙，墙厚 1~1.5m(图 10.21~图 10.22)。W50 等危岩，要么支撑位置有限，要么内有人行道路，无法实施墙撑和拱撑，而采用了柱撑，素混凝土柱撑截面通常大于 1.0m×1.0m；钢筋混凝土柱撑截面不小于 600mm×600mm，混凝土标号均不低于 C25(图 10.23)。

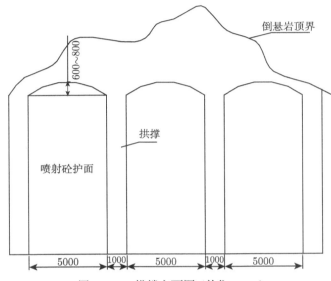

图 10.19　拱撑立面图 (单位: mm)

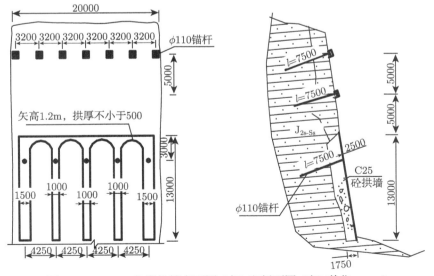

图 10.20　W65 危岩拱撑立面图 (左) 和剖面图 (右)(单位: mm)

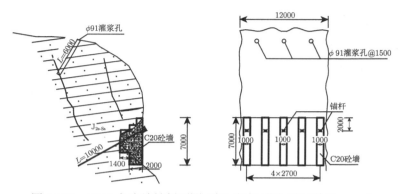

图 10.21 W44 危岩墙撑剖面图 (左) 和立面图 (右)(单位：mm)

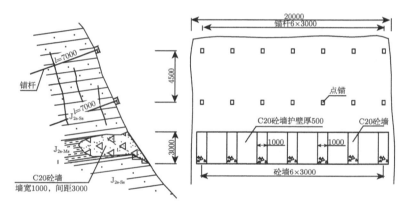

图 10.22 W48 危岩墙撑剖面图 (左) 和立面图 (右)(单位：mm)

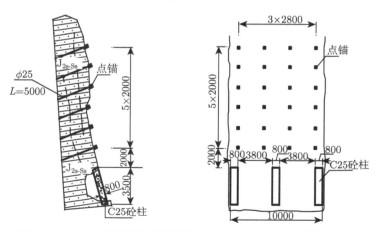

图 10.23 W50 危岩柱撑剖面图 (左) 和立面图 (右)(单位：mm)

3) 封填

当岩腔较小时，可对所有泥岩层风化岩腔采用 C15 混凝土封填处理，如 W12、W22、W46 危岩下部岩腔，常结合锚固进行 (图 10.24~图 10.26)。

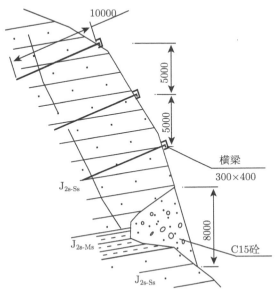

图 10.24 W12 危岩下部岩腔封填剖面图 (单位：mm)

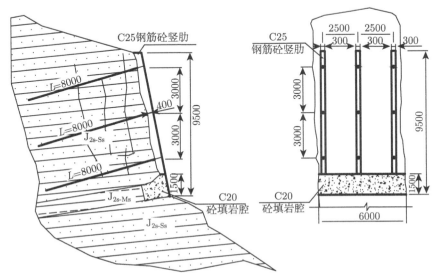

图 10.25 W22 危岩下部岩腔封填剖面图 (左) 和立面图 (右)(单位：mm)

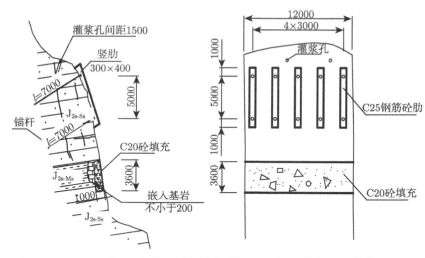

图 10.26　W46 危岩下部岩腔封填剖面图 (左) 和立面图 (右)(单位: mm)

4) 清除

对于 BW30、BW32、BW47、BW05 等单个浮石采用人工或静态爆破清除 (图 10.27)。

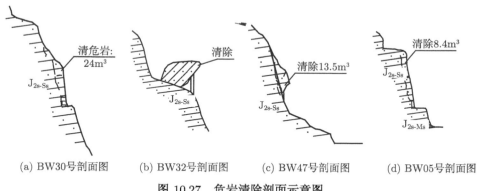

(a) BW30号剖面图　　(b) BW32号剖面图　　(c) BW47号剖面图　　(d) BW05号剖面图

图 10.27　危岩清除剖面示意图

5) 灌浆

对崖顶和破碎岩体裂隙, 清除缝内黏土等充填物, 用水泥砂浆灌浆, 增大岩体黏结力和整体性, 阻止水体下渗 (图 10.28); 在陡崖顶部间隔 1.5m 钻设灌浆孔, 孔径为 90mm, 孔深穿过卸荷带宽度, 进行 300~500kPa 低压灌注水泥砂浆, 填充结构面空隙, 封闭地下水通道, 增强岩体强度和完整性 (图 10.29)。

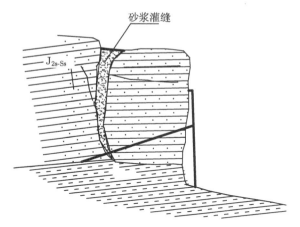

图 10.28 裂隙灌浆封闭

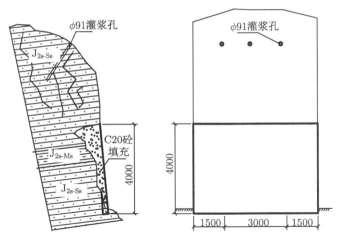

图 10.29 W59 危岩灌浆孔布置剖面图 (左) 和立面图 (右)(单位: mm)

6) 拦石墙

由于目前危岩的勘察认识的局限性,且太白岩地处万州主城区,一旦发生危岩崩落事件,则可能造成严重灾害。为避免漏勘、漏治和拦截小块落石,在崖脚适当位置设置了一级或两级拦石墙和拦石网,作为被动防护措施。拦石墙结构型式为桩板式,挖孔桩截面 0.8m×1.0m,间距 4.0m。桩顶伸出地面 5.0m 以上,以保证拦挡净空高度 ≥5.0m。桩板墙后设缓冲土堤,土堤顶宽 2.0m,为减小或消除土堤对悬臂桩的侧压力,土堤采用自立稳定性好的土工格栅加筋土填筑,桩板拦石墙距崖脚的水平距离为 10m 左右 (图 10.30~图 10.35)。

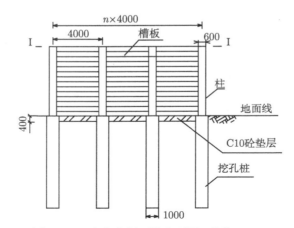

图 10.30　太白岩拦石墙立面图 (单位：mm)

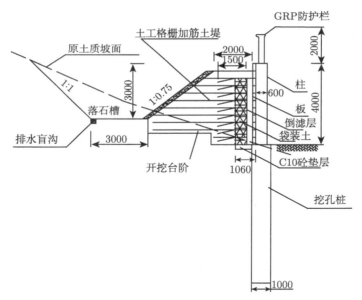

图 10.31　太白岩拦石墙断面图 (单位：mm)

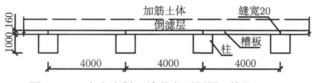

图 10.32　太白岩拦石墙节段平面图 (单位：mm)

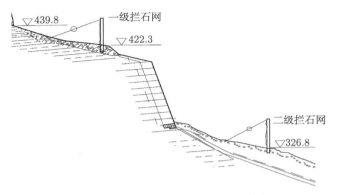

图 10.33　拦石墙布设于崖脚的剖面图 (单位：mm)

图 10.34　施工期未完工拦石墙充当临时拦挡结构

图 10.35　竣工后的拦石墙外貌

7) 拦石网

拦石网共设置了两级。依据拦石网设计计算，南坡选用 RX-025 型拦石网，而东段和中段则选用 RX-050 型拦石网。拦石网在地形陡峻、施工条件恶劣的太白岩危岩治理工程中表现出了良好的适宜性、经济性 (图 10.36 和图 10.37)。

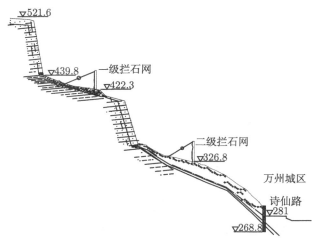

图 10.36　太白岩东段布置两级拦石网

图 10.37　拦石网分段、分级灵活布置

8) 排水

　　由于太白岩危岩稳定性的控制工况为暴雨工况，故排水措施显得十分重要。排水工程以防下渗、降低地下水位、使水体尽快汇集排走为原则。太白岩结合市政排水及公园内原有排水沟，依据自然形成的冲沟位置和走向，设置了系统的外围及崩塌区内截水沟、排水沟，速排雨水等地表水，沟渠在地表的部分以浆砌条石砌筑，在岩面的部分采用岩面开槽或预制沟两侧挡水板施作。对于一些危岩有地下水出渗情况，则在地下水出漏处设置排水滤管，减弱乃至消除水体对危岩体稳定的不利影响。区域内部共设置了 15 条 (1~14# 及 16#) 危岩排水沟，其中 1#，2#，3#，4# 和 16# 为主排水沟，总长度 1550m；其余为次排水沟，总长度 1370m。主

排水沟断面 1.2m(深)×1.4m(宽)，次排水沟断面 0.8m(深)×1.0m(宽)。

10.1.4 工程治理施工要点

由于太白岩危岩的成因复杂，危岩体形态变化较大，地形陡峻，公园内建筑和历史文物众多，景观要求高，其治理不仅必须是针对具体情况多种工程措施综合运用，而且在施工中应采取许多特殊的措施，才能满足工程治理的安全、经济和环境保护要求。

1) 排水工程施工

排水沟施工尽可能利用原有沟渠系统，新建沟渠走向依据地表自然水流流向设置，最大限度地保持原有汇水、排水环境，避免地表为达到新的水土稳定平衡而造成水土流失和地表改变。严格控制开挖土体的弃置和回填 (图 10.38)。

图 10.38　依势而建的地表排水沟

2) 裂隙封闭施工

对于危岩体后部宽度大于 1cm 的拉张裂隙，采用水泥砂浆低压灌浆 (100～200kPa) 封闭，砂浆中外加部分膨胀剂，使浆体与危岩体及母岩紧密接触。

3) 岩腔充填施工

对于危岩体基座下部的岩腔，分为承载和防护两种情况充填，承载型岩腔要求采用 C20 混凝土充填，目的在于提高充填体的承载力，防止危岩体因地基承载力不足而下沉或因危岩体支撑弱化而倾倒，充填过程中要求用膨胀型混凝土；防护型岩腔的作用为防护危岩体基座软弱泥岩及页岩的快速风化，采用膨胀型 C15 混凝土。充填施工应注意岩腔顶面去除风化层，封填体基础应置于岩腔底部中风化岩层上 (图 10.39)。

图 10.39　封填施工中挖除风化层

4) 锚固工程施工

锚固工程包括竖肋锚杆、横梁锚杆和点锚。竖肋、横梁和锚墩立模浇注，混凝土标号为 C25。锚杆成孔由于地形陡峻，以及机具运输、取水、成孔速度等方面的原因，采用了冲击钻成孔，空压机于崖脚送风，吹出的岩粉造成了一定程度的空气污染，施工时一般安排在无风天气。值得指出的是，为检验勘察的准确性和保证锚杆设置的有效性，在施工中严格要求每个单体危岩必须施作不少于 3 孔的超长钻孔，超长钻孔比原设计钻孔深 8~9m，以确定最后一道卸荷裂隙或主控结构面的准确位置，超长孔必须取岩芯和进行地质编录。若同原设计有区别，则依据钻孔揭露结构面情况调整设计，以保证有效锚固长度不小于 3m 的构造要求。

5) 支撑体施工

太白岩危岩中选用的支撑体包括柱撑、拱撑和墙撑，且均为立模现浇。一个需要注意的问题是，支撑体基础必须置于稳定完整的基岩上，且嵌入中风化基岩深度不小于 0.5m，支撑顶端应使用膨胀性混凝土，而且接触面应凿除风化层，以保证支撑的有效性。另一个需要注意的问题是，支撑体浇注后的养护由于水运输等问题比较突出，通常需要专业技术人员解决。

6) 拦石墙与拦石网施工

拦石墙和拦石网设置平面位置距每级崖脚水平距离 10~20m。

拦石墙由桩、板、回填土堤及防撞板组成。其中，桩截面直径 1.0m、水平间距 4.0m，人工挖孔成桩，桩芯浇筑 C20 混凝土，入土深度大于 0.5 倍桩长；桩间板为截面 0.3m×0.5m 的预制槽型板，C20 钢筋混凝土预制；桩、板后部借土回填成堤，堤顶宽 2.5m。拦石墙内侧设置落石槽，槽底设排水盲沟，槽的山体岸坡比 1:1、回填土岸坡比 1:0.75，回填土堤表面种草护坡。拦石墙施工时，应注意选择地形坡度较小的位置，实际施工现场情况表明，部分地段的拦石墙施工造成了墙内边坡的破坏 (图 10.40)，从而造成有效拦截高度的损失和环境破坏。另一个应注意的问题是应严格控制土堤填土压实度，太白岩施工中出现了由于压实度不足，降水后造成土堤边坡鼓胀开裂等问题，当严格控制压实度后问题消失。

图 10.40　拦石墙施工内边坡破坏

拦石网施工总体而言比较简单和快捷，环境影响非常小，地形适应能力强。但由于拦石网布设位置通常位于崩坡积层地段，土层较厚时对拦石网基座和拉锚的设置作了相应变更，基座采用人工开挖深 3m、直径 800mm 的桩，而拉锚孔位于土层时变更为直径 300mm 的钻孔。

7) 危岩清除施工

危岩清除施工安全性问题突出，严禁清除危岩直接沿崖面滚落和爆破施工，而且清除施工均在拦石墙土堤施工完成或拦石网施工完成后实施，以拦截可能滚落的岩块。太白岩危岩清除均采用人工清除或药剂静态爆破，而且人工开凿的岩块就地利用，作为条石或块石修建水沟和其他坪工体，既完成了清除任务，也解决了建材、运输等一系列问题，同时保护了环境。

8) 环境美化和生物防护

太白岩危岩防治工程最大的特点是，既要保证危岩治理的有效性，同时要保证非常高的环境适宜性；不但要避免损坏环境，而且要尽量做到美化环境。所以除施工期对环境的各项控制和考虑以外，施工尾期还进行了环境复原和美化。沿拦石墙和各处斜坡上复种大量的绿化、美化植物，并设置了必要的通道和游园设施 (图 10.41 和图 10.42)，使太白岩不仅成为一个成功的危岩防治工程，而且在治理后已成为当地老百姓游乐和休闲的好去处。

图 10.41　预留的门洞通道

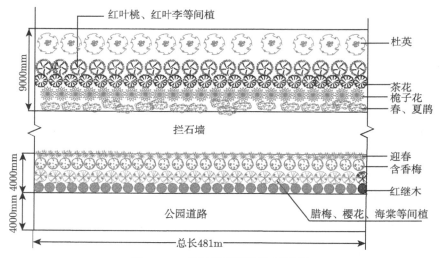

图 10.42　植被恢复平面布置简图

10.2　望霞危岩防治工程

10.2.1　危岩形态

望霞危岩发育于坡顶陡崖部位，变形区域的危岩以西侧冲沟为界，东至狮子挂银牌西侧。危岩陡壁顶高程 1220~1230m，坡脚陡崖底部高程 1137~1147m，相对高差 70~75m，分布长度约 120m，平均厚 30~35m，危岩体总体积约 40×10⁴m³。该危岩根据现有结构面及变形情况可分为两部分 (图 10.43)。

(1) W1 危岩位于西侧冲沟旁，为一孤立石柱。高约 65m，长约 8m，宽约 6m，体积约 3200m³, 平面形态为四边形, 后缘已与母岩分离。

(2) W2 危岩又分为 W2-1 和 W2-2, W2-1 为目前还未发生滑移的剩余危岩; 由于岩体变形受压, 在 W2-1 上还发育出一个楔形体, 位于 W2-1 的西侧, 高约 50m, 厚 5~11m, 体积约 4000m³; W2-2 是 2011 年 10 月 21 日从 W2 上崩塌掉落 的岩块, 高约 70m, 长约 80m, 厚 10~15m, 体积约 7×10⁴m³, 滑移后呈板状靠在母 岩上。

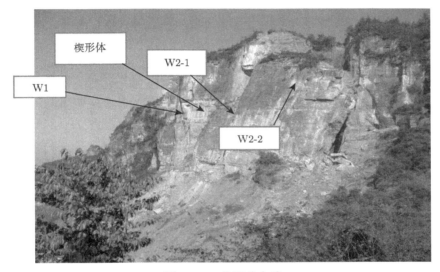

图 10.43 危岩体全貌

各危岩体特征如表 10.6 所示。

表 10.6 危岩体特征

危岩编号	形态	规模	可能的破坏模式
W1	柱状	高约 65m, 长约 8m, 宽约 6m, 体积约 3200m³	倾倒式
W2-1	实体结构	高70 ~ 75m, 长约120m, 平均厚30 ~ 35m, 体积约29 × 10⁴m³	滑移式
W2-2	板状	高约 70m, 长约 80m, 厚 10~15m, 体积约 7×10⁴m³	滑移式
楔形体	楔形	高约 50m, 厚 5~11m, 体积约 4000m³	坠落式

10.2.2 危岩结构特征

望霞危岩发育于坡顶陡崖部位, 岩层产状 335° ~ 340°∠3° ~ 8°, 组成危岩体 的地层为二叠系上统吴家坪组, 岩性为薄至中厚层燧石灰岩。

该区危岩体主要受两组构造裂隙共同控制, 第一组构造裂隙倾向 235° ~ 255°, 倾角 75° ~ 85°, 间距 1.5~4.0m, 宽度 3~10cm, 基本无充填, 部分地段的裂隙中充填有黏土夹碎块石；第二组构造裂隙倾向 150°～175°，倾角 75°～85°，间距 1.0～3.5m，宽度 3～15cm，基本无充填。两组构造裂隙贯通性好，延伸长，与陡崖临空侧共同构成了危岩的边界条件。

10.2.3　危岩基座特征

危岩体的基座由软弱的薄层状炭质页岩、粉砂岩及黏土岩组成，岩层页岩中夹厚 20～30cm 的煤。同时，物探初步成果显示危岩体基座存在软弱夹层，与目前钻探揭露的情况一致。基座的变形特征主要表现为在上部岩体自重应力作用下的压剪破坏，塑性变形积累到一定程度，便向临空面侧向鼓出，压剪裂隙主要沿层面和构造裂隙展布，因而基座岩体较破碎，基座局部出现沿层面的掉块、剥落，形成局部规模很小的凹腔，不利于上部岩体稳定。此外，在上部岩体重力作用下，由于临空侧的鼓胀，基座出现内、外侧沉降差异，使上部柱状岩体产生倾斜。

上硬下软的岩性组合，提供了危岩形成的物质基础，不利于岩体稳定。

10.2.4　危岩水文地质条件

该区属高中山地形，出露地层以石灰岩为主，形成了较为典型的喀斯特地貌。危岩体均处于陡崖地带，发育两组构造裂隙，裂面多平直、张开，且延伸较长，连通性好，排泄条件较好，不利于地下水的储藏，是地下水的短暂储藏空间，降水入渗仅形成暂时性裂隙水，其在裂隙中的充填高度，随降水停止而下降，总体地下水水量贫乏。在勘察期间，雨季未见危岩裂隙充水。因此进行危岩稳定性计算时，不考虑裂隙水压力。

10.2.5　危岩破坏模式

(1) W1 危岩体：位于西侧冲沟旁，为一孤立石柱，后缘已与母岩分离，危岩体重心较高，目前已发生倾斜。危岩基座为软岩，基座在岩体重力作用下，产生不均匀压缩变形，导致石柱进一步倾斜，重心外移，发生倾倒式破坏。

(2) W2-1 危岩体：该危岩体下覆基座为软岩，基座靠临空面一侧已发生局部压剪破坏，并推挤崖脚公路路基，在上部岩体的自重作用下，基座塑性变形进一步积累，最终发生基座压剪、危岩体滑移失稳。由于方量较大，其滑移失稳以平行于临空面的裂隙为边界，呈累进式破坏。

(3) W2-2 危岩体：该危岩体滑移后坐落在公路内侧斜坡上，背侧斜靠在母岩岩壁，基脚处于斜坡软岩上，以此平衡危岩体的自重。在降水作用下，软岩基座发生软化，抗剪强度降低，最终发生滑移式失稳。

(4) 楔形体：位于 W2-1 的西侧，该危岩体方量较小，受构造裂隙和层面切割而形成，呈倒锥形，上大下小，且底部存在局部凹腔，在自重作用下可能发生坠落式失稳。

10.2.6 望霞危岩形成环境

1. 自然地理概况

1) 位置与交通

望霞危岩地处巫山县两坪乡同心村, 位于长江三峡巫峡上段北岸坡顶, 上距巫山县城 10.7km, 下距三峡工程坝址 113.6km, 有省道 103 和县级公路通往两坪乡, 交通条件一般。经度 109°59′40″, 纬度 31°03′59″。

2) 气象水文

巫山县地处亚热带湿润气候区, 雨量充沛, 日照充足, 雨热同季, 四季分明。春季多低温阴雨和寒潮; 夏季长, 气温高, 降水丰富, 常有暴雨; 秋季气温下降快, 多阴雨; 冬季短, 气候温和少雨。多年平均降水量 1049.3mm, 最大年降水量 1356mm, 最大月降水量 445.9mm(1979 年 9 月), 最大日降水量 141.4mm(1964 年 5 月 24 日)。一年中降水分布不均, 主要集中在 5~9 月, 占全年降水量的 68.8%。多年平均气温 18.4℃, 极端最高气温为 41.8℃(1959 年 8 月 23 日), 极端最低气温为 −6.9℃(1977 年 1 月 30 日)。

长江流经巫山县城, 近 100 年来的最高洪水水位为 137.65m(1870 年)。三峡水库建成后, 坝前正常水位 175m, 防洪限制水位 145m, 巫山县水位分别为 175.21m 和 145.21m。目前, 三峡库区坝前水位已蓄至 175m, 长江在该地段的水位为 175.21m。

2. 地质环境条件

1) 地形地貌

危岩区属中低山中深切割侵蚀河谷斜坡地貌, 总体呈北高南低, 最高点位于望霞危岩斜坡坡顶, 高程约 1230m, 最低点位于长江左岸岸边, 高程约 174m。

危岩发育于长江左岸顶部陡崖上, 陡崖倾向 197°, 呈条带状展布, 高度约 100m, 岩壁坡度 75° ~ 85°。乡村公路下方存在一个二级陡崖, 坡度 73°, 二级陡崖下方为崩坡积斜坡, 斜坡坡度一般 28°, 表层堆积有崩坡积块石土。斜坡上发育多条冲沟, 为沿构造裂隙溶蚀形成, 经地表径流长期冲刷, 冲沟具有一定的切割深度和宽度, 其中危岩体下方的一条冲沟规模相对较大, 沟谷深度 2.0~4.5m, 宽度 2.5~8.0m, 该条冲沟一直延伸到长江, 可为危岩失稳后的碎屑流提供可能的运移路径。

2) 地层岩性

据地面调查及勘探揭露, 勘察区地层由第四系人工填土 (Q_4^{ml})、崩积层 (Q_4^{col}), 二叠系吴家坪组、孤峰组、茅口组、栖霞组及梁山组组成。

(1) 第四系人工填土 (Q_4^{ml}): 分布于危岩下方的公路上, 主要是修建公路时堆填的碎块石土及煤渣等, 厚度 2~5m, 结构较松散, 堆填时间在 10 年以上。

(2) 残坡积层 (Q_4^{el+dl}): 主要分布在危岩顶部, 主要是黏土夹碎块石, 结构松散，碎块石母岩主要是燧石灰岩、泥质灰岩等，碎块石粒径一般为 1.0~1.5cm，含量约 15%，呈棱角—次棱角状，风化程度强烈—中等。

(3) 崩积层 (Q_4^{col})：主要分布于研究区的危岩和公路下方斜坡上，以及二级陡崖下方的斜坡上。危岩及公路下方崩积物以灰岩碎块石为主，夹少量的黏土及炭渣，碎块石含量 70% 以上，块径一般为 1~1.5m，个别大块体可达 3m；二级陡崖下方崩积物物质成分以褐黄色砂土、碎块石为主，含少量泥岩强风化形成的粉质黏土。崩坡积土层结构松散，空隙性好，透水而不含水，土层干燥，碎块石含量为 20%~60%，块石的块径一般在 1~1.5m，最大可达 6m，主要为灰岩及少量砂岩块石，形状各异，以长条块及方块居多，呈次棱角—棱角状，风化程度强烈—中等。

(4) 二叠系上统吴家坪组 (P_2w)：分上下两段，上段 (P_2w^2) 由灰色、深灰色薄至中厚层状晶质灰岩、燧石灰岩夹少量泥岩组成，下段 (P_2w^1) 由灰色炭质页岩、粉砂岩、深灰色泥岩夹灰岩及煤层组成。分布于陡崖体上，大致呈东西向展布。

(5) 二叠系下统孤峰组 (P_1g)：主要岩性为灰色厚层块状灰岩、中厚层微粒含灰质白云岩、粉砂岩，夹有煤线及透镜体，煤线厚一般 5cm 左右，最厚 20cm。

3) 地质构造与地震

研究区位于横石溪背斜轴部，轴部岩层产状 335°~340°∠3°~8°，两翼倾角逐步变陡，倾角为 12°~27°。勘查区主要发育两组节理：① 235°~255°∠75°~85°，间距 1.5~4.0m，宽度 3~10cm，延伸长度一般为 15~25m，危岩区延伸 50~60m，基本无充填，部分地段的裂隙中充填有黏土夹碎块石；② 150°~175°∠75°~85°，间距 1.0~3.5m，宽度 3~15cm，延伸长度一般为 15~25m，危岩区延伸 50~60m，基本无充填。

根据《中国地震动参数区划图》(GB 18306—2015)，危岩区抗震设防烈度为 6 度，地震动峰值加速度为 0.05g，反应谱特征周期为 0.35s。

4) 水文地质条件

按地下水赋存介质，危岩区地下水可分为以下三类。

(1) 第四系孔隙水：主要赋存于崩坡积块石土中，崩坡积层分布范围广，分布于整个斜坡地带，水平方向厚度变化大，块石含量大，结构松散，渗透性好，主要受大气降水补给，运移排泄速度快，部分经下覆基岩的构造裂隙、溶蚀裂隙渗透，补给孔隙水，大部分顺斜坡坡向排泄至长江。

(2) 基岩裂隙水：危岩区处于背斜轴部，受构造作用，基岩裂隙间距大，张开度大，高位岩体裂隙富水性差，排泄途径短，主要靠降水补给，雨季有裂隙水从陡崖临空面流出，大部向下部地层运移，由于大部分地层 (吴家坪组上段 P_2w^2，二叠系下统茅口组 P_1m、栖霞组 P_1q) 为含水层，期间夹薄层软质岩隔水层，当运移至隔水层顶面时，向陡崖临空面排泄，最终排泄至长江，故浅部无稳定水位的裂隙水。稳定基岩裂隙水埋藏较深，水位与长江水位基本一致，长江水位的涨落决定基岩裂隙水与江水的补给关系及地下水流向。

(3) 岩溶水：危岩区浅部岩溶较发育，岩溶形态主要表现为地面陷坑，溶蚀裂隙。根据野外调查及收集的区域数据，深部未见大规模的水平、垂直岩溶，岩溶管道连通性差。岩溶水主要表现为局部岩溶裂隙水，部分岩溶孔隙、溶蚀裂隙与构造裂隙连通，成为裂隙水的运移通道。

综上所述，危岩区岩体处于高位临空，稳定地下水位埋深大，浅部无稳定地下水。但骤然降水时，地表水从坡顶深入岩体，转化为短暂的地下水流，对危岩岩体及基座有一定的软化和侵蚀作用。

10.2.7 工程治理方案

1) 清除

危岩体 W1：采用 "基座爆破法" 进行清除，通过破坏基座及爆破激振力，使危岩崩落。应合理控制爆破药量，避免对内侧软岩基座的震动破碎。炮眼布设在 W1 下部软岩基座，共布置两排，第一排布设高程 1143m，第二排布设高程 1145m，行距、列距均为 2m，炮眼直径 100mm，孔深 11m，危岩体清方量 3200m³，如图 10.44 和图 10.45 所示。

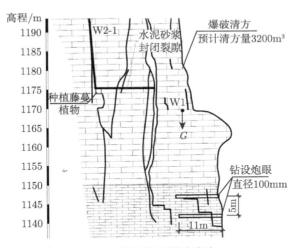

图 10.44 W1 危岩基座爆破清除

危岩体 W2-2：采用 "侧壁支点爆破法" 进行清除，爆破方案采用深孔爆破法，炮眼布设于危岩东侧上方支点区域，即危岩主崩方向左上方 1/4 面积处。炮眼直径 100mm，孔深 10m，炮眼间距、排距各 5m，如图 10.46 所示。为防止炸药过分集中，在施工中采用间隔装药方式，即分上下两层装药，两层装药之间需充填，底层药量占单孔药量 70%，上层药量占 30%，并保证中间充填高度不小于孔径的 20 倍，充填物选择黏土和砂，捣实要均匀，封口堵塞长度应大于最小抵抗线。

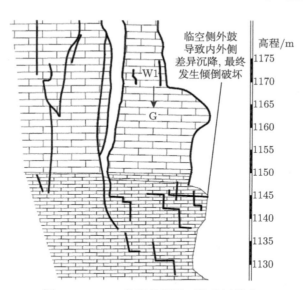

图 10.45　W1 危岩体推测可能破坏模式

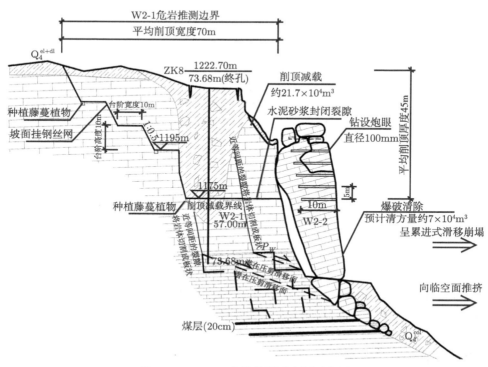

图 10.46　W2-2 危岩体爆破布置示意图

此外, 危岩体 W1, W2-2 清除施工结束后, 尚应清除危岩体侧壁和基座位置处的残留块体, 以及发育于危岩 W2-1 上部约 4000m³ 的 "楔形体", 并对滚落在坡面上方量较大的块体进行二次爆破。

2) 削方减载

对危岩 W2-1 进行削顶减载, 减小危岩自重对软岩基座的挤压。采用台阶浅孔爆破法进行削方, 施工时需从危岩后侧斜坡修建一条通往危岩体顶部的施工便道, 以削顶范围为施工操作面, 预计施工便道长约 1.5km, 该治理方案可消除危岩表层掉块对施工作业安全的威胁。削顶减载的平面范围, 根据危岩体顶部的地面裂隙、岩溶塌陷坑确定, 外侧以陡壁为界, 内侧接近 W2-1 的后缘边界, 平面面积约 5086m²。根据削顶后应达到的安全系数 1.3 经计算得平均削顶厚度 45m, 位于崖壁处, 削顶底界高程 1175m。为避免削顶后形成高陡岩坡产生次生灾害, 削顶应按阶梯状进行, 坡率 1:0.5, 满足台阶高度不大于 10m, 台阶宽度 10~15m。削顶方量共计约 21.7×10⁴m³, 其中土方约 4.3×10⁴m³, 石方约 17.4×10⁴m³(图 10.47)。

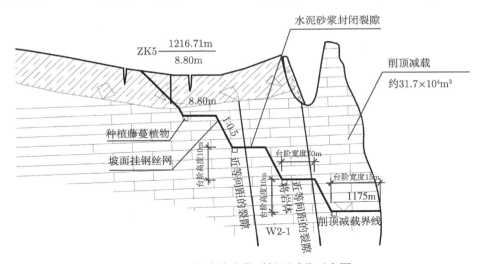

图 10.47 危岩体阶梯型削顶减载示意图

3) 表层裂隙封闭

危岩 W2-1 削顶后, 为阻止降水入渗软化岩体及基座, 对削方揭露的裂隙采用水灰比 1:2 的水泥砂浆封闭 (图 10.47)。要求在施工过程中, 对新揭露的裂隙做好地质编录, 以便有针对性地进行裂隙封填, 确定水泥砂浆用量, 预计水泥砂浆用量约 620m³。为与三峡景观相协调, 在削顶形成的斜坡表面挂钢丝网, 网孔规格 150mm×150mm, 钢丝直径 6mm, 钢丝网总面积 5360m²。台阶内侧设置花台, 客土种植藤蔓植物绿化坡面。

4) 被动防护网

在清除施工过程中，以及清除施工完工后，为防止危岩体 W1、W2-2、W2-1 在下方斜坡上的崩塌堆积体失稳对航道的危害，同时防止崩塌堆积体对向家湾滑坡载入诱发滑坡复活，拟采用被动防护网。被动防护网布设在斜坡下部靠近长江的冲沟位置和向家湾滑坡后缘。被动防护网既是应急措施也属于综合治理措施，作为应急抢险施工过程中的临时防护措施，被动防护网应先于危岩清除之前实施，清除完工后，应对防护网有损坏的部分进行修复，并对网内侧堆积体进行适当的转运，以增加拦截容量。

被动防护网工程布置：冲沟处，采用 RXI-100 型，长度 130m，高度 5m，钢柱基础深 1m，截面尺寸 800mm×600mm，采用 C20 混凝土浇筑，防护网面积 650m^2；向家湾滑坡后缘，采用 RXI-075 型，长度 220m，高度 5m，钢柱基础深 1m，截面尺寸 800mm×600mm，采用 C20 混凝土浇筑，防护网面积 1100m^2。

10.3　老虎嘴崩塌灾害防治工程

老虎嘴崩塌体是 2008 年 "5·12" 汶川地震期间发生的最典型的山体崩塌灾害事件，位于震中映秀镇以北 2.8km 的岷江左岸，公路里程为都汶路 K28＋290～K28＋820。老虎嘴崩塌体规模巨大，是这次地震对岷江及公路岸坡危害最为严重的一个崩塌体 (图 10.48)，崩塌源地貌形迹见图 10.49。地震发生之时，它以排山倒海之势，从海拔 460m 的高山上倾泻而下，致使岷江即刻断流、100m 宽的河道瞬间荡然无存，从而形成岷江上最具危险性的壅塞体。老虎嘴滑塌体同时存在上部崩塌、落石和自身浅层失稳的问题，特别是在大雨及暴雨期间，时常发生坡面泥石流，使公路受阻，来往车辆受到严重的威胁。

图 10.48　老虎嘴崩塌体外貌

危岩A
50m×20m×100m

危岩B
6m×5m×10m

危岩C
10m×4m×12m

图 10.49 老虎嘴崩塌源地貌形迹

老虎嘴滑塌体规模巨大，崩塌源不仅很远而且非常高，最高点海拔约 1460m，河床最低海拔约 900m，相对高差 560m。在 K28+940 外的公路内侧斜坡上有一明显冲沟，沟宽 25~30m，深 2~4m，冲沟坡度 20° ~ 45°，局部可达 50°。沿此冲沟向斜坡上部存在 4 级横向台阶，这四个横向台阶正是下游高陡的老虎嘴滑塌体侧向的四个崩塌通道，在堆积体后缘与岩质陡坎结合部位平面形态呈一负地形，有利于地表水的汇集，且易沿该段冲沟排泄。从下至上四个台阶海拔分别为 1050m，1250m，1352m 和 1460m 附近。

10.3.1 老虎嘴滑塌形成环境

老虎嘴崩塌体发育区位于川西北高原的东北部，其气候具有川西北高原气候区的特点。冬季受青藏高原和北方冷气流的影响，寒冷干燥、降水稀少、日照强烈，5~6 月气候暖湿，降水增多形成雨季，7~8 月降水相对减弱，9~10 月雨量再次增加形成低温阴雨季节。因此，该地区具有一年两个干季和 5~6 月与 9~10 月两个雨季。区内多年平均降水量 800mm 以上。

老虎嘴崩塌体发育区，构造比较复杂，褶皱发育，区内断裂构造主要有茂汶断裂及其上盘的茂汶北支断裂、挂思岭断裂。这些断裂 (断层) 总体走向 NE，陡倾 NW。上述近断裂活动研究表明，茂汶断裂为龙门山断裂的主干，活动性最强，其他断裂 (层) 规模相对较小。裂隙以构造裂隙为主。

老虎嘴崩塌体发育区新构造活动强烈，新生代以来主要表现为大面积抬升隆起和断块差异升降，并导致岷江强烈溯源侵蚀。新构造剧烈变形产生的应力集中，最终导致该区中、强地震时常发生，主要的有 1713 年的迭溪 7 级地震、1748 年的漳腊北 6.5 级地震、1933 年的迭溪 7.5 级地震、1960 年的漳腊 6.3 级地震、2008 年 5 月 12 日的汶川 8.0 级地震。这些不断出现的强震致使本已破碎的岩体更加支离破碎。

　　老虎嘴崩塌体倚临的岷江，阿坝藏族羌族自治州境内流长 341km，流域面积 22564km²。流域内主、支流平面形态呈树枝状，密集而纵横有序。其中映秀以上主要支流有黑水河 (多年平均流量 140m³/s)、杂谷脑河 (多年平均流量 110m³/s)、草坡河 (多年平均流量 17m³/s)、渔子溪 (多年平均流量 62.4m³/s)，而渔子溪以上 40km 的岷江主流处镇江关站多年平均流量为 62.4m³/s。岷江西源出自分水岭海拔 4610m 的郎架岭，为流经黄胜关的羊洞河；岷江东源即岷江干流发源于松潘县北部的弓杠岭，为流经漳腊的漳金河。岷江流经茂县 97.3km 后，于南新乡水磨沟流入汶川县。在茂县境内，平均比降 9.3‰，常年平均流量 219.78m³/s。在汶川青坡以上集水面积 14124.5km²，平均比降 8.4‰，汶川县境出口多年平均流量 452m³/s。据中滩铺水文站岷江流域观测数据，映秀多年平均流量 342m³/s，最小流量为 82.4m³/s，最大流量为 2700m³/s。老虎嘴崩塌体的连接是一个很急的转弯，老虎嘴崩塌体的发生，使这一转弯弯度更大，在一百多米范围内转角急达 108°，这对整个岷江来说也是没有的，因而也是不正常的，岷江在此处，特别是龙口处的强大冲刷作用将是一个我们必须面对的严重问题。

　　老虎嘴崩塌体目前呈现两种截然不同的坡体类型，其一是已经发生崩塌的松散堆积体，其二是尚未整体崩塌而且仍然处于多种危险状态的危岩体。前者呈明显的崩塌外貌，即标准的半锥体形状，其锥体于 K28+530 剖面原岷江左岸处堆积厚度达 86m，而且仅堆积于河底内的物质就约 150×10⁴m³，属于一典型的大型崩塌体。堆积体主要由大小不一的块石组成，同时含有碎、砾石。堆积体浅表层坡体物质粒径大多在 20~200cm，其中偶尔可见近百吨的巨石。

　　由于崩塌坡堆积体非常高，堆积范围很长，除下部块石区外，不少堆积体表层比较疏松；至于崩塌的母体，尽管已经崩塌但多少还是存在崩滑、飞石及局部滑移不稳定现象，尤其是上部表层，小规模垮塌的情况依然存在；但中下部如今尚并不存在整体失稳的问题，不过坡体物质尤其是浅表层物质的动态调整仍在进行，并将持续一段时间。因此就公路运行安全而言，当前主要危险在上而不在下 (图 10.50)。

图 10.50　老虎嘴崩塌体上部松散堆积体

老虎嘴崩塌堆积体的成因清楚，即在高陡地形和不利构造、节理等本底条件下的突发地震力作用。但是除地震力外，还有人为活动、河流冲刷、雨水，甚至风力等因素，雨水和河流冲刷将逐渐取代之前地震力的主导地位，成为最主要的触发因素。

从趋势分析来看，老虎嘴崩塌体整体基本稳定而浅表层尚在活动的特征将持续几个月甚至两年时间，之后其稳定性将逐渐反向转化，即浅表层大部分范围的坡体由不稳定转为稳定；而深部则由整体基本稳定转向局部不稳定。比如坡体的前缘部位，随着江水的冲刷切割，崩塌体不再继续保持稳定的状态，而将发生局部和整体稳定性的显著变化。

需要特别注意的是，老虎嘴崩塌堆积体已经严重侵占了岷江固有河道，而岷江流量波动变化异常及强大的冲刷、携带能力众所周知。所以可以肯定，岷江洪水对岷江崩塌岸坡的再造作用，尤其是岷江主流向固有河道回归方向的发展，将是不能逆转的客观规律，无非是时间早晚的问题。因而防治工程也必须遵循这一自然规律。另外，老虎嘴崩塌体和紧邻之上的豆芽坪崩塌体是"5·12"汶川地震在岷江二级公路上形成的两个巨大的崩塌体，也是都汶路上最大的壅塞体和潜在危险巨大的库岸边坡，该库岸边坡病害的治理工程已不是一个简单独立的治理工程，而是一个关联性治理工程。加上崩塌源的高陡广阔，以及时间和空间的不确定性，其最终治理问题已不仅仅是常规性防护措施所能排险、解决的问题。

至于尚未崩塌而依然存在的危岩体，有三种表现形式：

(1) 岩体风化表层被震松的危险碎裂块石，一遇震动雨水，就会出现滚动掉落 (图 10.51)；

(2) 块体较大，但其节理裂隙已完全贯通的危岩，尽管不存在掉块的现象，可已经独立地被切割，其整体垮塌的危险随时存在，且一旦发生，后果不堪设想 (图 10.52)；

(3) 由 $255°\sim 260°\angle 65°\sim 70°$ 裂隙面控制的薄型临空高陡危险块体 (图 10.53)。

图 10.51 被震松的危险碎裂块石

图 10.52　老虎嘴陡崖潜在崩塌体

图 10.53　亟待清除的薄层松动危岩

10.3.2　工程治理方案

运用本书方法对老虎嘴崩塌体进行分析计算，客观界定了崩塌落石危险区域，据此提出了柔性框架石笼、骨架护坡、石堤石笼组合体、钻孔桩墙及桩顶墙、锚固结构、拦石 (内挡) 墙、拦石网、安全双重平台、安全警示体系和深部变形测试设施等防治措施，代表性治理剖面见图 10.54，主要防治技术简介如下。

1) 柔性框架石笼结构

老虎嘴崩塌体异常巨大，仅靠强大的工程措施来硬性约束坡体变形是完全不可能的，所以除个别特殊部位外，只能采用柔性防护工程。典型工程之一是柔性框架石笼结构 (图 10.55)。

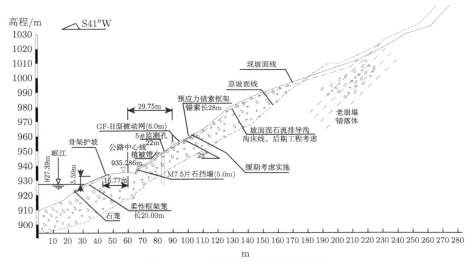

图 10.54 老虎嘴崩塌体治理剖面

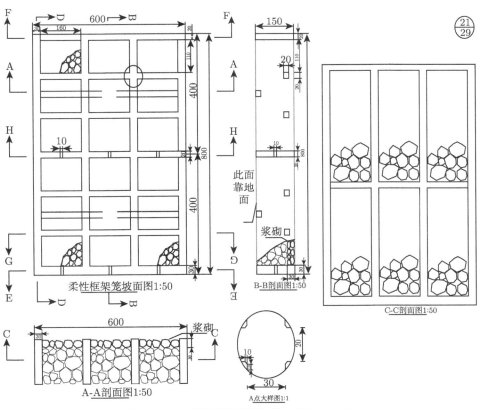

图 10.55 柔性框架石笼结构 (单位: mm)

　　该结构是针对老虎嘴灾害群体提出的一种新型工程结构,是对国内外江河湖海成功与失败岸坡防护技术的集成,它抗冲抗腐,整体性好,具有随河势变化而适度自我调整的特性,是一种准永久性的柔性工程,尤其适应短期不能稳定的高陡岸坡的防护,且取材方便,经济适用。

　　柔性框架石笼,单体结构宽 6m,高 8m,厚 1.5m,可上下左右两两结合,其中大部分上下两两结合后,在最下部采取专设的 4m 高小框架石笼,其结构与上述单体的 1/2 结构基本相同,区别在于,强化了整体性和防冲的作用,即增加了底部支撑托杆,以保证洪水强冲刷下即使框架位置调整变化也能保证其整体性。同时为增强抗冲刷能力,表面由浆砌卵石改为 C25 混凝土。内部全部干砌充填块、卵石,由 0.2~0.3m 厚的薄型框架约束。为方便施工,0.2m×0.2m×1.6m 的支撑杆件可以预制。此种结构主要用于中等冲刷条件下,高而松散的崩塌堆积岸坡上。该结构不仅经济实用,寿命长,兼顾抗冲和护坡双重作用,尤其对岸坡较高、洪水消落带变化很大、坡体物质又松散不稳定的情况更加实用。

　　2) 骨架护坡

　　在柔性框架石笼上部设置骨架护坡 (图 10.56),高 5.0m,以防止洪水对上部坡面的冲刷破坏。

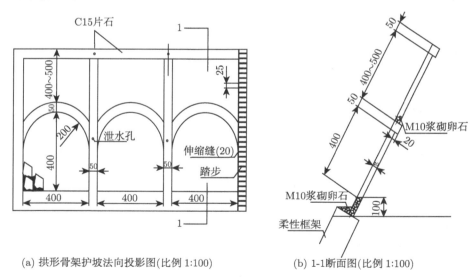

(a) 拱形骨架护坡法向投影图(比例 1:100)　　　　(b) 1-1 断面图(比例 1:100)

图 10.56　骨架护坡 (单位:mm)

　　3) 拦石网

　　由于老虎嘴崩塌体不仅规模极大且崩塌源发生时间和空间不确定,所以只能采取被动防护为主、主动防护为辅的策略,即并非要求崩塌不发生,而是重在发生崩塌时如何防护。如简单实用的安全平台和新型被动防护网的采用,这种被动防护网的特点之一是采用了预应力钢柱式,它较普通网具有更强的抗冲和缓冲能力。被动网采用 6m 高 GF-H 高抗弯钢柱式被动网,共计 300m。

4) 桩顶墙结构

这是一种针对防治江河强势冲刷的组合工程,即钻孔桩顶墙结构 (图 10.57)。这种工程作为一种组合体系,既能抵御岷江河水强大的波动性冲刷,又能在克服基础问题的同时对上部松散堆积体起到较好的防护作用等。桩顶墙是针对岷江可能产生强大冲刷的松散边坡,而本身对其他工程类型受到水下施工限制的情况下采用的一种防冲抗滑抗倾覆工程,尤其在冲刷力很大、基础深而不稳、水位高程又在交替变化的高而松散边坡更加适用。该组合工程主要用于老虎嘴面临岷江严重顶冲的那一段边坡。桩顶墙由桩墙组合而成,其中桩径 1m,两桩中-中间距 2.5m,排距 2.5m,桩顶由 2m 厚 C20 混凝土平台连接,其上放置 C15 片石混凝土挡墙,高 6~8m。桩深在 6~15m 不等。施工中,视具体情况经监理和设计人员同意后,进行适度调整。桩的长度要深入承台 1.5m,此段按 C30 考虑。

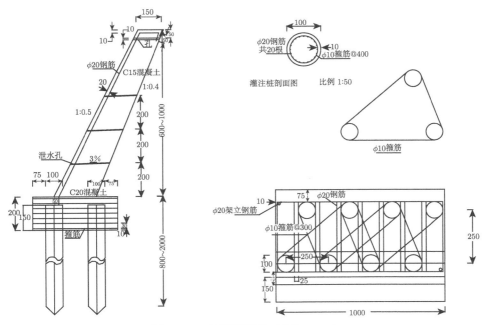

图 10.57 桩顶墙结构 (单位: mm)

钻孔桩墙:为了防止岷江对龙口附近桩顶墙的强大冲刷和维护桩顶墙前抛石压脚作用,特在桩顶墙端部前边与侧面设置桩墙予以防护,桩径同为 1.0m,桩长 8m。

5) 锚固结构

对老虎嘴崩塌体上部裂隙贯通的危岩体进行加固处理，采用锚杆和锚索两种加固形式，横向 6 排，纵向 12 排，深度 13~24m 不等；锚索 42 个，孔深 30m。

10.4　应用效益分析

揭示新规律，构建新理论、研发新技术，本书成果在 1997~2018 年期间广泛应用于工程实践。工程应用主要分布地区：重庆主城区、都江堰 - 汶川高速路、西昌 - 泸沽湖旅游公路、云南楚雄 - 大理高速公路、四面山国家级风景名胜区、黔北山区公路、天府矿区磨子岩、金佛山国家级风景名胜区、武隆鸡尾山、天生桥。宜昌三峡人家、隔河岩库区、长阳县锰矿、夷陵温泉洞、枝拓坪泄洪隧道、巫峡望霞危岩、豫西山地公路。主要应用在岩石崩塌灾害常态治理和应急抢险两方面，如危岩拱撑、墙撑、锚固、支撑–锚固联合支护、临时落石组合式棚洞、危岩基座膨胀型支撑、加筋拦石墙、应力传感器、崩塌灾害应急安全警报等新结构、新设备用于重庆万州太白岩、枇杷坪、天生城、首立山、云阳五峰山、龙角、江口、巫峡望霞危岩、万盛刀子岩、天府矿区磨子岩、湖北巴东县境内、都汶高速公路老虎嘴、中国南方喀斯特世界自然遗产武隆县境内 4 座天生桥、南川庆元乡、金山镇、头渡镇、宜昌夷陵区温家洞至下牢溪旅游公路沿线、三峡库区三斗坪公路边坡危岩爆破治理等 670 余个岩石崩塌灾害常态治理工程和监测预警工程，减少工程勘察费用 8600 万元，节约土石方开挖和转运费用 13600 万元，支撑、锚固及拦挡工程混凝土材料及砖石圬工材料费用 1 亿 7100 万元，自动化监测传感器购置费用 2100 万元，灾害监测人工费用及数据处理费用 4090 万元，工程投资及搬迁避让相关费用约 18931 万元；采用危岩应急锚固、大块径落石快速破裂、落石消能棚洞、滚石速排结构、崩塌灾害应急安全警报等新技术、新结构，实施了川藏公路、黄山风景区云汤线干线公路 k2+510~k2+650 路段、长江三峡航道等二十余个岩石崩塌灾害应急抢通保通工程，节约应急救援设备制作及安装费用 7125 万元，节约工程勘察治理费用 11076 万元。综上可见，本书成果应用直接经济效益 8 亿 2622 万元。

本书成果的社会效益主要体现在两方面。

(1) 在岩石崩塌灾害应急减灾救援方面成绩突出。2011 年 10 月 21 日，长江三峡巫峡望霞危岩出现险情，长江航道禁止通航。在国务院实时关注巫峡能否恢复通航这一重大决策的关键时刻，本书作者陈洪凯教授作为专家组副组长依据本书成果，认为望霞危岩属于座滑破坏模式，水平滑动距离不超过 10m 便将停止，整体失稳的可能性不大，于是代表专家组作出可以恢复通航的建议，至此巫峡中断通航 30h 后恢复通航，实践证明该结论是正确的，重庆海事局估计该次事件经济损失超过 8000 万元；武警交通部队依托本书成果实施的川藏公路、黄山风景区云汤线干线公路 k2+510~k2+650 路段、长江三峡航道等二十余个岩石崩塌灾害应急抢通保通工程，消除了相应路段公路交通安全隐患，保障了七千多位游客的安全，保障了长江航道相应区位的水运交通安全。本书成果在战时及地震应急救灾中具有广阔的推广应用前景。

(2) 在岩石崩塌减灾人才培养及社会服务方面成效显著。中国人民武装警察部队研究院依托本书成果在武警交通部队先后开展了十余次培训工作，培训高级技术人员一千余人次，提升了武警交通部队应急救援能力，体现了该成果具有重要的军事意义；2014~2017 年，中国科学院与人力资源和社会保障部共同举办的知识更新工程 "地震灾区地震次生灾害预警及防治技术高级研修班" 每年持续开展，本书成果是每次培训会的核心内容之一，国内减灾行业受惠高层次技术人员八百余人；团队从 1998 年以来，始终将岩石崩塌减灾问题作为主要研究方向，先后培养博士后、博士、硕士等高层次人才二百余人，其中已有三十余人晋升教授或研究员、教授级高级工程师职称，二十余人已经成为国家及省部级学科学术带头人；2011 年 6 月，中国地质大学在成都组织举行全国地质灾害防治高级专家培训班，陈洪凯教授作专题报告，报告名称为 "危岩崩塌灾害防治"，受到与会专家高度评价；受《中国交通报》约稿，陈洪凯教授撰文《自然灾害频发时如何看护好公路》，在《中国交通报》(2007 年 8 月 20 日，A03 版) 刊载，该文被全国五十余个省市交通行业网站全文转载；陈洪凯教授被中国地质灾害防御协会邀请作为《地质灾害防治指南》编委，并独立承担岩石崩塌勘察、治理设计、监测预警、应急处治部分的编撰工作。

参 考 文 献

[1] McSaveney M J. Recent rockfalls and rock avalanches in Mount Cook National Park, New Zealand // Evans S G, DeGraff J V. Catastrophic Landslides: Effects, Occurrence and Mechanisms. Geol Soc Amer Rev Eng Geol, 2002, 15: 35-70

[2] Strom A L, Korup O. Extremely large rockslides and rock avalanches in the Tien Shan mountains, Kyrgyzstan. Landslides, 2006, 3(2): 125-136

[3] Manzella I, Labiouse V. Qualitative analysis of rock avalanches propagation by means of physical modelling of non-constrained gravel flows. Rock Mechanics and Rock Engineering, 2008, 41(1): 133-151

[4] Zambrano O M. Large rock avalanches: a kinematic model. Geotechnical and Geological Engineering, 2008, 26(3): 283-287

[5] Pirulli M, Mangeney A. Results of back-analysis of the propagation of Rock Avalanches as a function of the assumed rheology. Rock Mechanics and Rock Engineering, 2008, 41(1): 59-84

[6] Tommasi P, Campedel P, Consorti C, et al. A discontinous approach to the numerical modelling of rock avalanches. Rock Mechanics and Rock Engineering, 2008, 41(1): 37-58

[7] Blasio F V. Rheology of a wet, fragmenting granular flow and the riddle of the anomalous friction of large rock avalanches. Granular Matter, 2009, 11(3): 179-184

[8] 黄润秋, 刘卫华. 基于正交设计的滚石运动特征现场试验研究. 岩石力学与工程学报, 2009, 8(5): 882-891

[9] Sosio R, Crosta G, Hungr O. Numerical modeling of debris avalanche propagation from collapse of volcanic edifices. Landslides, 2012, DOI 10.1007/s10346-011-0302-8

[10] Mignelli C, Russo S L, Peila D. Rockfall risk management assessment: the R.O.MA. approach. Nat Hazards, 2012, 62: 1109-1123

[11] Fanti R, Gigli G, Lombardi L, et al. Terrestrial laser scanning for rockfall stability analysis in the cultural heritage site of Pitigliano (Italy). Landslides, 2012, DOI 10.1007/s10346-012-0329-5

[12] Palma B, Parise M, Reichenbach P, et al. Rockfall hazard assessment along a road in the Sorrento Peninsula, Campania, southern Italy. Nat Hazards, 2012, 61: 187-201

[13] 黄润秋. 汶川 8.0 级地震触发崩滑灾害机制及其地质力学模式. 岩石力学与工程学报, 2009, 28(6): 1239-1249

[14] 张永双, 石菊松, 孙萍, 等. 汶川地震内外动力耦合及灾害实例. 地质力学学报, 2009, (2): 131-141

[15] 裴向军, 黄润秋, 裴钻, 等. 强震触发崩塌滚石运动特征研究. 工程地质学报, 2011, 19(4): 498-504

[16] 李鹏, 苏生瑞, 黄宇, 等. 震裂–滑移式崩塌形成机制及变形规律研究. 岩土力学, 2015, 36(12): 3576-3582

[17] 刘传正, 张明霞. 链子崖 T11-T12 缝段危岩体开裂变形机制. 地学前缘, 1996, 3(1-2): 234-240

[18] 殷跃平, 康宏达, 张颖. 链子崖危岩体稳定性分析及锚固工程优化设计. 岩土工程学报, 2000, 22(5): 599-603

[19] 许强, 黄润秋, 殷跃平, 等. 2009 年 6.5 重庆武隆鸡尾山崩滑灾害基本特征与成因机理初步研究. 工程地质学报, 2009, 17(4): 433-444

[20] 刘传正. 重庆武隆鸡尾山危岩体形成与崩塌成因分析. 工程地质学报, 2010, 18(3): 297-304

[21] Royán M J, Abellán A, Vilaplana J M. Progressive failure leading to the 3 December 2013 rockfall at Puigcercós scarp (Catalonia, Spain). Landslides, 2015, 12: 585-595

[22] 王家臣, 谭文辉. 边坡渐进破坏三维随机分析. 煤炭学报, 1997, 22(1): 27-31

[23] 程谦恭, 胡厚田, 胡广韬, 等. 高速岩质滑坡临床弹冲与峰残强降复合启程加速动力学机理. 岩石力学与工程学报, 2000, 19(2): 173-176

[24] 唐春安, 刘红元, 秦四清, 等. 非均匀性对岩石介质中裂隙扩展模式的影响. 地球物理学报, 2000, 43 (1): 116-121

[25] Ostrovsky L A, Johnson P A. Nonlinear dynamics of rock: hysteretic behavior. Radiophysics and Quantum Electronics, 2001, 44(5-6): 450-464

[26] 钱七虎, 戚承志. 岩石、岩体的动力强度与动力破坏准则. 同济大学学报 (自然科学版), 2008, 36 (12): 1599-1605

[27] Frayssines M, Hantz D. Modelling and back-analysing failures in steep limestone cliffs. International Journal of Rock Mechanics and Mining Sciences, 2009, 46(7): 1115-1123

[28] 田卿燕, 傅鹤林. 基于灰色突变理论的块裂岩质边坡崩塌时间预测. 华南理工大学学报 (自然科学版), 2009, 37(12): 122-126

[29] 王志强, 吴敏应, 潘岳. 斜坡失稳及其启程速度的折迭突变模型. 中国矿业大学学报, 2009, 38(2): 175-181

[30] 张永兴, 卢黎, 张四平, 等. 差异风化型危岩形成和破坏机理. 土木建筑与环境工程, 2010, 32(2): 1-6

[31] 言志信, 张刘平, 曹小红, 等. 地震作用下顺层岩质边坡动力响应规律及变形机制研究. 岩土工程学报, 2011, 33(Suup.1): 54-58

[32] 赵国斌, 周建军, 王思敬. 卸荷条件下灰岩力学特性研究. 岩石力学与工程学报, 2013, 32(Supp.2): 2994-2999

[33] 王媛媛, 孙强, 薛雷, 等. 岩石脆性临界破坏的波速特征分析. 岩土力学, 2014, 35(2): 525-529

[34] Ayatollahi M R, Akbardoost J. Size and geometry effects on rock fracture toughness: Mode I fracture. Rock Mech Rock Eng, 2014, 47: 677-678

[35] Sarfarazi V, Ghazvinian A, Schubert W, et al. Numerical simulation of the process of fracture of echelon rock joints. Rock Mech Rock Eng, 2014, 47: 1355-1371

[36] Lisjak A, Grasselli G. A review of discrete modeling techniques for fracturing processes in discontinuous rock masses. Journal of Rock Mechanics and Geotechnical Engineering, 2014, 6: 301-314

[37] Jahanian H, Sadaghiani M H. Experimental study on the shear strength of sandy clay infilled regular rough rock joints. Rock Mech Rock Eng, 2015, 48: 907-922

[38] Pradhan S, Stroisz A M, Fjær E, et al. Stress-induced fracturing of reservoir rocks: acoustic monitoring and μCT image analysis. Rock Mech Rock Eng, 2015, 48: 2529-254

[39] Tutluoğlu L, Öge I F, Karpuz C. Relationship between pre-failure and post-failure mechanical properties of rock material of different origin. Rock Mech Rock Eng, 2015, 48: 121-141

[40] Bahaaddini M, Hagan P, Mitra R, et al. Numerical study of the mechanical behavior of nonpersistent jointed rock masses. Int J Geomech, 2016, 16(1): 04015035

[41] Castro J, Cicero S, Sagaseta C. A criterion for brittle failure of rocks using the theory of critical distances. Rock Mech Rock Eng, 2016, 49: 63-77

[42] Zhang J H, Chen H K, Wang H. Experimental study on the ultrasonic testing including porosity of rock damage characteristics. Journal of Geoscience and Environment Protection, 2017, 5(2): 18-29

[43] 陈洪凯, 张金浩, 杨志永. 灰岩地区危岩体链式演化特征——以三峡库区羊叉河岸坡为例. 重庆师范大学学报 (自然科学版), 2019, 36(2): 36-43

[44] 王贺, 陈洪凯, 王小委. 类砌体型危岩解体破坏模型试验. 工程地质学报, 2016, 24(s1): 710-716

[45] 陈洪凯, 鲜学福, 唐红梅, 等. 危岩稳定性分析方法. 应用力学学报, 2009, 26(2): 278-282

[46] 陈洪凯, 鲜学福, 唐红梅. 危岩稳定性断裂力学计算方法. 重庆大学学报, 2009, 32(4): 434-437

[47] 陈洪凯, 王全才, 唐红梅. 岩腔内泥岩压裂风化特性研究. 人民长江, 2010, 41(21): 51-54

[48] 陈洪凯, 唐红梅, 鲜学福. 缓倾角层状岩体边坡链式演化规律. 兰州大学学报 (自然科学版), 2009, 45(1): 20-25/30

[49] 唐红梅, 王林峰, 陈洪凯, 等. 软弱基座陡崖上危岩崩落序列. 岩土工程学报, 2010, 32(2): 205-210

[50] 陈洪凯, 唐红梅, 王林峰, 等. 缓倾角岩质陡坡后退演化的力学机制. 岩土工程学报, 2010, 32(3): 468-473

[51] 陈洪凯, 鲜学福, 唐红梅. 石质山区崩塌灾害形成机制——以四面山国家级风景名胜区红岩山为例. 四川大学学报 (工科版), 2010, 42(3): 1-6

[52] 张瑞刚, 唐红梅, 陈洪凯. 崩滑体破坏弹冲动力特性研究. 重庆交通大学学报 (自然科学版), 2011, 30(增 1): 533-535,677

[53] 唐红梅, 王智, 鲜学福, 等. 坠落式危岩剧动式崩落与激振效应. 重庆大学学报, 2011, 34(10): 39-45

[54] 叶四桥, 陈洪凯, 唐红梅. 落石冲击力计算方法的比较研究. 水文地质工程地质, 2010, 37(2): 59-64

[55] 叶四桥, 陈洪凯, 唐红梅. 落石冲击力计算方法. 中国铁道科学, 2010, 31(6): 56-62

[56] 叶四桥, 陈洪凯. 隧道洞口坡段落石灾害危险性等级评价方法. 中国铁道科学, 2010, 31(5): 59-65

[57] 叶四桥, 陈洪凯, 唐红梅. 落石运动过程偏移与随机特性的试验研究. 中国铁道科学, 2011, 32(3): 74-79

[58] 叶四桥, 陈洪凯, 许江. 落石运动模式与运动特征现场试验研究. 土木建筑与环境工程, 2011, 33(2): 18-23, 44

[59] Wang L F, Tang H M, Chen H K. Energy analysis for energy dissipation shed-tunnel's rockfall impact signal. Advanced Materials Research, 2011, 261-263: 1054-1057

[60] Wang L F, Tang H M, Chen H K. The time-frequency analysis for energy dissipation shed-tunnel's rockfall impact signal based on wavelet theory. Advanced Materials Research, 2011, 243-249: 5085-5088

[61] 唐红梅, 陈洪凯, 曹卫文. 顺层岩体边坡开挖过程模型试验. 岩土力学, 2011, 32(2): 435-440

[62] 林孝松, 陈洪凯, 许江, 等. 山区公路高切坡岩土安全评价分析. 土木建筑与环境工程, 2009, 31(3): 66-71

[63] 林孝松, 陈洪凯, 许江, 等. 山区公路高切坡岩土安全分区研究. 岩土力学, 2010, 31(10): 3237-3242

[64] 陈洪凯, 唐红梅. 三峡库区公路缓倾角岩层边坡崩塌机理及警报系统. 重庆师范大学学报 (自然科学版), 2009, 26(3): 26-29

[65] 陈洪凯, 唐红梅. 自锚型应急锚杆及其安设方法: 中国, ZL201010242145.4 2013.4.17

[66] 陈洪凯, 程华, 唐红梅. 危岩应急锚固螺栓及其制作、安设方法: 中国, ZL200910191599.0

[67] Chen H K, Tang H M, He X Y. Stability analysis of perilous rock in views of damage and fracture mechanics. Advanced Materials Research, 2012, 455-456: 1561-1566

[68] Tang H M, Chen H K, He X Y. Study on duration for perilous rock to form. Advanced Materials Research, 2012, 455-456: 1525-1531

[69] Chen H K, Tang L, Zhang R G, et al. Mutation instability model of perilous rock and calculation methods for corresponding dynamic parameters. Applied Mechanics and Materials, 2012, 249-250: 1030-1039

[70] 陈洪凯, 张瑞刚, 唐红梅, 等. 压剪型危岩破坏弹冲动力参数研究. 振动与冲击, 2012, 31(24): 30-33

[71] 唐红梅, 王智, 陈洪凯, 等. 坠落式危岩崩落的激振效应与求解. 振动与冲击, 2012, 31(20): 32-37

[72] Tang H M, Wang L F, Chen H K, et al. Excitation action triggered by perilous rock avalanche to the stability of perilous rock. Applied Mechanics and Materials, 2013, 368-370: 1633-1639

[73] Tang H M, Chen H K, Wu R J, et al. A new method to estimate routine based on the motion modes of rockfall. Applied Mechanics and Materials, 2013, 249-250: 1001-1007

[74] 唐红梅, 鲜学福, 王林峰, 等. 基于小波变换的碎石土垫层落石冲击回弹系数试验. 岩土工程学报, 2012, 34(7): 1278-1282

[75] Tang H M, Wang L F, Chen H K, et al. Experiment of the rockfall impact characteristic onto gravel cushion. Advanced Materials Research, 2012, 430-432: 1729-1732

[76] Chen H K, Tang H M. Study on the support–anchor combined technique to control perilous rock at the source of avalanche by fracture mechanics. International Applied Mechanics, 2013, 49(3): 135-144

[77] 王林峰, 陈洪凯, 唐红梅. 反倾岩质边坡破坏的力学机制研究. 岩土工程学报, 2013, 35(5): 884-889

[78] 王林峰, 陈洪凯, 唐红梅. 基于断裂力学与最优化理论的危岩稳定可靠性时效计算方法. 武汉理工大学学报, 2013, 35(4): 68-72

[79] 王林峰, 陈洪凯, 唐红梅. 基于断裂力学的危岩稳定可靠度优化求解. 中国公路学报, 2013, 26(1): 51-57

[80] 何晓英, 陈洪凯, 唐红梅. 长江巫峡望霞危岩破坏解体特征分析. 人民长江, 2013, 44(9): 24-28

[81] Marc-André B, Ming Y, Doug S. The role of tectonic damage and brittle rock fracture in the development of large rock slope failures. Geomorphology, 2009, 103(1): 30-49

[82] Camones L A M, Vargas Jr. E D A, de Figueiredo R P, et al. Application of the discrete element method for modeling of rock crack propagation and coalescence in the step-path failure mechanism. Engineering Geology, 2013, 153(2): 80-94

[83] 李海波, 冯海鹏, 刘博. 不同剪切速率下岩石节理的强度特性研究. 岩石力学与工程学报, 2006, 25(12): 2435-2440

[84] 李海波, 刘博, 冯海鹏, 等. 模拟岩石结构面试样剪切变形特征和破坏机制研究. 岩土力学, 2008, 29(7): 1741-1746

[85] 沈明荣, 张清照. 规则齿型结构面剪切特性的模型试验研究. 岩石力学与工程学报, 2010, 29(4):713-719

[86] 张清照, 沈明荣, 丁其文. 结构面在剪切状态下的力学特性研究, 水文地质工程地质. 2012, 39(2): 37-41

[87] Homand F, Belem T, Souley M.Friction and degradation of rock structural plane surfaces under shear loads. International Journal for Numerical and Analytical Methods in Geomechanics, 2001, 25(10): 973-999

[88] Seidel J P, Haberfield C M. The application of energy principles to the determination of the sliding resistance of rock joints. Rock Mechanics and Rock Engineering, 1995,

28(4): 211-226

[89] Itasca Consulting Group Inc. PFC2D(particle flow code in 2D) theory and background. Minnesota, USA: Itasca Consulting Group Inc., 2008

[90] Potyondy D O, Cundall P A. A bonded-particle model for rock. International Journal of Rock Mechanics and Mining Sciences, 2004, 41(8): 1329-1364

[91] Hsieh Y M, Li H H, Huang T H, et al. Interpretations on how the macroscopic mechanical behavior of sandstone affected by microscopic properties-revealed by bonded-particle model. Engineering Geology, 2008, 99(1-2): 1-10

[92] Mouthereau F, Fillon C, Ma K F. Distribution of strain rates in the Taiwan orogenic wedge. Earth and Planetary Science Letters, 2009, 284(3-4): 361-385

[93] 周喻, Misra A, 吴顺川, 等. 岩石节理直剪试验颗粒流宏细观分析, 岩石力学与工程学报, 2012, 31(6): 1245-1255

[94] 夏才初, 宋英龙, 唐志成, 等. 粗糙节理剪切性质的颗粒流数值模拟. 岩石力学与工程学报, 2012, 31(8): 1545-1552

[95] Ladanyi B, Archambault G. Simulation of shear behaviour of a jointed rock mass. Proc 11th Syrup on Rock Mechanics: Theory and Practice, AIME, New York, 1970: 105-125

[96] Patton F D. Multiple modes of shear failure in rock. Proceedings of the First Congress ISRM, vol. 1, Lisbon 1966: 509-513

[97] 孙广忠. 论爬坡角. 水文地质与工程地质, 1979, 6: 1-3

[98] Chen H K,Tang H M,Ye S Q. Damage model of control fissure in perilous rock. Applied Mathematics and Mechanics, 2006, 27(7): 967-974

[99] Grady D E, Kipp M L. Continuum modeling of explosive fracture in oil shale. Rock Mech Sci & Geomech, 1987, 17: 147-157

[100] 凌建明, 孙均. 脆性岩石的细观裂隙损伤及其时效特征. 岩石力学与工程学报, 1993, 12(4): 304-312

[101] 余寿文, 冯西桥. 损伤力学. 北京: 清华大学出版社, 1997

[102] Chen H K, Tang H M. Method to calculate fatigue fracture life of control fissure in perilous rock. Applied Mathematics and Mechanics, 2007, 28(5): 643-649

[103] 洪起超. 工程断裂力学基础. 上海: 上海交通大学出版社, 1987

[104] 中国航空研究院. 应力强度因子手册. 北京: 科学出版社, 1981

[105] Brown G J, Reddish D J. Experimental relationship between rock fracture toughness and density. International Journal of Rock Mechanics & Mining Sciences, 1997, 34(1): 153-155

[106] 张盛, 王启智. 用 5 种圆盘试件的劈裂试验确定岩石断裂韧度. 岩土力学, 2009, 30(1): 12-18

[107] 陈勉, 金衍, 袁长友. 围压条件下岩石断裂韧性的实验研究. 力学与实践, 2001, 23(4): 32-35

[108] 张盛, 王启智. 采用中心圆孔裂隙平台圆盘确定岩石的动态断裂韧度. 岩土工程学报, 2006, 28(6): 723-728

[109] Dong S M, Wang Y, Xia Y M. A finite element analysis for using Brazilian disk in split Hopkinson pressure bar to investigate dynamic fracture behavior of brittle polymer materials. Polymer Testing, 2006, 25(7): 943-952

[110] 刘杰, 李建林, 周济芳, 等.D-P 准则与岩石断裂韧度 K_{Ic}、K_{IIc} 关系的研究. 岩石力学与工程学报, 23(增 1): 4300-4302

[111] 李江腾, 古德生, 曹平. 岩石断裂韧度与抗压强度的相关规律. 中南大学学报 (自然科学版), 2009, 40(6): 1695-1699

[112] Golshani, Aliakbar, Okui Y, et al. A micromechanical model for brittle failure of rock and its relation to crack growth observed in triaxial compression tests of granite. Mechanics of Materials, 2006, 38(4): 287-303

[113] Li H B, Zhao J, Li T J. Micromechanical modeling of the mechanical properties of a granite under dynamic uniaxial compressive loads. International Journal of Rock Mechanics and Mining Sciences, 2000, 37(6): 923-935

[114] Golshani Aliakbar, Oda M, Okui Y, et al. Numerical simulation of the excavation damaged zone around an opening in brittle rock. International Journal of Rock Mechanics and Mining Sciences, 2007, 44(6): 835-845

[115] Whittaker B N, Singh R N, Sun G. Rock Fracture Mechanics: Principles, Design and Applications. Amsterdam: Elsevier, 1992

[116] 中华人民共和国水利部. 水利水电工程岩石试验规程, SL264—2001. 北京: 中国水利水电出版社, 2001

[117] Zhang Z X. An empirical relation between mode I fracture toughness and the tensile strength of rock. International Journal of Rock Mechanics & Mining Sciences, 2002, 39(3): 401-408

[118] Li H B, Zhao J, Li T J. Triaxial compression tests on a granite at different strain rates and confining pressures. International Journal of Rock Mechanics and Mining Sciences, 1999, 36(8): 1057-1063

[119] Zhang Z X, Kou S Q, Lindqvist P A, et al. The relationship between the fracture toughness and tensile strength of rock//Strength Theories: Applications, Evelopment & Prospects for 21st Century. Beijing, NewYork: Science Press, 1998: 215-223

[120] 满轲, 周宏伟. 不同赋存深度岩石的动态断裂韧性与拉伸强度研究. 岩石力学与工程学报, 2010, 29(8): 1657-1663

[121] 黄润秋, 黄达. 卸荷条件下花岗岩力学特性试验研究. 岩石力学与工程学报, 2008, 27(11): 2205-2213

[122] Robet A, Einstein H H. Fracture coalescence in rock-type materials under uniaxial and biaxial compression. International Journal of Rock Mechanics and Mining Sciences, 1998, 35(7): 863-888

[123] 周火明, 熊诗湖, 刘小红, 等. 三峡船闸边坡岩体拉剪试验及强度准则研究. 岩石力学与工程学报, 2005, 24(24): 4418-4421

[124] 李建林, 哈秋舲. 节理岩体拉剪断裂与强度研究. 岩石力学与工程学报, 1998, 17(3): 259-266

[125] 侯艳丽, 周元德, 张楚汉. 用 3D 离散元实现 I / II 型拉剪切混合断裂的模拟. 工程力学, 2007, 24(3): 1-7

[126] Ashby M F, Hallam S D. The failure of brittle solids containing small cracks under compressive stress states. Acta Metal, 1986, 34(3): 497-510

[127] 范天佑. 断裂动力学引论. 北京: 北京理工大学出版社, 1990: 118-177

[128] 陈洪凯, 王圣娟. 望霞危岩破坏模式及其力学解译. 重庆师范大学学报 (自然科学版), 2018, 35(1): 38-43

[129] 陈洪凯, 唐红梅, 王林峰, 等. 危岩崩塌演化理论及应用. 北京: 科学出版社, 2009

[130] Wu Y, He S M, Luo Y. Failure mechanisms of post-earthquake bedrock landslides in response to rainfall infiltration. Journal of Mountain Science, 2011, 8: 96-102

[131] Davies T R, McSaveney M J. The role of rock fragmentation in the motion of large landslides. Engineering Geology, 2009, 109: 67-79

[132] 姜永东, 鲜学福, 杨钢, 等. 层状岩质边坡失稳的尖点突变模型. 重庆大学学报, 2008, 31(6): 677-682

[133] 陈洪凯, 吴亚华, 王圣娟. 危岩聚集体破坏振动方程研究. 振动与冲击, 2018, 37(12): 60-66

[134] 唐红梅, 陈洪凯, 王智, 等. 危岩破坏激振效应试验研究. 岩土工程学报, 2013, 35(11): 2117- 2122

[135] 陈洪凯, 杨铭, 唐红梅, 等. 危岩破坏激振信号局部和细节信息特征. 振动与冲击, 2014, 33(24): 15-18,25

[136] 陈洪凯, 杨铭, 唐红梅, 等. 危岩破坏激振信号概率统计特征研究. 振动与冲击, 2015, 34(8): 139-143

[137] 陈洪凯, 唐红梅, 王智, 等. 危岩破坏激振信号频域特征研究. 振动与冲击, 2014, 33(19): 64-68

[138] Chen H K, Wang S J. Study on excitation-triggered damage mechanism in perilous rock. 5th Annual International Conference on Materisl Science and Engineering (ICMSE 2017), Xiamen, China, 2017

[139] 范留明, 李宁. 软弱夹层的透射模型及其隔震特性研究. 岩石力学与工程学报, 2005, 24(14): 2456-2462.

[140] Ju Y, Yang Y M, Mao Y Z, et al. Laboratory investigation on mechanisms of stress wave propagations in porous media. Sci China Ser E-Tech Sci, 2009, 25(5): 1374-1389

[141] Chen H K, Tang H M. Chained mechanism and moving routine for perilous rock to avalanche in the area of the three gorges reservoir of China// The Proceedings of the China Association for Science and Technology. Vol.3 No.1.Beijing, New York: Science Press, 2006: 501-506

[142] 陈洪凯. 三峡库区危岩链式规律的地貌学解译. 重庆交通大学学报 (自然科学版), 2008, 27(1): 91-95

[143] 丁秀丽, 付敬, 刘建, 等. 软硬互层边坡岩体的蠕变特性研究及稳定性分析. 岩石力学与工程学报, 2005, 24(19): 3410-3418

[144] Chorly R J, Schumm S A, Sugden D E. Geomorphology . London: the University Press of Cambridge, 1984

[145] 郑度, 申元村. 坡地过程及退化坡地恢复整治研究. 地理学报, 1998, 53(2): 116-122

[146] 崇婧, 杨达源, 姜洪涛, 等. 长江三峡地区坡地发育初步研究. 长江流域资源与环境, 2002, 11(3): 265-268

[147] 陈洪凯, 王圣娟. 三峡库区灰岩地区岩质边坡危岩座裂演化机制研究——以重庆市金佛山甄子岩为例. 重庆师范大学学报 (自然科学版), 2017, 34(3): 38-43

[148] de Lange W P, Moon V G. Estimating long-term cliff recession rates from shore platform widths. Engineering Geology, 2005, 80(3-4): 292-301

[149] Barlow J, Lim M, Rosser N, et al. Modeling cliff erosion using negative power law scaling of rockfalls. Geomorphology, 2012, 139-140:416-424

[150] Imposa S, Corrao M, Barone F, et al. Geostructural and geognostic survey for a stability analysis of the calcareous cliff of Ispica (Hyblean plateau, southeastern Sicily). Bull Eng Geol Environ, 2010, 69(2): 247-256

[151] 何思明, 沈均, 罗渝, 等. 滚石坡面法向冲击动力响应特性研究. 工程力学, 2011, 28(6): 118-124

[152] Johnson, K L. Contact Mechanics. Cambridge: Cambridge University Press. 1985

[153] Thornton C, Ning Z. A theoretical model for the stick/bounce behavior of adhesive, elastic–plastic spheres. Powder Technology, 1998, 99: 154-162

[154] 何思明, 吴永, 李新坡, 等. 颗粒弹塑性碰撞理论模型. 工程力学, 2008, 25(12): 19-24

[155] 陈洪凯, 唐红梅, 叶四桥, 等. 危岩防治原理. 北京: 地震出版社, 2006

[156] Kulatilake P H S W, Shou G, Huang T H. Spectral-based peak-shear-strength criterion for rock joints. Journal of Geotechnical Engineering, 1995, 121(11): 789-796

[157] Mitiyasu O. Nonuniformity of the constitutive law parameters for shear rupture and quasistatic nucleation to dynamic rupture: a physical model of earthquake generation processes. Proceedings of the national academy of sciences of the United States of America, 1996, 93(9): 3795-3802

[158] 王鹏, 赵学亮, 万林海, 等. 基于 GA 和 FCM 的岩体结构面的混合聚类方法. 北京科技大学学报,2004, 26(3): 227-232

[159] Hammah R E, Curran J H. Fuzzy cluster algorithm for the automatic identification of joint sets. International Journal of Rock Mechanics and Mining Sciences, 1998, 35(7): 889-905

[160] 陈洪凯, 唐红梅. 危岩主控结构面强度参数计算方法. 工程地质学报, 2008, 16(1): 37-41

[161] 陈洪凯, 唐红梅. 边坡岩土局部安全隐患区膨胀型支撑治理方法: 中国, ZL200910103195.1

[162] 陈洪凯, 梁丹. 用于山区公路防护的边坡滚石速排结构: 中国, ZL201510036772.5

[163] 陈洪凯, 唐红梅, 王林峰. 一种消能棚洞及其消能支座: 中国, ZL201010242005.7

[164] Andrews E W , Giannakopoulos A E, Plisson H K, et al. Analysis of the impact of a sharp indenter. International Journal of Solids and Structure, 2002, 39(2): 281-295

[165] Moe J. Shearing strength of reinforced concrete slabs and footing under concentrated load. Research & Development, 1961(4): 478-486

[166] 张正雨, 金良伟, 陈鸣. 混凝土板冲切承载能力分析的模型. 建筑与钢结构, 2006,(S1): 884-893

[167] 陈洪凯, 唐红梅. 自锚型应急锚杆及其安设方法: 中国, ZL201010242145.4

[168] 陈洪凯, 尹肖. 自锚型应急锚杆及其计算方法研究. 重庆交通大学学报 (自然科学版), 2018, 37(5): 52-59

[169] 陈洪凯, 程华, 唐红梅. 危岩应急锚固螺栓及其制作、安设方法: 中国, ZL200910191599.0

[170] 陈洪凯, 何晓英, 唐红梅. 危岩滑坡应力采集传感器及其安设方法: 中国, ZL2013102722544

[171] 陈洪凯, 唐红梅. 钻孔应力传感器及其钻孔应力监测方法: 中国, ZL200910103038.0

[172] 陈洪凯, 陈雪诺, 唐红梅. 压电型钻孔应力传感器及其边坡应力监测方法: 中国, ZL201110 223881.X

[173] 陈洪凯, 唐红梅. 危岩体崩塌灾害预警仪及其预警方法: 中国, ZL200810069475.0

彩　　图

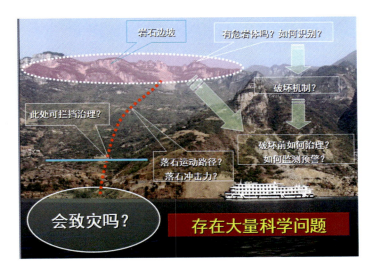

图 1.1　岩石崩塌重力地貌过程减灾理念图示

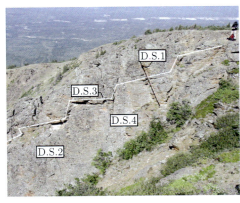

(a) Aishihik河岸某斜坡顶部锯齿状滑面
(D.S.1～D.S.4为裂隙组编号)

(b) 小湾水电站库岸锯齿状滑面

图 2.1　典型岩质斜/边坡的锯齿状外倾结构面

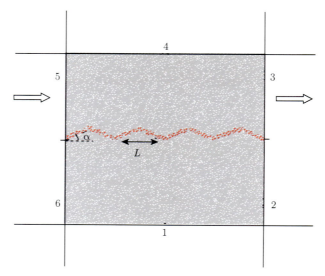

图 2.3 锯齿状结构面 PFC-2D 数值直剪试件

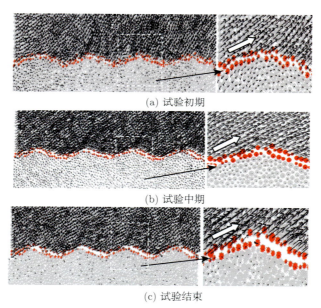

(a) 试验初期

(b) 试验中期

(c) 试验结束

图 2.5 爬坡模式位移矢量演化图 ($\alpha = 15°$；$\sigma_n = 3.5\text{MPa}$)

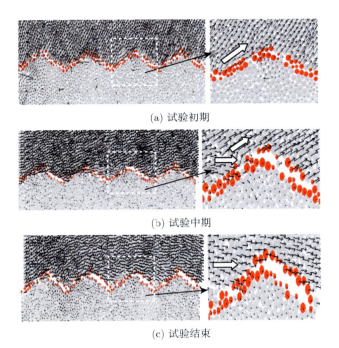

(a) 试验初期

(b) 试验中期

(c) 试验结束

图 2.7　爬坡啃断模式位移矢量演化图 $(\alpha = 25°，\sigma_n = 3.5\mathrm{MPa})$

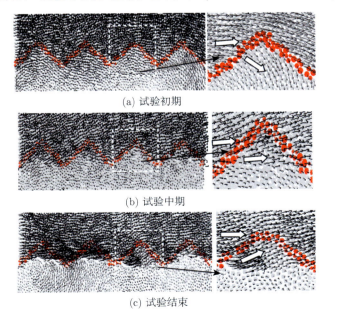

(a) 试验初期

(b) 试验中期

(c) 试验结束

图 2.9　啃断模式位移矢量演化图 $(\alpha = 35°，\sigma_n = 5\mathrm{MPa})$

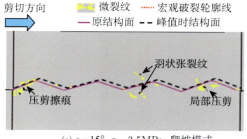

(a) $\alpha=15°$, $\sigma_n=3.5$MPa; 爬坡模式

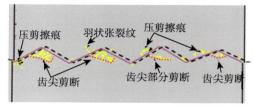

(b) $\alpha=25°$, $\sigma_n=3.5$MPa; 爬坡啃断模式

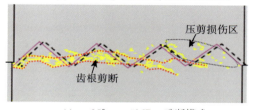

(c) $\alpha=35°$, $\sigma_n=5$MPa; 啃断模式

图 2.11　三种剪切变形模式峰后典型微裂纹分布

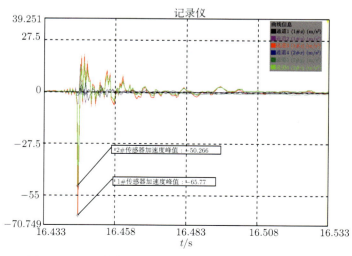

图 3.54　甄子岩危岩破坏模型试验激振加速度–时程曲线

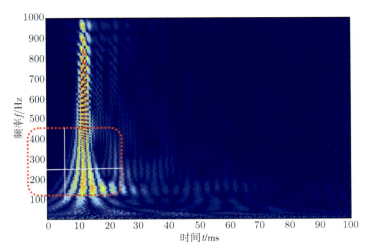

图 3.59　激振信号时变频谱

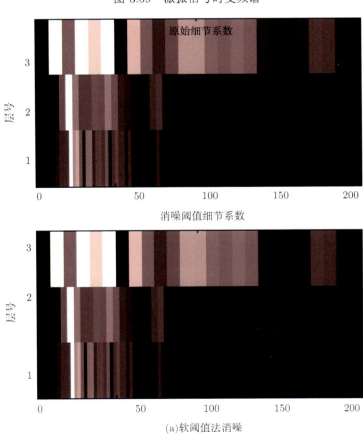

(a)软阈值法消噪

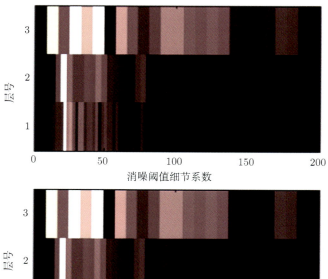

(b)硬阈值法消噪

图 3.62　$d4(3$ 层) 小波消噪前后的细节系数

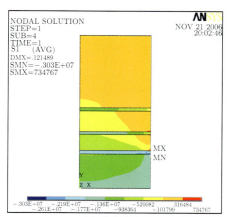

(a) 大主应力

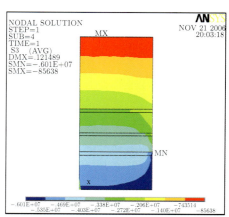

(b) 小主应力

图 4.41　复原后红岩山陡崖应力状态

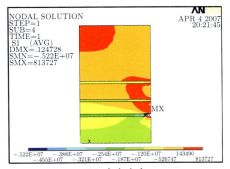
(a) 大主应力

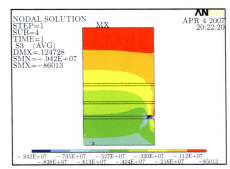
(b) 小主应力

图 4.42　第一个宏观链初始岩腔形成时红岩山应力场

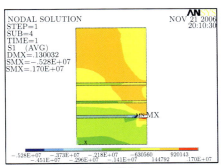
(a) 大主应力

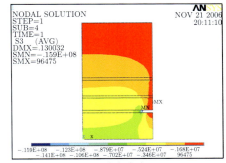
(b) 小主应力

图 4.43　第一个宏观链临界岩腔形成时红岩山应力场

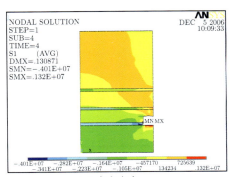
(a) 大主应力

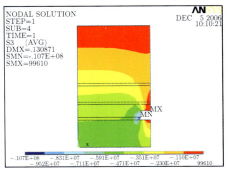
(b) 小主应力

图 4.44　第一个宏观链微观链 1 完成时红岩山应力场

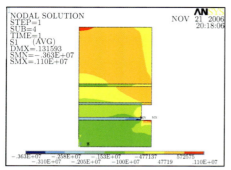
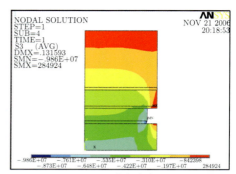

(a) 大主应力   (b) 小主应力

图 4.45　第一个宏观链微观链 2 完成时红岩山应力场

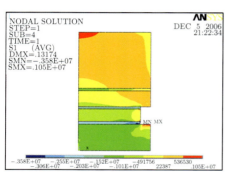

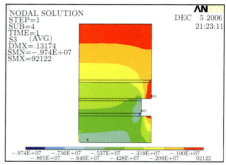

(a) 大主应力   (b) 小主应力

图 4.46　第一个宏观链微观链 3 完成时红岩山应力场

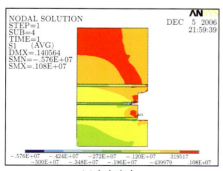
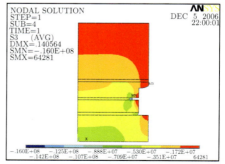

(a) 大主应力   (b) 小主应力

图 4.47　第二个宏观链初始岩腔完成时红岩山应力场

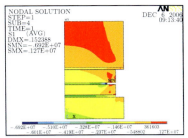
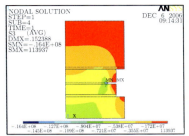

(a)大主应力　　　　　　　　　　　　　　(b)小主应力

图 4.48　第二个宏观链临界岩腔完成时红岩山应力场

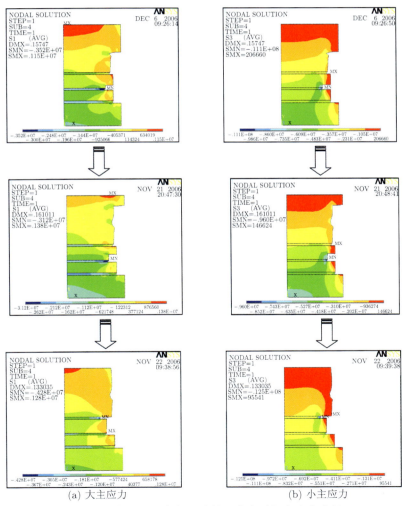

(a) 大主应力　　　　　　　　　　　　　　(b) 小主应力

图 4.49　第一、二个宏观链共同发育时红岩山应力场

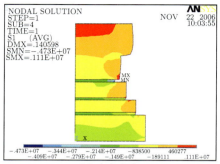
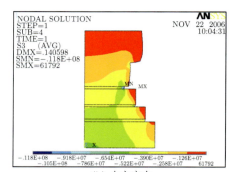

(a) 大主应力   (b) 小主应力

图 4.50　第二、三个宏观链共同发育时红岩山应力场

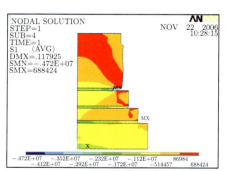
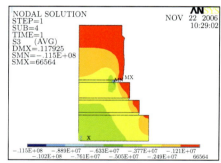

(a) 大主应力   (b) 小主应力

图 4.51　第三个宏观链完成时红岩山应力场

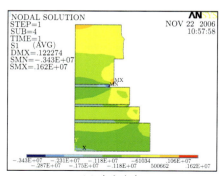
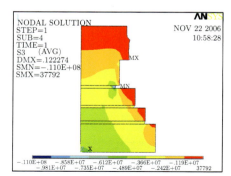

(a) 大主应力   (b) 小主应力

图 4.52　第四个宏观链发育时红岩山应力场

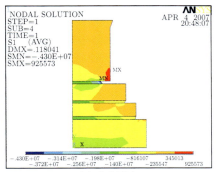
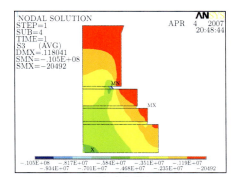

(a) 大主应力　　　　　　　　　　　　(b) 小主应力

图 4.53　第四个宏观链完成时红岩山应力场

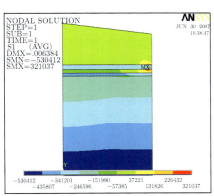

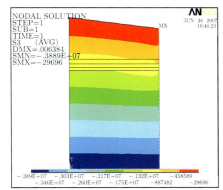

(a) 大主应力　　　　　　　　　　　　(b) 小主应力

图 4.58　羊叉河岸坡初始应力场

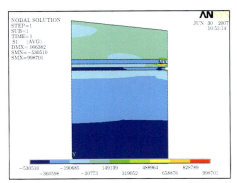
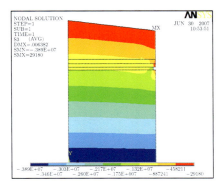

(a) 大主应力　　　　　　　　　　　　(b) 小主应力

图 4.59　初始岩腔形成时羊叉河岸坡应力场

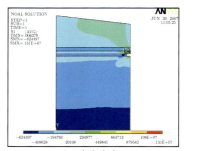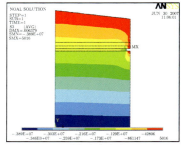

(a) 大主应力   (b) 小主应力

图 4.60　第一个宏观链临界岩腔形成时羊叉河岸坡应力场

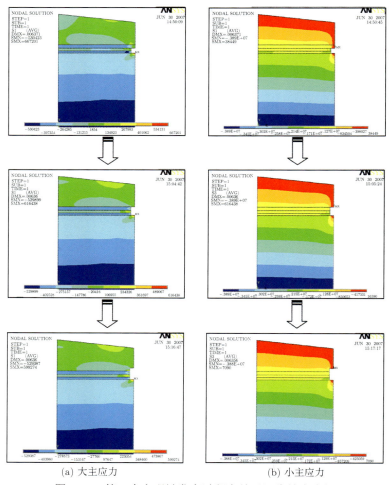

(a) 大主应力   (b) 小主应力

图 4.61　第一个宏观链发育过程中羊叉河岸坡应力场

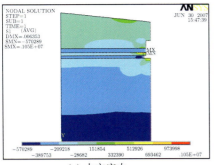
(a) 大主应力

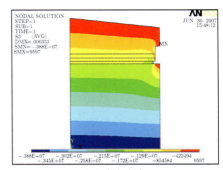
(b) 小主应力

图 4.62　第二个宏观链初始岩腔形成时羊叉河岸坡应力场

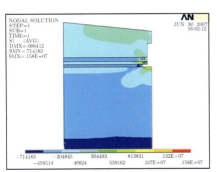
(a) 大主应力

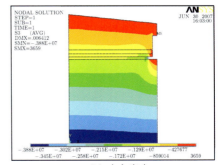
(b) 小主应力

图 4.63　第二个宏观链临界岩腔形成时羊叉河岸坡应力场

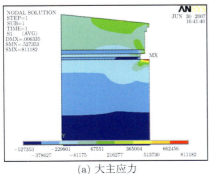
(a) 大主应力

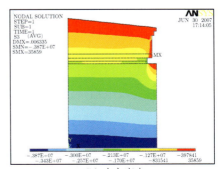
(b) 小主应力

图 4.64　第一、二个宏观链同时发育时羊叉河岸坡应力场

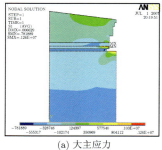

(a) 大主应力

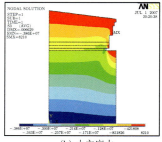

(b) 小主应力

图 4.65　第三个宏观链初始岩腔发育时羊叉河岸坡应力场

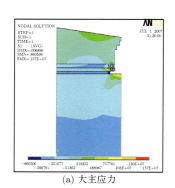

(a) 大主应力

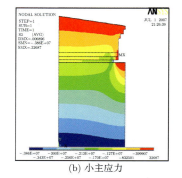

(b) 小主应力

图 4.66　第三个宏观链临界岩腔发育时羊叉河岸坡应力场

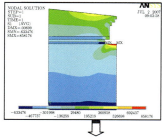

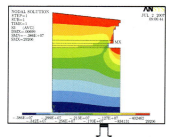

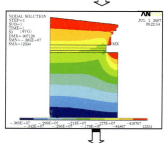

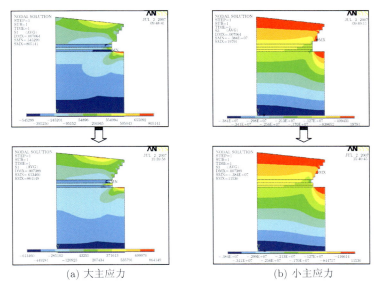

(a) 大主应力　　　　　　　　　　　　　(b) 小主应力

图 4.67　第三个宏观链发育过程中羊叉河岸坡应力场

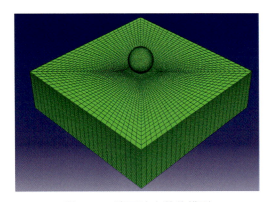

图 5.20　滚石冲击数值模型

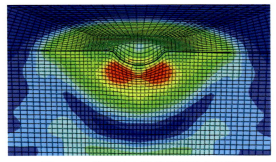

图 5.21　滚石冲击数值模拟应力云图

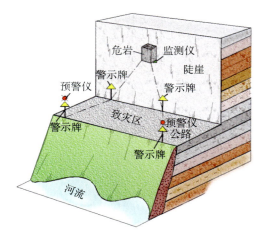

图 9.16　公路岩体边坡崩塌灾害预警系统

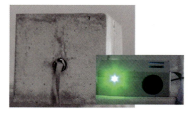

(a) 崩塌灾害未发生(绿色灯亮，喇叭不警报)

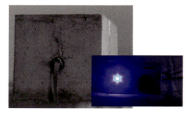

(b) 崩塌灾害孕育阶段(紫色灯亮，喇叭间歇性警报)

(c) 崩塌灾害临发阶段(橙色灯亮，
喇叭间歇性长警报)

(d) 崩塌灾害发生阶段
(红色灯亮，喇叭连续性警报)

图 9.19　危岩块崩落及实时安全警报过程